박진영의 공룡 열전

박진영의

공룡열전

여섯 마리 스타공룡과 노니는 유쾌한 공룡 입문

박진영 지음

뿌리와
이파리

현재 공룡을 사랑하는,

앞으로 공룡을 사랑할,

그리고 한때

공룡을 사랑했던 모든 사람들에게

이 책을 바칩니다.

오늘날 시중에 나와 있는 공룡 책들을 보면 참으로 놀랍다. 마치 책의 저자가 직접 공룡을 보고 온 것처럼 이들을 묘사하기 때문이다. 어느 공룡이 싸움을 잘했고, 어느 공룡이 성질이 온순했으며, 어느 공룡이 동료들과 잘 어울렸는지, 마치 공룡에 대해 모르는 게 없는 양 소개를 한다. 하지만 이것은 모두 잘못된 사실이다. 일종의 사기다. 왜냐하면 우리는 사실 공룡에 대해 아는 것이 거의 없기 때문이다.

가장 유명한 공룡인 티라노사우루스를 예로 들어보자. 티라노사우루스에 대한 연구는 지난 100년간 진행되어왔다. 하지만 100년간의 연구를 통해 학자들이 알아낸 사실이라고는 이들이 다른 공룡들을 잡아먹었다는 것, 때로는 동족도 잡아먹었다는 것, 뛸 수는 없지만 빠른 속도로 걸을 수 있었다는 것, 시각과 후각·청각이 발달했다는 것, 그리고 지금까지 살았던 공룡들 중에서 턱 힘이 가장 강했다는 것 정도다. 티라노사우루스의 평균 수면시간은? 좋아하는 색깔은? 짧은 팔의 용도는? 피부색은? 전부 다 모른다. 이 정도면 우리가 티라노사우루스에 대해 아는 게 거의 없다 해도 과언이 아니다. 유명한 티라노사우루스가 이 정도면 다른 공룡들은? 말할 것도 없다.

그렇다면 왜 우리는 공룡에 대해 이리도 잘 모르는 걸까? 그 이유는 이미 오래전, 그러니까 수천만 년 전에 자취를 감춘 동물을 그저 화석만 가지고 복원하는 일이 그리 쉽지 않기 때문이다. 생각을 해 보자. 여러분이 길을 지나가다가 낡은 신발을 한 켤레 주웠다. 굉장히 오래되어 보이는 이 낡은 신발은 밑창이 다 뜯어지고 냄새까지 고약하다. 여러분은 이 신발의 주인을 찾을 수 있을까? 장담하건대 신발에 주인의 이름과 주소가 상세히 적혀 있지 않은 이상 100년, 혹은 1000년의 시간을 들여도 못 찾을 것이다. 신발 한 켤레의 주인을 찾는 것도 거의 불가능한데, 살아 있는 티라노사우루스를 단 한 번도 본 적이 없는 학자들이 고작 뼛조각 몇 개로 살아 있는 공룡의 모습을 복원하기란 여간 힘든 일이 아니다.

힘든 일을 하다 보면 실수가 있기 마련인데, 학자도 사람인지라 많은 실수를 저지를 수밖에 없다. 그래서 티라노사우루스의 손에 손가락을 세 개씩 붙이는가 하면, 브라키오사우루스를 코만 내민 채 물속에 넣어버리거나, 멀쩡한 스테고사우루스를 패러글라이더처럼 활공을 시키는 일들이 생기는 것이다. 하지만 학자들의 이러한 실수들은 절대 부끄러운 일이 아니다. 오히려 이러한 낯 뜨거운 실수들을 고쳐나가면서 학자들은 그동안 몰랐던 사실들을 알 수 있었으며, 학자들의 이런 꾸준한 연구 덕분에 우리는 공룡들에게 한 발자국 더 가깝게 다가갈 수 있었다.

필자는 이 책을 통해 19세기 초부터 현재에 이르기까지 공룡이 우리에게 어떤 모습으로 다가왔는지 보여주려고 한다. 누구나 한때 그토록 사랑했던 공룡이 진짜로 어떻게 생겼는지, 어떻게 자랐는지, 어떻게 살았는지, 우리가 그동안 알지 못했던 공룡의 일대기를 펼쳐낼 것이다. 이 책에서는 딱 여섯 공룡만 이야기할 텐데, 굳이 모든 공룡을 소개할 필요가 없는 건, 이 책에 나오는 여섯 공룡으로 공룡에 대한 커다란 밑그림을 충분히 그릴 수 있기 때문이다. 그래서 필자는 사람들이 사랑해 마지않는 여섯 마리 공룡인 티라노사우루스, 트리케라톱스, 브라키오사우루스, 이구아노돈, 데이노니쿠스, 스테고사우루스를 데리고 공룡 연구의 시초부터 최신에 이르기까지, 대중문화에서 묘사되는 이들의 모습과 더불어 공룡에 대한 폭넓은 이야기를 풀어나갈 것이다.

또한 웬만하면 다른 공룡 책에서 흔히 다루는 주제들은 소개하지 않을 생각이다. 특히 '공룡은 왜 멸종했을까?'에 대한 주제는 이제 지겨워 죽겠다. 필자뿐만 아니라 다른 많은 학자들도 마찬가지일 것이다. 미국의 한 고생물학자는 "공룡이 어떻게 죽었는지 알 게 뭐요! 나는 그저 공룡이 어떻게 살았는지에 대해 알고 싶소!"라는 명대사를 남기기도 했다.

엄밀히 얘기하자면 공룡은 아직 멸종하지 않았다. "공룡은 멸종했지만 언제나 우리들의 마음속에 살아 있다"는 말을 하고 싶은 게 아니다. 실제로 살아 숨쉬는 공룡을 말하는 거다. 거짓말이 아니다. 살아 있는 공룡들이 어디에 살고 있는지 궁금하지 않은가? 확인하고 싶다면 이 책을 꼭 끝까지 읽어보기 바란다. 진심이다. 뿐만 아니라 공룡의 왕 티라노사우루스의 하찮은 과거와 트리케라톱스의 페이스오프 사건, 그리고 브라키오사우루스의 구수한 배설물에 대해서도 알아볼 것이니, 다시 여덟 살배기 때로 돌아간 기분으로 이 책을 마음껏 즐겼으면 좋겠다.

—2015년 6월, 대한민국의 심장인 서울에서
박진영

CHAPTER 1

폭군 도마뱀, 티라노사우루스

거대한 목긴공룡 브라키오사우루스가 높은 나무 위의 잎사귀를 뜯는다.

과학자들은 놀란 표정으로 공룡을 바라본다.

"녀석들은 얼마나 빠르죠?"

하얀 옷을 입은 안경 쓴 할아버지가 지팡이에 몸을 의지하며 다가왔다.

"티-렉스의 속도를 측정했더니, 시속 50킬로미터가 나왔소만."

새틀러 박사는 깜짝 놀라며 뒤돌아보았다.

"티-렉스? 방금 티-렉스라고 하셨나요?"

할아버지는 웃었다.

"그렇소."

그랜트 박사는 믿을 수 없다는 표정으로 할아버지를 바라보았다.

"다시 말해보시오."

"우리에게는 티-렉스가 있소."

— 영화 〈쥬라기 공원Jurassic Park〉(1993) 중에서

이 장면은 "비용을 아끼지 않은" 한 테마공원에서 일어나는 재난을 다룬 영화의 한 장면이다. 물론 이는 공상과학영화이며, 제목을 굳이 언급하지 않아도 다들 알고 있을 것이라고 믿는다.

이 영화에서는 호박(화석이 된 송진)에 갇힌 흡혈모기에게서 공룡의 유전정보를 추출하여 공룡들을 복제한다. 정말 현실에서 이렇게 공룡을 복제할 수만 있다면 얼마나 좋을까? 택시 대신 트리케라톱스를 타고 출근할 수 있을 것이며, 퇴근 후에는 작은 벨로키랍토르*와 함께 산책을 즐길 수 있을지도 모른다(물론 밟히거나 잡아먹히지만 않는다면). 필자는 어렸을 때 텔레비전에서 가끔 보도되는 매머드 복제사업을 보며 가까운 미래에 살아 있는 공룡들을 볼 수 있는 공원이 만들어지지 않을까 하는 기대를 하곤 했다.

하지만 지금은 이것이 그저 공상과학영화(혹은 소설)의 재미난 이야깃거리일 뿐이란 것을 잘 알고 있다. 등에 골판이 있는 스테고사우루스나 목이 긴 브라키오사우루스와 같이 폼나는 공룡들은 가장 오래된 모기 종류로 알려진 부르마쿠렉스 안티쿠우스*보다 약 6000만 년 이전에 살았다. 그래서 많은 공룡들은 모기에게 피가 빨릴 일이

벨로키랍토르Velociraptor
'빠른 약탈자'라는 뜻으로, 작고 재빠른 몸놀림 때문에 붙은 학명이다.

부르마쿠렉스 안티쿠우스
Burmaculex antiquus
가장 오래된 모기 종으로, 미얀마의 백악기 전기 퇴적층에서 호박 속에 갇힌 채 발견되었다.

없었다. 게다가 모기들과 함께 살았던 육식공룡 티라노사우루스조차 도 약 6600만 년 전에 살았기 때문에 100만 년 이상 보존되기 힘든 유전정보가 오늘날까지 온전하게 남아 있을 리 없다. 진짜 운이 좋아 유전정보가 남아 있다 하더라도 모기가 온갖 공룡의 피를 빨아먹었을 가능성, 그리고 공룡의 피가 아닐 가능성(공룡시대인 중생대에는 공룡만 살았던 게 아니다!) 등을 생각해볼 수 있다. 더 나아가 대부분의 모기는 피만 빠는 게 아니라 꿀과 과즙도 먹기 때문에 모기의 뱃속에서 공룡의 유전정보를 추출할 수 있는 확률은 몹시 희박해진다. 임신한 암컷 모기들만 피를 빤다는 사실까지 더해보면 더욱더 답이 없다. 결국 어마어마한 돈을 들여 호박 속 모기를 이용해 복제사업을 한다 해도, 귀여운 아기 공룡의 탄생을 목격하는 게 아니라 방 한가득 모기를 키우거나 오래된 나무를 재배하고 있을 확률이 크다(그리고 뒷목 잡고 쓰러진 투자자들이 병실을 한가득 채울지도 모르겠다).

비록 우리가 원하는 멋진 중생대 공룡을 복제하는 것이 불가능할지라도 굳이 한 종류를 복제할 수만 있다면 아마 99퍼센트의 사람들은 티라노사우루스를 외칠 것이다. 사실 티라노사우루스는 공룡뿐만 아니라 지구상에 살았던 모든 생물체를 통틀어 가장 인기가 많은 종種이다. 어린 시절에 우리는 그림책에서 처음으로 티라노사우루스를 만났고, 과학책이나 소설, 그리고 영화를 통해 계속 접해왔다. 살아 있는 티라노사우루스를 본 적은 없지만 미디어를 통해 너무 익숙해져버린 나머지, 우리는 마치 실제로 본 적이 있는 것처럼 묘사하거나 상상을 하곤 한다. 하지만 우리는 티라노사우루스와 얼마나 잘 아는 사이일까? 고생물학자들은 이 오래된 연예인에 대해 얼마나 알고 있을까? 이번 장에서는 어린 시절 우리들의 슈퍼스타 티라노사우루스에 대해 알아볼 것이다.

슈퍼스타 티라노

1990년대 초, 한 연습실에서 전설적인 댄스그룹 '태지보이스'가 탄생했다. 하지만 한 매니저가 '태지보이스'를 한국말로 풀어버리는 바람에 결국 이 그룹의 이름은 '서태지와 아이들'이 되었다. 만약 그때의 직역이 없었더라면 우리는 '태지보이스'라는 매우 아날로그적인 이름에 익숙해져 있었을 것이다. 이렇듯 세상이 바뀌고 세대가 변하더라도 한번 알려진 이름은 영원히 남는다. 그래서 이름이란 것은 매우 중요하다.

이름은 공룡에게도 마찬가지로 중요하다. 사실 새로운 공룡에게 학명을 지어주는 일은 모든 고생물학자들의 꿈이다. 그래서 기왕이면 기억에 남는 멋진 학명을 붙여주기 위해 너도나도 애를 쓴다. 현재는 남극을 포함한 모든 대륙에서 해마다 새로운 공룡 화석들이 무더기로 쏟아져 나오고 있는 상황이며, 달마다 새로운 종류의 공룡이 발표되고 있는 추세다. 이렇듯 수없이 보고되는 수많은 종류들 사이에서 자신이 연구한 공룡이 다른 사람들에게 잘 기억되게 하려면 멋진 학명을 지어줄 필요가 있다. 그래서 고생물학자들은 학명 때문에 고민하고, 또 고민한다.

고생물학자들의 이러한 고민은 아마 공룡에 대한 연구가 시작된 19세기 초부터였을 것이다. 그 후 200년간 약 1000종류 이상의 공룡이 학계에 보고되었는데, 이 중 가장 멋진 학명을 얻은 공룡을 뽑으라면 대부분의 학자들은 티라노사우루스 렉스*Tyrannosaurus rex*를 고를

벨기에왕립자연사박물관에 전시된 티라노사우루스 골격

1987년에 미국 사우스다코타주에서 발견된 티라노사우루스의 골격을 복제한 것이다. '스탠'이란 애칭으로 불리며, 비록 가장 큰 개체는 아니지만 가장 완벽한 모양의 머리뼈를 갖고 있어 유명해졌다. 애칭 '스탠'은 이 공룡을 발견한 아마추어 고생물학자 스탠 사크리슨의 이름을 딴 것이다.

것이다. 라틴어로 '폭군 도마뱀의 왕'이란 뜻의 티라노사우루스 렉스는 이 공룡을 가장 잘 묘사한 이름일 것이다. 이 공룡의 학명은 워낙 잘 알려져 있어서 세 살배기 어린아이까지 알고 있다. 실제로 "사람의 학명을 모르는 사람은 있어도 티라노사우루스라는 학명을 모르는 사람은 없을 것이다"라는 말이 있을 정도다(참고로 사람의 학명은 호모 사피엔스*Homo sapiens*다). 지금은 대단히 친숙한 이름이지만 티라노사우루스가 티라노사우루스로 불리기까지는 많은 우여곡절이 있었다.

티라노사우루스 화석은 19세기 말부터 보고되기 시작했지만, 당시에 발견된 화석들은 모두 작은 뼛조각들이어서 고생물학자들은 이 폭군 도마뱀의 존재를 제대로 알아차리지 못했다. 당시 미국 예일대학교의 가장 잘나가던 고생물학자 오스니엘 마시는 티라노사우루스의 골반과 다리뼈 일부를 보고는 새로운 종류의 타조공룡(말 그대로 타조처럼 생긴 공룡)이라고 생각했다. 그래서 그는 이 다리뼈와 골반의 주인에게 '타조를 닮은 힘센 동물'이란 뜻의 "오르니토미무스 그란디스*Ornithomimus grandis*"라는 학명을 지어주었다. 어째서 마시처럼 유명한 사람이 티라노사우루스의 다리뼈를 보고는 타조공룡이라 착각했을까 의아해하는 사람들도 있을 것이다. 하지만 티라노사우루스의 다리뼈는 매우 크다는 것만 제외하면 타조공룡과 상당히 유사하기 때문에 당시 그의 착각은 어느 정도 이해가 될 법하다(컬러도판 1).

티라노사우루스의 전체 모습에 대한 최초의 단서는 1902년이 되어서야 발견되었다. 당시 미국자연사박물관의 큐레이터였던 바넘 브라운은 1902년에 미국 몬태나 주에서 티라노사우루스의 온전한 골격화석을 발견했다. 화석을 직접 발굴한 그는 땅 위로 노출된 뼈들을 보자마자 "분명 지금까지 알려지지 않은 새로운 종류의 거대한 육식공룡일 거야"라고 확신했다.

실제로 티라노사우루스는 당시까지 보고된 육식공룡들과는 차원이 달랐다. 당시에 알려진 육식공룡으로는 영국의 메갈로사우루스*, 미국의 알로사우루스*와 케라토사우루스*가 있었다. 이들 육식공룡은 돈가스를 썰 때 사용하는 칼처럼 납작하고 삐죽삐죽한 형태의 이빨을 가지고 있었다. 하지만 브라운이 발견한 티라노사우루스는 마치 거대한 바나나처럼 굵은 형태의 이빨이었다. 이 이빨은 단순히 살점을 뜯을 뿐만 아니라 뼈까지 으스러뜨릴 수 있었다. 게다가 다른 육식공룡들과 확연하게 다른 또 하나의 차이는 티라노사우루스의 엄청난 몸집이었다. 비교적 호리호리했던 알로사우루스(컬러도판 2)나 다른 육식공룡들과는 달리, 티라노사우루스는 적어도 이들보다 두세 배는 더 무거운 녀석이었다.

거대한 공룡을 발견했다는 기쁨은 잠깐이었고, 티라노사우루스의 엄청난 몸집 때문에 브라운은 이 공룡을 땅속에서 꺼내는 데에 오랜 시간과 노력을 투자해야만 했다. 굴삭기나 전기드릴이 없던 시절이다 보니 그는 삽을 이용

메갈로사우루스_Megalosaurus_
'큰 도마뱀'이란 뜻으로, 학명이 부여된 최초의 공룡이다.

알로사우루스_Allosaurus_
'이상한 도마뱀'이란 뜻으로, 19세기 말 미국에서 발견되었는데, 당시에 발견되었던 다른 공룡들보다 가벼운 척추를 가지고 있어서 붙은 학명이다.

케라토사우루스_Ceratosaurus_
'뿔 도마뱀'이란 뜻으로, 코에 튀어나온 뿔 때문에 붙은 학명이다.

해 발굴해야만 했는데, 시내버스만 한 공룡을 삽으로 파내는 일은 분명 쉽지 않았을 것이다. 간혹 그는 편의를 위해 다이너마이트를 사용하기도 했는데, 그 결과 적지 않은 뼈들이 가루가 되어버렸다. 발굴된 뼈들은 하나당 100킬로그램 정도의 무게였다. 이렇게 발굴된 뼈들은 마차에 실려 대륙을 횡단해 박물관이 위치한 뉴욕으로 옮겨졌다.

박물관으로 이사 온 뼈들은 헨리 오즈번의 환영을 받았다. 박물관 연구실로 운반된 뼈화석들을 보자마자 오즈번은 그 크기 때문에 깜짝 놀랐다고 한다. 비록 브라운이 현장에서 고생을 도맡았지만(물론 말들도 고생했지만), 티라노사우루스 화석을 연구하고 논문을 쓴 것은 당시 그의 상사인 오즈번이었다. 오즈번은 이 공룡의 골격을 전시하면 박물관의 방문객 수가 급증할 것이라 확신했다. 그래서 오즈번이 초스피드로 논문을 써내려갈 동안, 그의 연구 파트너인 브라운은 이 공룡을 홍보하기로 했다.

유명한 서커스 쇼맨이었던 피니어스 바넘에게서 이름을 따온 브라운[1]은 이름에 걸맞게 홍보를 제대로 할 줄 아는 사내였다. 이름을 한번 잘 지어주기만 하면 홍보에 얼마나 막대한 영향을 줄 수 있는지 알

고 있었던 그는 오즈번과 함께 고심
끝에 멋진 학명을 만들게 되는데,
이때 탄생한 학명이 바로 티라노사
우루스 렉스다. 발음하기도 쉽고 기
억하기도 쉬운, 모두가 만족할 만한
이름이었다.

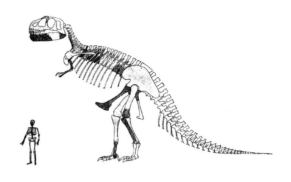

　1905년 12월, 미국자연사박물관
의 티라노사우루스 골격이 마침내 대중에게 공개되었다. 이 슈퍼스
타에 대한 기사는 그해 12월 3일에 『뉴욕 타임스』1면을 장식했다. 브
라운의 예상대로 티라노사우루스는 곧 세계적인 스타가 되었고 지금
까지도 그 인기는 식을 줄 모른다.

　하지만 오즈번은 이 폭군 도마뱀의 왕을 세상에 너무 빨리 알리고
싶은 나머지 티라노사우루스를 발표할 당시 작은 실수를 저지르고
말았다. 브라운이 1902년 몬태나 주에서 티라노사우루스를 발굴하기
2년 전에 와이오밍 주에서 또 다른 티라노사우루스를 발견한 적이 있
었다. 와이오밍 주에서 발견된 티라노사우루스 또한 미국자연사박물
관으로 보내졌지만 오즈번은 몬태나 주와 와이오밍 주의 두 공룡이
같은 종류일 거라고는 전혀 생각지 못했다. 게다가 와이오밍 주에서
먼저 발견된 티라노사우루스에서는 갑옷공룡 안킬로사우루스*의 골
편들이 함께 나왔는데, 이 사실을 전혀 몰랐던 오즈번은 와이오밍 주
의 공룡을 티라노사우루스가 아닌 갑옷을 두른 새로운 종류의 육식
공룡이라고 생각했다. 그래서 그는 이 와이오밍 주 공룡
에게 '엄청난 도마뱀의 황제'란 뜻의 "디나모사우루스 임
페리오수스*Dynamosaurus imperiosus*"란 학명을 지어주었고, 티

안킬로사우루스Ankylosaurus
'융합된 도마뱀'이란 뜻으로, 머리
뼈와 융합된 뼛조각(골편)들을 가지
고 있어서 붙은 학명이다.

한때 디나모사우루스라고 불리던 티라노사우루스의 턱뼈
오즈번은 실수로 같은 동물에게 두 개의 학명을 붙여주었다. 이 턱뼈는 현재 영국 런던자연사박물관에서 소장하고 있다.

라노사우루스와 함께 자신의 논문에 소개했다. 다행히 그는 자신의 실수를 알아차렸지만 이미 논문은 출간된 이후였다. 결국 이 폭군 도마뱀에게는 티라노사우루스와 디나모사우루스라는 두 가지 학명이 붙은 것이다. 같은 명태를 두고 북어와 황태 두 가지 이름으로 부르는 것처럼 말이다.

그런데 어째서 우리는 먼저 발견된 공룡의 이름인 디나모사우루스가 아니라 2년 후에 발견된 공룡의 이름을 사용하게 된 것일까? 과학자들 또한 사람이기 때문에 실수를 많이 저지른다(계속 소개하겠지만, 정말 실수를 많이 저지른다). 오즈번처럼 같은 동물에게 여러 학명을 지어주는가 하면 서로 다른 동물에게 같은 학명을 지어주는 경우도 있었는데, 이러한 실수들은 다른 과학자들의 연구에 혼동을 주기 일쑤였다. 그래서 과학자들은 세계 공통의 학명을 부여하기 위한 국제적인 규약을 18세기에 만들었는데, 이것을 〈국제동물명명규약〉(ICZN, International Code of Zoological Nomenclature)이라 한다.

〈국제동물명명규약〉에 따르면 먼저 발표된 학명을 유효한 것으로 인정한다. 이것을 '선취권의 법칙'이라 한다. 비록 디나모사우루스가 먼저 발견된 화석에게 붙여준 학명이지만, 오즈번의 논문에서는 불행하게도 티라노사우루스보다 1쪽 뒤에 등장한다. 이렇게 디나모사우루스란 학명이 나중에 보고된 것이다 보니 우리에게는 디나모사우루스가 아닌 티라노사우루스라는 학명이 남게 된 것이다.

티라노사우루스라는 이름은 '디나모사우루스 사건' 이후에도 또 한 번 말썽이 난 적이 있었다. 2000년 6월, 브라운이 티라노사우루스를 발견하기 훨씬 이전에 다른 누군가가 같은 공룡에게 다른 학명을 지어주었다는 사실이 뒤늦게 밝혀진 것이다. 1892년, 미국의 고생물학자 에드워드 코프는 사우스다코타 주의 한 언덕에서 풍화작용에 의해 훼손된 목뼈 두 조

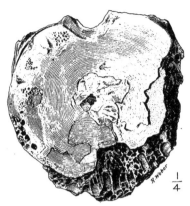

최초로 보고된 티라노사우루스의 목뼈화석
에드워드 코프는 이 화석의 주인이 거대한 뿔공룡이라고 생각했고, '마노스폰딜루스 기가스'란 학명을 붙여주었다.

각을 발견했다. 이 목뼈에 구멍이 송송 나 있다 해서 그는 목뼈 주인에게 '거대한 공기로 채워진 척추'란 뜻의 "마노스폰딜루스 기가스 *Manospondylus gigas*"란 학명을 지어주었다. 그리고 약 100년이 지나서야 마노스폰딜루스 기가스가 사실 티라노사우루스였다는 게 밝혀졌다. 티라노사우루스란 학명이 바뀔 위기에 처한 것이다.

하지만 행운의 여신은 '놀랍게도' 티라노사우루스의 편이었다. 이는 2000년 1월(이 사실이 알려지기 약 다섯 달 전)부터 시행된 〈국제동물명명규약〉 네 번째 개정 덕분이었다. "지난 50년간 최소 25건의 연구에서 10인 이상의 저자들에 의해 사용되었다면 널리 사용되는 학명이 유지될 수 있다"라는 새로운 약속이 규약에 추가된 것이다. 운 좋게도 티라노사우루스는 이 조건에 딱 맞아떨어졌다. 비록 나중에 부여된 학명이긴 하지만 티라노사우루스는 이제 〈국제동물명명규약〉으로부터 철저히 '보호받는 학명*nomen protectum*'이 되었다. 학자들이 조금만 더 부지런했더라면 수많은 박물관 직원들과 출판사 사람들이 큰 고생을 했을지도 모른다.

이처럼 티라노사우루스란 학명은 온갖 어려움을 이겨내고 살아남

은 행운의 이름이다. 그래서일까, 2012년 미국 네브래스카 주의 한 기업가가 자신의 이름을 '티라노사우루스 렉스'로 개명한 일이 있었다. "왜 이름을 바꾸셨나요?"라는 기자들의 질문에 그가 당당하게 "이름이 멋있잖아요. 멋진 이름은 기억하기 쉽습니다. 기업가로서 중요한 것이기도 하고요. 하하하"라고 대답했던 기억이 난다. 죽어서도 이름을 남기는 것은 사람만의 특혜는 아닌 것 같다. 물론 티라노사우루스가 살아생전에 자기 자신을 티라노사우루스라고 소개하지는 않았겠지만.

가족의 탄생

"말해라, 느그 아부지 뭐하시노?!"
"건달입니다….."

영화 〈친구〉에 나오는 유명한 대사다. 학교는 내가 다니는데 왜 아버지의 직업을 물어보는 것일까? 더 나아가 사람들은(특히 우리나라 사람들은) "가족은 어디 살아요?", "아버님은 어느 학교 졸업하셨나요?" 등 가족에 관한 질문을 서슴없이 한다. 그래서일까, 나이 많으신 분들과 대화를 하면 본인보다는 가족 이야기만 하다가 시간이 지나가는 경우가 많다. 물론 서로 좀 더 친숙해지려는 의도이겠지만, 반대로 집안의 배경을 통해 그 사람을 평가하려는 경향도 없잖아 있다. 어떤 이유가 됐든 우리는 남의 가족에 관심이 많다. 그럼 티라노사우루스의 집안 배경에 대해 궁금하지는 않은가? 과연 티라노사우루스는 어떤 가문의 공룡이었을까?

지난 100년 동안 고생물학자들은 티라노사우루스의 집안에 대해 연구해왔다. 티라노사우루스가 발견되기 이전인 1881년, 고생물학자 오스니엘 마시는 당시까지 보고된 모든 육식공룡들을 총칭해 '짐승의 발'이란 뜻의 수각류Theropoda라는 이름을 붙여주었다. 현재 이 이름은 전체 육식공룡 가문(분류군)을 부를 때 사용되고 있다. 하지만 모든 수각류가 육식성이었던 것은 아니다.

티라노사우루스가 처음 대중에게 모습을 선보인 20세기 초에는 수각류들이 그다지 다양하게 발견되지 않은 상태였다. 종류가 많이 없다 보니 고생물학자들은 수각류들을 단순히 덩치가 큰 그룹과 작은 그룹으로 나누었다. 덩치가 큰 헤비급 수각류들에게는 '육식을 하는 도마뱀'이란 뜻의 카르노사우루스류Carnosauria, 덩치가 작은 라이트급 수각류들에게는 '꼬리가 빈(가벼운) 도마뱀'이란 뜻의 코일루로사우루스류Coelurosauria라는 이름이 붙었다. 티라노사우루스를 처음 보고한 오즈번은 몸집이 거대한 이 공룡이 당연히 카르노사우루스류에 포함된다고 생각했다. 하지만 오즈번의 연구 파트너인 브라운의 생각은 달랐다. 그는 티라노사우루스의 다리뼈와 골반, 척추 구조가 카르노사우루스류보다는 코일루로사우루스류에 가깝기 때문에 후자 쪽이라고 생각했다.[2] 하지만 오즈번이 브라운의 직장 상사였기 때문에 자신의 생각을 함부로 언급하기는 힘들었다(이런 경우는 오늘날에도 종종 있다).

티라노사우루스가 공룡시대의 마지막 카르노사우루스류였을 것이라는 주장은 1970년대까지 계속 이어졌다. 이러한 생각은 1980년대가 되어서야 일부 고생물학자들의 자세한 해부학적 연구 덕분에 뒤집어질 수 있었으며, 현재는 티라노사우루스가 코일루로사우루스류

감히 우리 형님을
잡아먹으려고 하다니!

티라노사우루스는 덩치가 크다는 이유로 한때 카르노사우루스류로 분류되었지만, 현재는 작은 깃털공룡들과 함께 코일루로사우루스류로 분류된다.

가문에 포함되어 있다. 결국은 지난 80년 동안 브라운의 생각이 옳았으며, 티라노사우루스는 코일루로사우루스류의 걸리버였던 셈이다(물론 티라노사우루스가 유일한 거대 코일루로사우루스류는 아니다).

코일루로사우루스류에는 매우 다양한 종류의 공룡들이 포함된다. 타조처럼 생겨서 타조공룡이라 불리는 오르니토미모사우루스류Ornithomimosauria, 앵무새 주둥이를 가진 오비랍토로사우루스류Oviraptorosauria, 가위손을 가진 테리지노사우루스류Therizinosauria, 짧은 팔을 가진 알바레즈사우루스류Alvarezsauria, 날렵한 드로마이오사우루스류Dromaeosauridae, 똑똑한 트로오돈류Troodontidae, 그리고 오늘날 살아 있는 조류Avialae까지 그 크기와 형태가 매우 다양하다. 티라노사우루스뿐만 아니라 티라노사우루스의 친척, 그리고 티라노사우루스의 직계조상까지 모두 코일루로사우루스류에 포함되는데, 학자들은 티라노사우루스와 관계된 이 공룡들을 묶어서 '티라노사우루스의 가족'이란 뜻의 티라노사우루스류Tyrannosauridae 또는 티라노사우루스과라고 부른다.

티라노사우루스류에 소속된 공룡들은 모두 한 덩치 하는 사냥꾼들이었다. 이들 중 덩치가 작은 축에 속하는 알리오라무스(컬러도판 3)*는 제주도 조랑말 정도의 크기다. 반면에 이들 중 가장 큰 구성원인 티라노사우루스는 아프리카코끼리보다 약 두 배 더 무겁다. 현재까지 발견된, 가장 큰 티라

알리오라무스Alioramus
'다른 가지'란 뜻으로, 다른 티라노사우루스류와는 달리 유난히 길쭉한 주둥이를 가지고 있어서 붙은 학명이다.

티라노사우루스의 크고 단단한 머리뼈

이 티라노사우루스의 머리뼈는 길이가 약 1.5미터나 된다. 크고 단단한 머리는 티라노사우루스류 가문의 트레이드마크다.

노사우루스의 골격은 몸길이가 약 12미터 정도지만 더 큰 녀석이 땅속에서 우리를 기다리고 있을지도 모른다.

크고 단단한 머리는 티라노사우루스류 가문의 또 다른 트레이드마크다. 알리오라무스와 일부 구성원들을 제외한 거의 모든 티라노사우루스류들은 적어도 머리 길이가 1미터 이상 되며, 커져버린 머리를 가볍게 하기 위해 모두 머리뼈에 크고 작은 구멍들을 발달시켰다(이 구멍들이 없었다면 티라노사우루스는 낮잠을 자고 일어나려 해도 고개를 들지 못했을 것이다).

머리뼈에 크고 작은 구멍들이 송송 나 있더라도 이들의 머리는 생각보다 단단했다. 티라노사우루스류들은 머리뼈들이 서로 단단하게 융합되는 방향으로 진화했는데, 이는 다른 육식공룡 가문에서는 보기 드문 현상이다.[3] 대부분의 육식공룡들은 서로 융합되지 않은 유연한 머리뼈를 가진다. 그래야 발버둥치는 먹잇감을 입으로 붙잡았

바나나 같은 티라노사우루스의 이빨

티라노사우루스는 마치 거대한 바나나처럼 굵은 형태의 이빨을 가졌다. 길이가 30센티미터에 달하며, 3분의 2 정도는 잇몸에 묻혀 있었다(화살표로 표시된 범위).

을 때 머리가 받는 충격을 줄일 수 있기 때문이다. 하지만 티라노사우루스류는 애초에 먹잇감이 발버둥치지 못하게끔 꽉 붙잡기 위해 다른 육식공룡들과는 반대로 머리를 더욱 단단하게 만들었다.

머리가 거대해서일까, 이들의 이빨 또한 거대했다. 티라노사우루스류 중에서 가장 큰 이빨을 가진 티라노사우루스는 이빨 길이가 뾰족한 끝에서 이빨뿌리까지 약 30센티미터 정도다. 책상 위에 있는 30센티미터짜리 자를 생각해보라. 그 어떤 육식공룡의 이빨보다도 거대하다. 더 놀라운 것은 이빨뿌리가 전체 길이의 3분의 2를 차지한다는 사실이다. 반면에 보통 육식공룡의 이빨에서는 뿌리가 전체 길이의 절반을 차지한다. 게다가 전형적인 육식공룡의 납작한 이빨과는 달리 티라노사우루스류의 이빨은 상당히 두껍다.

이렇게 다른 이빨 구조를 가지게 된 이유는 이들만의 식사예절과 관련이 있다. 얇은 이빨을 이용해 고기만 뜯어먹는 다른 육식공룡들과 달리 티라노사우루스류는 튼튼하고 두꺼운 이빨을 이용해 먹잇감의 뼈까지 씹어 먹었는데, 이에 대한 증거는 티라노사우루스류와 함께 살았던 운 나쁜 초식공룡들의 뼈화석을 보면 명확해진다. 미국 몬태나 주에서는 티라노사우루스가 씹어서 생긴 상처들이 오리주둥이 공룡 에드몬토사우루스*의 꼬리뼈, 트리케라톱스의 골반, 안킬로사우루스의 머리뼈에서 발견되었으며, 초식공룡의 뼛조각들을 함유하고 있는 티라노사우루스류의 배설물 화석(그렇다. 배설물도 화석으로 보존된다. 물론 냄새는 보존되지 않지만)

에드몬토사우루스 *Edmontosaurus*
'에드먼턴의 도마뱀'이란 뜻으로, 이 공룡이 발견된 캐나다 '에드먼턴'에서 학명을 따왔다.

이 캐나다 서스캐처원 주에서 발견된 적도 있다. 어쩌면 지상 최고의 먹방은 과거에 티라노사우루스가 보여주었을지도 모른다.

　그렇다면 티라노사우루스가 무는 힘은 어느 정도였을까? 2012년, 영국 리버풀대학교의 칼 베이츠와 영국 왕립수의대학교의 피터 팔킹햄은 티라노사우루스의 머리를 3차원 컴퓨터모델로 제작한 후, 새와 악어의 턱 근육을 참고하여 티라노사우루스의 턱을 복원했다. 이들이 컴퓨터모델로 측정해보니 티라노사우루스의 무는 힘은 약 5700킬로그램, 곧 티라노사우루스가 팔을 물면 거대한 그랜드피아노 13대가 팔 위로 떨어지는 것과 비슷한 힘이 가해졌다. 사람이 약 65킬로그램, 백상아리가 약 300킬로그램, 사자가 약 430킬로그램, 그리고 가장 턱이 강한 육상 척추동물인 악어가 무는 힘이 약 2000킬로그램이라는 점을 감안하면 티라노사우루스는 정말로 강한 턱을 가진 셈이다.

　티라노사우루스류는 거대한 이빨과 머리, 몸체와 꼬리를 가진 무시무시한 포식자들이다. 딱 한 가지 작은 게 있다면 귀여울 정도로 작은 팔이다. 특히 티라노사우루스는 팔이 너무 짧아서 박수도 못 치며 모기에 물린 턱을 긁을 수도 없다. 티라노사우루스를 처음 보고한 오즈번도 티라노사우루스의 팔을 보고는 잘못 섞여 들어온 것이라고 오해했다는 이야기도 전해진다. 게다가 이 짧은 팔은, 달린 손가락도 두 개뿐이라 도무지 쓸모가 없어 보인다.

　티라노사우루스의 손가락이 두 개였음이 밝혀진 것은 비교적 최근일이다. 초기에 발견된 티라노사우루스 화석들은 모두 팔 부위가 불완전하게 보존되어 있어서 오즈번은 티라노사우루스의 팔을 복원할 때, 다른 육식공룡들의 팔처럼 손가락을 세 개씩 붙여서 복원했다. 그

고르고사우루스의 완벽한 손가락 화석

티라노사우루스의 친척인 고르고사우루스의 오른손이다. 고르고사우루스는 처음으로 가장 완벽한 손가락이 발견된 티라노사우루스류다. 티라노사우루스류의 조상은 손가락이 세 개였는데, 손바닥뼈에 셋째 손가락과 이어지는 뼈가 흔적기관으로 남아 있다(하얀 화살표).

고르고사우루스Gorgosaurus

'고르곤의 도마뱀'이란 뜻으로, 그리스 신화에 등장하는 흉측한 모습의 괴물인 고르곤에서 따온 학명이다. 신화 속 고르곤들은 세 자매로 머리카락은 뱀이며, 멧돼지처럼 큰 어금니를 가졌다.

후 티라노사우루스류에 속하는 고르고사우루스*가 발견되었는데, 완벽한 두 개의 손가락을 가지고 있었다. 친척인 고르고사우루스의 완벽하게 보존된 손이 발견되면서 티라노사우루스 또한 손가락이 두 개였을 거라는 추측들이 나왔지만, 티라노사우루스의 온전한 팔이 1989년에 발견되기 전까지는 100퍼센트 확신하기 힘들었다.

사실 티라노사우루스류들도 한때는 세 개의 손가락을 가지고 있었다. 진화하면서 셋째 손가락이 퇴화했을 뿐이다. 이들이 과거에 한때 손가락이 세 개였다는 증거는 손바닥뼈에도 남아 있는데, 손바닥뼈에 셋째 손가락과 이어지는 뼈가 보존되어 있다. 한때 있었던 부위인데 퇴화하여 흔적만 남아 있는 것을 흔적기관vestigial organ이라 하며, 티라노사우루스류의 셋째 손가락 흔적뿐만 아니라 사람에게 남아 있는 짧은 꼬리뼈, 비단구렁이의 뒤 발톱, 닭 날개에 남아 있는 첫째 손가락 등이 여기에 해당된다.

이제 티라노사우루스류들이 이 작은 팔을 어디에 사용했는지 알아보자. 피아노 건반을 치는 데에 사용하지는 않았을 테고, 사실 그동안 많은 학자들이 이 수수께끼를 풀기 위해 도전장을 내밀었다. 오즈번은 티라노사우루스류가 짝짓기를 할 때 수컷들이 암컷을 긁거나 안으면서 사용했을 것으로 보았다 (아마도 현생 비단구렁이 수컷들이 짝짓기를 할 때, 작은 뒤 발톱으로 암컷을 쿡쿡 찌르는 행위에서 영감을 얻은 듯하다). 1970년 런던자연사박물관의 바니 뉴먼은 티라노사우루스가 누웠다가 몸을 일으킬 때 짧은 팔로 몸을 밀어올렸을 것으로 추정했지만 "과연 그 짧은 팔이 그만큼의 힘을 발휘할 수 있었겠느냐" 하고 의심하는 사람들이 많았다.

티라노사우루스류가 짧은 팔과 두 개의 갈고리 손톱을 이용해 고깃덩어리를 입 근처까지 들어올렸다는 주장, 발버둥치는 먹이를 꽉 잡기 위해 사용했다는 주장 등 다양한 가설들이 있었지만, 티라노사우루스류의 팔에 대한 제대로 된 연구는 2001년에 동부유타주립대학교 선사박물관의 케네스 카펜터와 스미스스튜디오의 맷 스미스에 의해 처음 시도되었다. 그들은 생물공학적 분석을 통해 팔 길이가 약 1미터 되는 티라노사우루스가 약 199킬로그램의 무게를 들 수 있음을 알아내어, 정확히 어떤 용도인지는 알 수 없지만 티라노사우루스가 이 짧은 팔을 어떤 일에 사용했을 것으로 추정했다.

현재 티라노사우루스류의 팔에 대한 최신 연구는 뉴욕주립대학교 스토니브룩캠퍼스의 사라 버치에 의해 진행되고 있다. 2014년, 버치는 티라노사우루스가 몸을 일으켜 세우는 동작보다는 끌어안는 동작을 더 잘했을 것으로 보고했다. 그녀의 주장에 따르면 티라노사우루스는 뉴먼의 의견처럼 몸을 일으켜 세우기 위해 팔을 사용했다기보다는 오즈번의 의견처럼 수컷이 배우자를 끌어안을 때 사용했을 가능성이 크다는 것이다. 이것이 만약 사실이라면 결국 티라노사우루스류는 중생대 최고의 터프가이임과 동시에 여자의 마음을 녹일 줄

티라노사우루스 한 쌍이 따뜻한 포옹을 나누고 있다. 하지만 분위기가 깨지는 순간 어떻게 돌변할지 모른다. 티라노사우루스의 뼈화석에는 간혹 다른 티라노사우루스에게 물려서 생긴 이빨 자국들이 발견되는데, 서로 자주 싸웠을 것으로 추정된다. 아마 티라노사우루스는 사랑도 화끈하게, 싸움도 화끈하게 했을지 모른다.

아는 로맨티스트였을지도 모른다. 물론 이 연구는 현재도 진행 중이며, 이에 대한 해답은 아마도 가까운 미래에 알 수 있을 것이다.

2014년, 미국 스턴버그자연사박물관의 브루스 로스차일드는 초식공룡들의 뼈에서 티라노사우루스류의 얕게 문 이빨 자국들이 발견된다는 사실을 알아냈다. 이러한 얕은 이빨 자국들은 살점을 뜯기 위해 깊숙이 물어버린 육식공룡의 이빨 자국과는 달랐다. 게다가 이러한 얕은 이빨 자국들이 발견된 뼈들은 살점이 별로 붙어 있지 않은 부위들이었다. 그래서 로스차일드는 이러한 얕은 이빨 자국들이 티라노사우루스류가 입으로 뼈를 물고 놀다가 생긴 자국들이었을 것이라고 추정했다.

거대한 육식공룡이 뼈를 마치 장난감처럼 갖고 노는 장면을 상상하기란 쉽지 않을 것이다. 하지만 오늘날의 많은 파충류들이 이러한 놀이를 즐긴다는 사실을 생각해보면 그리 놀랄 만한 일도 아니다. 사육장에 살고 있는 심심한 거북들은 보기 좋으라고 심어놓은 수초들을 뽑거나 여과기를 분리시켜놓으며, 미국 스미스소니언국립동물원의 코모도왕도마뱀Varanus komodoensis은 사육사의 신발끈을 가지고 놀기도 한다. 2015년, 미국 마이애미동물원에서 심심한 하루하루를 보내던 한 쿠바악어Crocodylus rhombifer가 물 위로 떨어진 분홍색의 꽃잎을 물고, 밀고, 콧등에 올리는 등 다양한 놀이 행위를 했다는 관찰결과가 보고되기도 했다. 거북, 도마뱀, 그리고 악어도 노는데 공룡이 놀지 말라는 법은 없지 않은가?

각양각색의 친척들

티라노사우루스류에 속하는 공룡들의 화석은 모두 북반구에서만 발견된다. 그 이유는 이들의 조상인 원시 티라노사우루스형태류들이 북반구 어딘가에 등장했을 때(약 1억 6000만 년 전), 이미 남반구의 곤드와나 대륙(아메리카, 아프리카, 남극, 그리고 오스트레일리아 대륙)이 적도에서 멀리 남쪽으로 떨어져 나간 이후였기 때문이다. 이렇게 북반구에 갇혀버린 이들은 백악기에 북아메리카와 유라시아 대륙을 지배했고, 6600만 년 전에 새를 제외한 다른 모든 공룡들과 함께 감쪽같이 사라져버렸다. 티라노사우루스류에 속한 공룡은 지금까지 총 12종류가 알려져 있는데, 모두 티라노사우루스와 비슷하게 생겼으면서도 조금씩 다른 모습을 보여준다.

티라노사우루스의 먼 친척인 알베르토사우루스*Albertosaurus*는 이름에서 알 수 있듯이 캐나다의 앨버타 주에서 발견되었다. 이 공룡은 티라노사우루스와 달리 호리호리한 몸매를 지녔는데, 그래서 마치 영양실조에 걸린 티라노사우루스처럼 생겼다. 하지만 날씬한 몸 덕분에 알베르토사우루스는 뚱뚱한 티라노사우루스보다 더 재빠르고 민첩하게 움직일 수 있었다. 또한 이들은 대가족을 이루던 육식공룡으로도 알려져 있다. 19세기 말에 미국 자연사박물관의 바넘 브라운은 함께 있는 알베르토사우루스 26마리의 화석을 발견했다. 이 중 연령대가 확인된 것은 22마리인데, 한 마리는 아주 늙은 개체였고, 여덟 마리는 17~23세의 어른, 일곱 마리는 10대 청소년, 나머지 여섯 마리는 10세가 넘지 않은 어린 공룡들이었다. 어쩌면 이들은 집단으로 사냥하고 함께 새끼들을 돌보는 오늘날의 사자들처럼 생활했을지도 모른다(컬러도판 4).

알베르토사우루스만큼 가정적인 티라노사우루스류로는 고르고사우루스가 있다. 고르고사우루스는 생명력이 대단히 끈질긴 공룡으로 유명한데, 미국 인디애나폴리스어린이박물관에는 골절된 정강이뼈가 잘못 붙어 살 밖으로 튀어나온 채 살았던 고르고사우루스의 골격이 전시되어 있다. 다리가 골절된 이 고르고사우루스는 엎친 데 덮친 격으로 뇌종양까지 앓았던 것으로 추정된다. 놀랍게도 이 고르고사우루스는 심한 골절과 뇌종양을 앓았는데도 몇 년 더 살다가 생을 마감했는데, 아마 동료나 가족 구성원들이 이 아픈 고르고사우루스에게 먹이를 가져다주며 보살폈을 것으로 여겨진다.

알베르토사우루스나 고르고사우루스처럼 가정적인 공룡들이 있는가 하면, 동료를 잡아먹는 무자비한 녀석도 있다. 다스플레토사우루스*Daspletosaurus*는 알베르토사우루스와 고르고사우루스보다 뚱뚱하고 티라노사우루스보다 이빨이 많았다. 1994년에 어린 다스플레토사우루스의 화석이 하나 발견되었는데, 이 어린 공룡의 머리뼈에는 다른 다스플레토사우루스가 남긴 이빨 자국들이 선명하게 남아 있었다. 몇 년의 연구 끝에, 영국 런던대학교의 데이비드 혼과 연구팀은 이 어린 다스플레토사우루스가 다른 동료들과 자주 싸웠고, 죽은 후에는 동료들에게 먹혔다는 사실을 밝혀냈다.

따뜻한 곳을 선호한 다른 티라노사우루스류들과 달리 추운 지방에서 살던 녀석도 있었다. 미국 알래스카에서 발견된 나누크사우루스*Nanuqsaurus*는 머리 길이가 약 70센티미터 정도로 말만 한 덩치의 공룡이다. 다스플레토사우루스나 티라노사우루스 같은 친척들과 비교하면 작은 몸집이지만, 이 공룡은 티라노사우루스류가 백악기에 추운 극지방까지 진출했음을 보여준 첫 화석증거다. 나누크사우루스라는 학명에서 '나누크nanuq'는 알래스카 이누잇 말로 '북극곰'을 의미한다.

　최근에는 아시아에서도 다양한 티라노사우루스류의 화석들이 발견되고 있다. 2014년에 보고된 퀴안조우사우루스Qianzhousaurus는 중국 남부의 백악기 후기 지층인 난시옹층Nanxiong Formation에서 발견되었다. 퀴안조우사우루스라는 학명은 이 공룡이 발견된 간저우贛州의 옛 이름인 첸저우虔州에서 따온 것이다. 이 티라노사우루스류는 길쭉한 주둥이를 가진 것이 특징인데, 이러한 특징 때문에 퀴안조우사우루스는 '피노키오 렉스'란 별명으로 불리기도 한다.

미국 인디애나폴리스어린이박물관에 전시된 고르고사우루스 골격
뇌종양의 흔적뿐만 아니라 정강이뼈, 어깨뼈, 허벅지뼈, 꼬리뼈, 그리고 복늑골(배를 덮는 갈비뼈)이 골절된 것을 볼 수 있다. 육식공룡으로 살아가는 것이 얼마나 힘든 일인지를 몸소 보여주는 골격화석이다.
© AStrangerintheAlps

티라노 비긴즈

이 위대한 티라노사우루스류 가문은 어떻게 시작된 것일까? 여자가 된 곰이 단군을 낳고 박혁거세가 알에서 태어난 것처럼(물론 실제로 그 랬을 리는 없지만) 모든 신화의 시작은 드라마틱하다. 과연 티라노사우루스류의 시작도 이만큼 화려했을까?

한동안 이 멋진 가문의 과거는 어두운 베일에 가려져 있어 학자들은 그저 추측만 할 뿐이었다. 당시에 발견된 코일루로사우루스류 중가장 원시적인 종류들은 온몸이 원시 형태의 깃털로 덮여 있었다. 그래서 티라노사우루스류의 조상도 아마 깃털로 덮여 있었을 것이며, 이들의 짧은 앞다리도 과거에는 길었을 것으로 추정되었다. 하지만화석증거가 없기 때문에 고생물학자들은 대중에게 확실한 이야기를전달할 수 없었다. 하지만 그리워하면 언젠가 만나듯, 학자들이 기다리고 기다리던 화석이 드디어 땅 밖으로 모습을 드러냈다.

2004년, 중국에서 굉장히 이색적인 이름의 공룡이 보고되었다. 그이름은 바로 딜롱Dilong. '땅에서 나온 용'이란 뜻으로, 地(땅-지)와 龍(용-용)을 합친 한자어를 라틴어 발음으로 옮긴 이상한 학명이었다. 딜롱은 몸길이 1.5미터에 몸무게는 몸집 큰 비버만 한 소형 공룡이다. 기다란 세 손가락이 달린 가느다란 팔, 작은 머리와 긴 뒷다리를지닌 겉모습은 다른 원시 코일루로사우루스류와 별 차이가 없어 보인다. 하지만 머리뼈 일부(특히 코뼈)가 융합되었다는 점, 그리고 이빨형태가 다른 육식공룡들과는 다르다는 점 때문에 이 화석을 처음 본고생물학자들은 바로 이것이 티라노사우루스류의 조상뻘 되는 동물임을 알 수가 있었다. 게다가 딜롱의 뼈화석 가장자리에는 놀랍게도 원시깃털의 흔적이 보존되어 있었다. 무시무시한 티라노사우루스는 생각보다 보송보송한 과거를 가지고 있었던 것이다. 학자들은 티라노사우루스를 포함하는 티라노사우루스류와 딜롱을 묶어서 '티라노사우루스의 형태들'이라는 뜻의 티라노사우루스형태류Tyrannosauroidea 또는 티라노사우루스상과라고 부른다.

그렇다면 딜롱 이전의 티라노사우루스형태류 공룡들은 어떻게 생겼을까? 사실 딜롱이 발견되기 전부터 다양한 티라노사우루스형태류들이 보고되었다. 대표적인 화석으로는 1974년에 보고된 북아메리카의 스토케소사우루스*와 2003년에 보고된 포르투갈의 아비아티란니스*가 있다. 하지만 두 공룡 모두 화석의 보존 상태가 매우 좋지 않은데다가 발견된 부위가 그리 많지 않다 보니, 자세한 모습을 복원하거나 두 공룡의 생태를 해석하는 데에는 무리가 있었다.

그런데 운 좋게도 딜롱이 발표된 지 얼마 되지 않아서 거의 완벽하게 보존된 새로운 티라노사우루스형태류가 중국 우차이완伍彩灣에서 발견되었다. 당시 중국 고생물학자들의 트렌드였는지 이 공룡의 학명 또한 한자어를 라틴어 발음으로 옮겨서 지었다. 冠(갓-관)과 龍(용-용)이 합쳐져 '왕관을 쓴 용'이란 뜻의 구안롱Guanlong은 이름처럼 마치 큰 왕관을 쓴 듯이 큰 볏을 가졌으며, 원시적인 티라노사우루스형태류의 특징인 긴 팔과 세 개의 손가락을 가졌다. 구안롱의 큰 볏이 어디에 사용되었는지에 대해서는 알려진 바 없지만, 이 볏이 얇은 뼈로 이루어져 있다는 것을 감안한다면 싸우거나 힘을 쓰는 용도로는 사용하지 않았을 것이다. 과시용이었을 가능성이 크다. 살아있을 때는 아마도 밝은 색을 띠거나 현란한 무늬가 있었

스토케소사우루스Stokesosaurus
'스토크스의 도마뱀'이란 뜻으로, 이 공룡을 연구한 학자가 자신의 스승인 지질학자 윌리엄 스토크스의 이름을 따서 지은 학명이다.

아비아티란니스Aviatyrannis
'폭군 할머니'란 뜻으로, 폭군 도마뱀들의 조상이란 의미에서 붙은 학명이다.

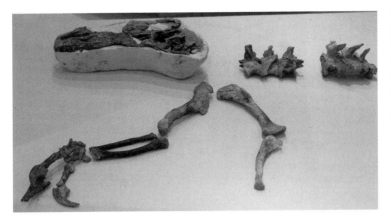

을지도 모른다. 크고 화려한 볏을 위아래로 흔들며 걷는 구안롱의 모습은 마치 서울 명동 거리에서 볼 수 있는 인간광고판 아르바이트생의 모습과 비슷했을 것이다.

이 오래된 티라노사우루스류의 조상들은 어떻게 생활했을까? 후손들처럼 최고 포식자의 자리에 앉아 세상을 내려다보았을까? 슬프게도 이들 원시 티라노사우루스형태류가 살던 시대는 후손들의 세상과는 달랐다고나 할까. 티라노사우루스형태류가 처음 등장한 쥐라기 중기(약 1억 6500만 년 전)는 거대 공룡들의 시대가 막 시작된 참이었다. 얇은 뼈로 된 골판들을 등에 짊어지고 있는 골판공룡류Stegosauria와 목이 긴 헤비급의 목긴공룡류Sauropoda들은 침엽수와 고사리를 뜯었고, 이들을 사냥했던 당시의 최고 포식자들은 원시적인 카르노사우루스류였다.

카르노사우루스류는 모든 대륙에 걸쳐 분포했다. 쥐라기 후기(약 1억 6300만 년 전~1억 4500만 년 전)에는 독특한 볏 구조를 가진 카르노사우루스류가 등장했는데, 콧등에 쭈글쭈글한 구조물이 있는 중국의 양쿠아노사우루스*나

양쿠아노사우루스
Yangchuanosaurus
'융촨의 도마뱀'이란 뜻으로, 중국의 융촨구永川区에서 발견되었기 때문에 붙은 학명이다.

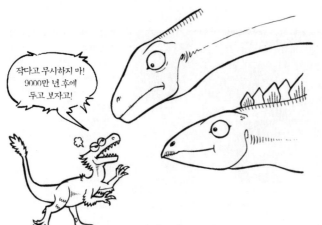

작다고 무시하지 마!
9000만 년 후에
두고 보자고!

눈 위에 한 쌍의 얇은 뼈 구조물이 있는 북아메리카의 알로사우루스가 대표적이다. 카르노사우루스류는 항상 살집이 많은 목긴공룡들과 함께 살았다. 목긴공룡이 이들의 주된 먹잇감이었기 때문일 것이다. 카르노사우루스류는 납작한 형태의 이빨을 가졌는데, 이 납작한 이빨의 앞뒷면에는 톱날 구조가 있어 고기를 좀 더 쉽게 자를 수 있었다. 걸어다니는 살덩어리였던 거대한 목긴공룡들을 잡아먹기에는 안성맞춤인 도구였다.

티라노사우루스는 거대했지만 이들의 조상은 보잘것없었다. 티라노사우루스의 조상은 온몸이 원시 형태의 깃털로 덮여 있는 긴 팔을 가진 조그만 육식공룡이었는데, 공룡시대 때 가장 작은 공룡들 중 하나였다.

반면에 원시 티라노사우루스형태류는 거대 카르노사우루스류의 그림자 밑에 숨어서 지내야만 했다. 숨어 지내기 위해서는 몸집이 작아야 했으며, 그 바람에 몸집 큰 공룡에 비해 상대적으로 체온을 유지하기가 힘들었다. 이때 이들이 두르고 있던 얇은 원시깃털 코트가 체온유지에 큰 도움을 주었을 것이다. 또한 원시 티라노사우루스형태류의 긴 팔은 덤불이나 땅굴 속에 숨어 있는 작은 동물을 꺼낼 때 유용했을 것이며, 이들의 긴 뒷다리는 재빠른 소형 초식공룡들을 뒤쫓을 때 유용했을 것이다. 물론 무시무시한 카르노사우루스류로부터 달아날 때도 긴 뒷다리의 덕을 많이 봤을 것이다.

작은 티라노사우루스형태류의 목숨을 위협하는 존재는 거대 육식 카르노사우루스류만 있었던 것은 아니다. 이들의 먹잇감인 초식공룡들도 무시무시한 존재들이었는데, 운이 나쁜 카르노사우루스류나 티라노사우루스형태류는 오히려 먹잇감에게 공격을 당해 큰 부상을 입는 경우도 종종 있었다. 미국 유타 주 클리블랜드로이드 공룡 발굴지에서 발견된 한 알로사우루스의 척추뼈는 당시의 육식공룡들이 얼마나 힘든 삶을 살았는지를 잘 보여준다. 발굴지에서 발견된 척추에는 마치 큰 총알이 관통한 것처럼 둥근 구멍이 나 있는데, 구멍을 만든 범인은 다름 아닌 알로사우루스의 사냥감이었던 스테고사우루스였다. 스테고사우루스는 초식공룡이지만 꼬리에 뼈로 된 가시가 두 쌍 솟아 있다. 스테고사우루스는 이것을 마치 중세의 모닝스타*처럼 휘두르며 자신을 방어했다. 비록 먹잇감의 꼬리가시에 맞아 척추를 관통당했지만, 놀랍게도 이 알로사우루스는 척추에 구멍이 난 채로 몇 년을 더 살다 죽었다. 최근에는 민망하게도 낭심 부위(정확하게는 치골 부위)를 스테고사우루스의 가시에 찔린 알로사우루스 화석이 미국 와이오밍 주에서 발견되었는데, 안타깝게도 이 알로사우루스는 그 상처로 인해 생을 마감했을 것으로 보고 있다(생각만 해도 끔찍하다). 최고 포식자의 자리는 어쩌면 공룡시대 당시 가장 극한직업이었을지도 모른다. 그래서 우리는 불고기버거가 낭심을 가격할 일이 없는 오늘날의 편안한 삶을 감사하고 또 감사해야 한다.

먹잇감에게 오히려 반격을 당해 죽는 사냥꾼들도 많았지만, 어처구니없는 자연재해로 인해 목숨을 잃는 경우도 있었다. 2000년, 중국 우차이완 지역에서 큰 기둥처럼 생긴 암석 구조물이 발견되었는데, 그 속에는 소형 공룡 열 마리, 악어 두 마리, 원시포유류 두 마리, 거북 한 마리, 총 15마리의 동물들이 들어 있었다. 캐나다 로열티렐박물관의 데이비드 에버스와 연구팀은 10년간의 연구 끝에 이 거대한 구조물이 하나의 거대한 발자국임을 밝혀냈다. 당시에 살았던 초대형 목긴공

모닝스타Morning star
중세 유럽에서 사용했던 무기로 곧은 자루 끝에 가시가 달린 쇠뭉치를 달고 있다. 마치 떨어지는 유성과 닮았다 하여 모닝스타라고 불렸다.

말풍선: 자기 믿고 신혼여행을 중국으로 오는 게 아니었어.

룡 마멘키사우루스*가 물을 많이 먹은 부드러운 화산재로 덮인 진흙 위를 걸어가면서 만든 발자국으로, 지나가던 동물들이 이곳에 빠져 익사한 것으로 추정했다. 세계적으로 희귀한 육식공룡인 노아사우루스류Noasauridae에 속하는 리무사우루스*와 재미있는 이름을 가진 작은 초식공룡 공부사우루스*, 그리고 원시 뿔공룡인 인룡 등 다양한 초기 공룡들이 이 거대한 발자국 안에서 발견되었다. 흥미롭게도 현재 학계에 보고된 단 두 마리의 원시 티라노사우루스형태류인 구안룡이 모두 여기에서 발견되었다. 이는 티라노사우루스 가문의 가장 큰 굴욕이 아닐 수 없다.

하지만 이러한 굴욕적인 삶도 잠깐이었을 뿐, 티라노사우루스형태류의 삶은 조금씩 변하기 시작했다. 판의 이동에 의해 대륙들이 갈라지고 새로운 바닷길이 열리기 시작했다. 새로 열린 바닷길은 주변 기후에 영향을 미치기 시작했으며, 기후가 변하자 다양한 환경들이 생겨나기 시작했다. 다양한 환경에 맞추어 식물들은 다양하게 변하고, 결국 이들을 먹고 살아가는 초식공룡들도 조금씩 변하기 시작했다. 침엽수나 고사리를 무식하게 뜯어 삼키던 목긴공룡들의 수가 조금씩 줄어들자 이들을 먹잇감으로 삼았던 육식 카르노사우루스류들은 개체수가 줄어들기 시작했다. 최상위 포식자는 상대적으로 개체수가 적기 때문에, 이러한 환경 변화에 가장 큰 타격을 받곤 한다. 결국 대부분의 지역에서 카르노사

마멘키사우루스의 무시무시한 발자국
지금까지 학계에 보고된 단 두 마리의 구안룡은 거대한 목긴공룡인 마멘키사우루스의 발자국 속에서 발견되었다. 공룡들도 어처구니없는 사고를 참 잘 당한 것 같다.

마멘키사우루스Mamenchisaurus
'마멘키의 도마뱀'이란 뜻으로, 중국 쓰촨성四川省 마멘키馬鳴溪 지역에서 화석이 발견되어 붙은 이름이다.

리무사우루스Limusaurus
'진흙 도마뱀'이란 뜻으로, 진흙 속에 빠져 죽었기 때문에 붙은 학명이다.

공부사우루스Gongbusaurus
중국 당나라를 대표하는 시인으로, 공부원외랑工部員外郞의 벼슬을 살았던 두보杜甫의 별칭인 두공부杜工部의 이름을 따서 지은 학명이다. 공부랑은 아무 관련이 없다.

우루스류가 자취를 감추어버리자 최고 포식자의 생태자리*가 공석이 되어버렸다. 아이러니컬하게도 카르노사우루스류들은 자취를 감추었지만, 목긴공룡은 이들이 사라진 후 더욱 다양한 모습으로 진화했다.

생태자리*Niche
한 생물 종이나 개체가 생태계 내에서 차지하는 역할을 이르는 말이다.

생태계는 마치 여러 개의 자리가 있는 직장과도 비슷하다. 직장에서 어느 특정 자리에 있던 누군가가 일을 그만두면 다른 누군가가 그 자리에 대신 들어간다. 생태계 또한 마찬가지다. 어느 특정 생태자리에 속해 있는 생물이 사라지면 다른 생물이 그 생태자리를 차지하게 된다.

환경이 변하고 최고 포식자의 자리가 비자, 숨어 지내던 티라노사우루스형태류가 그 빈자리를 채우게 되었다. 최고 포식자의 자리를 차지한 티라노사우루스형태류는 갈수록 최고 포식자에 걸맞게끔 몸이 변했고, 결국 우리들이 알고 있는 최강 포식자 티라노사우루스의 모습이 탄생하게 된 것이다. 고생 끝에 낙이 온다더니, 공룡도 예외는 아니었나 보다.

시네마 천국

"그 어떤 육상 포식자보다도 거대한 이 공룡을 여러분에게 선사합니다! 이 동물은 거대한 육식공룡의 진화적 정점을 보여주는 완벽한 예지요. 그래서 이 공룡은 '폭군 도마뱀의 왕'이란 성대한 이름을 가질 수 있는 권리가 있는 겁니다!"

오즈번의 연설이 넓은 자연사박물관의 복도에 쩌렁쩌렁 울려 퍼졌다. 티라노사우루스의 골격은 말없이 발밑에 있는 사람들을 내려

1925년에 개봉된 무성영화 〈잃어버린 세계〉

1912년에 출간된 아서 도일의 동명 소설을 영화로 만든 작품이다. 원래는 알로사우루스가 주요 악역으로 등장하지만, 영화를 제작할 당시에는 티라노사우루스의 인지도가 더 높아 결국 알로사우루스의 출연은 무산되었다.

다보고 있었다. 관람객들은 탄성을 절로 내질렀고, 기자들의 질문이 쏟아졌다. 오즈번은 이미 몇 해 전부터 이 상황을 예상하고 있었다. 티라노사우루스의 거대한 화석이 박물관 수장고에 들어왔을 때부터 이 거대한 베헤모스(구약성서에 등장하는 육지에 사는 거대 괴물)가 세계적인 스타가 될 것이라고 말이다.

티라노사우루스가 공개되자 1905년 12월 3일 『뉴욕 타임스』에서는 티라노사우루스에게 '가장 강력한 싸움꾼', '동물의 왕국을 지배한 왕 중의 왕', '사람을 잡아먹는 정글의 왕족' 등 엄청난 수식어를 달아주었다. 유명해지면 다른 이들로부터 러브콜을 받는 것은 당연한 일. 박물관 데뷔 이후에 인기가 하늘로 치솟자 할리우드에서는 너도나도 이 선사시대 슈퍼스타를 자신들의 영화에 출연시키기 시작했다. 티라노사우루스는 1918년에 스크린 데뷔작 〈슬럼버마운틴의 유령The Ghost of Slumber Mountain〉을 시작으로, 1925년에는 〈잃어버린 세계The Lost World〉, 1933년에는 〈킹콩King Kong〉에 등장했다. 특히 사람들이 가장 많이 기억하는 티라노사우루스의 연기는 바로 영화 〈킹콩〉에서 거대한 영장류인 킹콩과 혈투를 벌이는 장면이다. 안타깝게도 티라노사우루스는 킹콩에게 주둥이가 찢기면서 패배하지만, 주인공인 킹콩만큼 강한 여운을 남기고 퇴장했기 때문에 티

영화 〈킹콩〉의 살벌한 결투 장면
1933년에 개봉된 영화 〈킹콩〉
속 한 장면이다. 미녀 앤 대로를
사이에 두고 티라노사우루스가
주인공 킹콩과 있는 힘을 다해
싸우지만 아쉽게도 패배한다.
이 영화에 등장하는 티라노사우
루스는 굉장히 길고 유연한 꼬
리를 끌고 다니며, 손가락이 무
려 세 개나 된다.

라노사우루스 자신도 꽤 만족하지 않았을까 생각한다.

영화계에서 입지를 어느 정도 굳힌 티라노사우루스는 애니메이션
으로도 진출했다. 하지만 만화가들은 티라노사우루스의 거대한 몸집
과 무시무시한 외모에만 관심이 많았고, 이 공룡의 자세한 해부학적
특징들에 대해서는 별로 신경을 쓰지 않았다. 그래서 애니메이션 속
티라노사우루스는 다소 실망스러운 모습을 한 경우가 많다. 이는 당
시 최고의 애니메이션을 제작했던 월트디즈니사의 작품도 예외는 아
니었다.

디즈니사의 1940년도 작품인 〈판타지아Fantasia〉에서는 기다란 팔과
세 개의 마귀할멈 손가락을 가진 티라노사우루스가 등장한다. 실제
티라노사우루스도 이런 긴 팔을 가졌더라면 얼마나 좋았을까? 물론
당시에는 티라노사우루스의 완벽한 팔뼈화석이 발견되지 않았지만,
대부분의 학자들은 티라노사우루스의 친척들(특히 고르고사우루스)의

팔을 참고해 티라노사우루스가 두 개의 손가락이 달린 작은 팔을 가졌을 것으로 추정했다. 하지만 디즈니 측은 손가락이 두 개밖에 없는 작은 팔이 '덜 무섭다'는 이유로 학자들의 의견을 작품 속에 반영하지 않았다. 개봉 이후 디즈니 측에서는 티라노사우루스를 발굴한 브라운에게 "더 좋아 보여서 그리했습니다"라고 통보했다고 한다. 이 이야기를 들은 브라운은 얼마나 황당했을까?

그 후 약 40년 동안 영화 속 티라노사우루스의 모습은 변함이 없었다. 하지만 영화계와 달리 학계에서는 티라노사우루스의 모습에 많은 변화가 있었다. 오즈번과 브라운이 1905년에 복원한 티라노사우루스는 상체를 들고 꼬리를 끌고 다니는 자세를 취하고 있었다. 마치 일본 영화에 나올 법한 거대 괴수의 모습처럼 말이다(컬러도판 5). 하지만 1970년대 초, 작은 육식공룡의 꼬리를 연구하던 미국 예일대학교의 존 오스트롬은 공룡의 꼬리가 뻣뻣해서 생각보다 잘 휘어지지 않았음을 발견했다. 게다가 그동안 발견된 수많은 공룡 발자국 화석들 사이에서 이들이 꼬리를 끌었던 흔적이 없다는 사실을 발견한 그는 공룡들이 꼬리를 들고 등을 수평으로 눕힌 자세로 다녔다는 것을 알아냈다(컬러도판 6). 그래서 티라노사우루스의 복원도 역시 꼬리를 든 모습으로 바꾸어야만 했다. 하지만 몸을 수직으로 세우고 느릿느릿 꼬리를 끌고 다니는 티라노사우루스의 이미지에 너무 익숙해진 대중에게 꼬리를 들고 걷는 오스트롬의 티라노사우루스는 낯설게만 느껴졌다.

오스트롬이 획기적인 발표를 하고 나서 거의 10년이 흐른 1984년이 되어서야 꼬리를 든 티라노사우루스가 영화에 출연할 수 있었다. 하지만 그곳은 멋진 할리우드 세트장도 북적북적한 애니메이션 제작사도 아니었다. 한 남자의 어두컴컴한 차고였다. 영화감독이자 특수

효과 전문가인 필 티펫[4]은 자신의 차고를 개조해 작은 세트장을 만들었는데, 그곳에서 그는 티라노사우루스가 등장하는 단편영화 〈선사시대 짐승Prehistoric Beast〉을 촬영했다. 러닝타임이 10분밖에 안 되는 짧은 영화였지만, 영화에 등장하는 티라노사우루스는 최신 학설이 반영되어 꼬리를 들고 몸을 수평으로 눕힌 자세로 빠르게 걸어다녔다. 하지만 티펫의 단편영화만으로는 꼬리를 끌고 다니는 티라노사우루스의 대중적 이미지를 완전히 깨버릴 수는 없었다. 일반인들을 사로잡을 더 멋진 작품이 필요했다.

티펫이 차고에서 움직이는 티라노사우루스를 만들고 있을 때, 시카고 주의 한 소설가는 다른 방법으로 티라노사우루스를 만들고 있었다. 1983년, 하버드대학교 의과대학 출신의 마이클 크라이튼은 죽은 공룡을 살려내는 어느 대학원생에 대한 영화 시나리오를 쓰고 있었다. 시나리오를 쓰던 크라이튼은 어느 날 '단순히 공룡을 살리는 내용보다는 공룡을 볼 수 있는 테마공원에 놀러가는 내용이 더 재미있을 것 같은데?'라고 생각했다. 그래서 그는 영화 시나리오 대신 소설을 쓰기로 결심했다. 그리고 7년의 고생 끝에 1990년 가을에 완성된 그의 소설 『쥬라기 공원』[5]은 출판과 동시에 베스트셀러가 되었다.

크라이튼의 따끈따끈한 신작은 출판되기 전부터 사람들의 관심을 받았다. 그중 가장 큰 관심을 보였던 이는 영화감독 스티븐 스필버그였다. 그는 책이 출판되기 몇 달 전에 크라이튼을 찾아가 소설을 영화화하자고 제안했고, 크라이튼은 당시 돈 50만 달러(현재 시세로 약 10억 2000만 원!)를 받고는 소설 내용을 다시 영화 시나리오로 새롭게 써내려갔다. 영화 시나리오를 쓰다가 시작된 일이 결국은 영화가 되어버린 셈이다. 이렇게 해서 만들어진 영화 〈쥬라기 공원〉은 1993년 여름

저,
사인 좀 해주세요!

영화 〈킹콩〉의 티라노사우루스
(왼쪽), 애니메이션 〈판타지아〉
의 티라노사우루스(가운데), 그
리고 영화 〈쥬라기 공원〉의 티
라노사우루스(오른쪽). 스크린
속에 등장한 대표적인 티라노
사우루스들이다.

에 개봉되었고, 전 세계적으로 9억 달러 이상을 벌어들이는 대성공을 거두었다.[6]

영화 〈쥬라기 공원〉에는 다양한 등장인물이 나온다. 아이를 별로 좋아하지 않는 공룡 박사와 그의 여자친구인 고식물학자, 겁 많은 변호사와 말 많은 수학자 등등. 하지만 극장에서 영화를 보고 나온 사람들은 등장인물들의 이름보다는 포효하는 티라노사우루스의 모습을 훨씬 확실하게 기억했다. 컴퓨터그래픽으로 재탄생한 영화 속의 티라노사우루스는 정말 멋있었기 때문이다! 악어보다는 거대한 타조를 떠올리게 하는 이 새로운 티라노사우루스는 영화 속에서 빠른 속도로 뛰어다니며 포효했는데, 필자를 포함한 많은 관객들은 이 새로운 공룡에게 완전히 마음을 빼앗기고 말았다. 그리고 영화의 흥행에 힘입어 티라노사우루스는 이미지 변신을 확실하게 할 수 있었다. 물론 아직도 티라노사우루스가 느림보라고 생각하는 이들이 있긴 하다.

영화 속의 티라노사우루스가 재빠르게 움직일 수 있었던 것은 영화 제작자들의 공이 컸다. 하지만 영화의 과학 자문을 맡은 예일대학교 출신의 고생물학자 로버트 바커가 아니었다면 불가능한 일이었다. 바커는 당시 텔레비전에 정장을 입고 등장하던 고생물학자들과는 전혀 다른 사람이었다. 청바지 차림에 긴 곱슬머리를 하고 수염을 기른 그는 오스트롬이 총애하는 제자였으며, 학부 시절부터 공룡의 체온체계와 생태에 특히 관심이 많았다. 게다가 그는 당시에 공룡이 재빠르고 활동적인 항온동물이었다고 굳게 믿은, 몇 안 되는 학자 중 한 명이었다. 바커는 예술적 재능도 뛰어난 사람이었는데, 이러한 재능을 충분히 발휘해서 공룡에 대한 가설을 자신이 그린 그림으로 일반인에게 쉽게 설명할 수가 있었다. 바커의 가설과 역동적인 공룡 그림들로 가득한 책 『공룡이단The Dinosaur Heresies』은 1986년에 출간되면서 수많은 사람들의 관심을 받았는데, 그중 한 사람이 바로 크라이튼이었다.

물론 당시의 모든 고생물학자들(특히 원로 학자들)이 바커를 좋은 눈으로 바라보지는 않았다. 특히 바커가 주장한 '공룡 항온동물설'은 비판의 대상이 되었다. 공룡은 파충류이므로 굼떠야 한다는 고정관념 때문이었다. 하지만 해가 지나자 공룡이 그저 느리고 지능이 낮은 파충류가 아닌, 복잡하고 활동적인 행위를 하는 포유류나 조류와 유사한 동물이었다는 사실이 분명하게 드러나기 시작했다. 그리고 고지식했던 선배들과는 달리 항상 새로운 생각에 열려 있었던 당시의 젊은 고생물학자들을 중심으로 바커의 생각이 지지받기 시작했다. 오늘날 학계에서는 당시 고생물학자들이 주축이 되었던 이 작은 과학혁명을 '공룡 르네상스'[7]라고 부른다.

80년대 말, 공룡 르네상스의 중심에 서 있던 바커는 당시에 '가장 잘나가던' 고생물학자였다. 어쩌면 이러한 이유 때문에 그는 영화 〈쥬라기 공원〉의 과학 자문을 맡게 된 것일지도 모른다. 아무튼 당시 세계 최고 영화감독의 영화 제작에 참여한 그는 자신의 톡톡 튀는 아이디어들을 카메라 앞에서 마음껏 보여줄 수 있었다. 그래서 영화 〈쥬라기 공원〉 속 공룡들은 모두 역동적이고 우아한 몸짓을 하며 등장한다. 물론 여기에는 우리들의 스타 티라노사우루스도 예외는 아니었다. 시속 50킬로미터로 지프차를 뒤쫓아가는 영화 속 티라노사우루스의 모습은 수많은 어린 관객들을 공포에 떨게 만들기에 충분했다.

〈쥬라기 공원〉 이후, 티라노사우루스는 제2의 전성기를 맞이했다. 어린 학생들은 티라노사우루스가 그려진 책가방을 메고 등교했고, 티라노사우루스의 머리뼈가 그려진 도시락을 들고 다녔다. 하지만 폭군 도마뱀의 화려한 스크린 복귀도 잠시, 생각지도 못했던 일이 벌어지고 말았다. 한물간 연예인을 대하듯이, 좋은 이미지에 싫증을 느낀 언론은 서서히 뒤돌아서기 시작했고, 그동안 칭송받아온 이 거대한 파충류의 이미지가 의심받기 시작했다. '과연 티라노사우루스는 폭군 도마뱀의 왕이었을까?'

우리들의 일그러진 영웅

티라노사우루스가 과연 이름의 뜻처럼 진정한 공룡의 왕이었을까. 이에 대해 처음 의심을 품은 사람은 캐나다의 고생물학자 로렌스 램이었다. 1910년대 초, 그는 티라노사우루스의 친척인 고르고사우루스를 연구하면서 이들의 이빨이 다른 육식공룡들의 이빨에 비해 그다지 닳지 않았다는 사실을 발견했다. 고르고사우루스가 이빨이 덜 닳아 있으니 친척인 티라노사우루스 역시 활동적인 사냥꾼이 아닌 그저 죽은 동물의 사체를 찾아 먹는 시체청소부였을 것으로 그는 추정했다. 하지만 육식공룡들은 빠른 속도로 치아를 교체하기 때문에 치아의 마모 정도를 가지고 내린 이런 결론은 그리 신빙성이 없었고, 이 때문에 많은 학자들의 관심을 받지 못했다.

그 후, 영화 〈쥬라기 공원〉이 개봉한 1993년에 미국 몬태나주립대학교의 고생물학자 존 호너가 티라노사우루스는 활발한 사냥꾼이 아닌 걸어다니는 시체청소부였을 것이라는 내용을 미국 고생물학회에서 발표했다. 당시 바커의 라이벌이었던 그는 아무런 근거 없이 티라노사우루스가 공룡의 왕으로 추대받는 데에 불만이 많았는데, 그는 학회 발표에서 티라노사우루스가 활동적인 사냥꾼이 될 수 없는 이유 다섯 가지를 제시했다.

첫째, 티라노사우루스는 너무 짧은 팔을 가졌다. 몸길이가 약 12미터인 티라노사우루스의 팔 길이가 약 1미터였는데, 이는 키 175센티미터인 사람의 팔 길이가 약 14센티미터에 불과한 것과 같다. 호너는 티라노사우루스가 활발한 사냥꾼이었다면 더 긴 팔을 가졌을 것이라고 주장했다. 긴 팔이 있어야 먹잇감을 물기 전에 붙잡을 수 있기 때문이다.

둘째, 티라노사우루스는 뛰어난 후각을 지녔다. 호너에 따르면 티라노사우루스의 후각은 수 킬로미터 밖에 있는 시체의 냄새를 맡을 수 있는 오늘날의 칠면조독수리*Cathartes aura*와 비슷하다. 그런데 오래전에 죽은 공룡의 감각이 어떠했는지 어떻게 알 수 있을까? 이를 알기 위해서는 공룡의 뇌를 들여다봐야 하는데, 공룡의 뇌는 부드러운 연부조직이기 때문에 단단한 화석으로 보존될 수가 없다. 하지만 공룡의 뇌를 연구할 수 있는 방법은 있다. 공룡의 머리뼈에는 뇌가 들어 있던 뇌실braincase이 존재하는데, 이 뇌실 공동은 속에 들어 있던 뇌의 모양과 거의 일치한다. 공룡의 뇌를 연구하는 고생물학자들은 보존된 뇌실을 CT(Computer tomography, 컴퓨터단층촬영)로 찍어서 연부조직인 뇌의 모양을 복원한다. 이렇게 3차원으로 복원된 뇌의 모양을 보면서 공룡의 감각이 어떠했는지를 추정할 수 있다. 뇌는 각 부위마

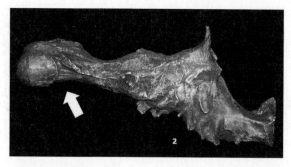

뇌실을 이용해 3차원으로 복원된 티라노사우루스의 뇌
사람의 뇌와는 많이 다르게 생겼다. 후각을 담당하는 후신경구(하얀 화살표)는 그 어떤 동물의 것보다도 크다.
© Matt Martyniuk

다 담당하는 역할이 있으며, 맡은 역할이 뛰어날수록 특정 뇌의 부위가 크다. 뇌에서 후각을 담당하는 부위는 후신경구olfactory bulbs로 뇌의 앞부분에 위치한다. CT를 통해 복원된 티라노사우루스의 뇌에는 엄청난 크기의 후신경구가 존재했는데, 그 크기 비율이 칠면조독수리의 것과 유사했다. 칠면조독수리는 오늘날 대표적인 시체청소부 동물이기 때문에 후각 능력이 유사한 티라노사우루스 또한 시체청소부였다는 것이 호너의 의견이다.

셋째, 티라노사우루스는 눈이 작았다. 약 1.5미터 길이인 티라노사우루스의 머리에는 야구공만 한 눈알이 두 개 들어 있었는데, 호너는 티라노사우루스의 눈이 머리 크기에 비해 너무 작다고 보았다. 작은 눈을 가졌으니 시력이 그리 좋지 않았을 것이며, 시력이 좋지 않은 티라노사우루스는 멀리 내다볼 수 없기 때문에 사냥을 할 수 없었다는 것이다.

넷째, 티라노사우루스는 재빠르지 못했다. 호너는 아프리카코끼리 *Loxodonta africana*보다 더 무거운 이 동물이 두 다리로 서 있다는 것 자체가 기적이라고 말한다. 게다가 몸집이 너무 커서 뛰지 못했을 것이라 보았다. 뛰지 못했다면 먹잇감을 쫓지 못할 게 당연하고, 어쩔 수 없이 쫓을 필요가 없는 손쉬운 먹잇감인 사체만을 찾아다녔을 것이라고 그는 보았다.

다섯째, 티라노사우루스는 강한 턱을 이용해 뼈를 씹어 먹었다. 앞에서도 언급했듯이 티라노사우루스는 바나나같이 굵은 이빨과 강력한 턱, 그리고 단단한 머리를 이용해 먹잇감의 뼈를 와작와작 씹어 먹었다. 호너는 오늘날 티라노사우루스와 유사하게 식사를 하는 동물이 하이에나라는 점을 주목했다. 아프리카 초원지대에 사는 육식포유류인 하이에나는 강한 턱 힘을 이용해 먹잇감의 뼈를 단숨에 씹어 먹어버린다. 실제로 점박이하이에나*Crocuta crocuta*가 돼지의 목뼈를 씹어 먹는 데에는 40초밖에 걸리지 않으며, 살점이 많이 붙은 부위보다는 아삭아삭 씹을 수 있는 뼈 부위를 더 선호한다. 호너는 뼈를 씹어 먹는 데에 특화된 하이에나가 시체청소부이므로 다른 공룡의 뼈를 씹어 먹은 티라노사우루스 또한 시체청소부였다고 보았다.

이러한 다섯 가지 이유 때문에 호너는 티라노사우루스가 최강 포식자일 리가 없다고 주장했다. 더 나아가 그는 자신의 발표를 마치면서 "영화 〈쥬라기 공원〉에서 티라노사우루스가 실제로 할 수 있는 일은 변호사를 잡아먹는 일뿐입니다"라고 말해 발표장 분위기를 웃음바다로 만들었다고 한다.

티라노사우루스의 좋은 이미지에 싫증을 느끼던 참인 언론이 호너의 이런 발표를 흘려들을 리가 없었다. 호너의 발표 내용은 신문에 기사로 실렸고, 기껏 탈바꿈된 티라노사우루스의 '최강 포식자' 이미지는 바닥으로 곤두박질쳤다. 그 후 〈쥬라기 공원〉 속편인 〈쥬라기 공원 2: 잃어버린 세계The Lost World: Jurassic Park〉(1997)와 〈쥬라기 공원 3Jurassic Park Ⅲ〉(2001)에 재등장한 티라노사우루스의 모습은 1편과는 사뭇 다른 모습이다. 1편에서 그렇게 재빠르던 티라노사우루스는 2편과 3편에서는 도망가는 사람을 겨우 쫓아간다.

그리고 무슨 이유 때문인지 1편 이후 바커는 〈쥬라기 공원〉 시리즈 자문에 참여하지 않았다. 들리는 소문에 따르면 스필버그 감독과의

이봐 형씨~ 우리 같은 시체청소부인데, 친하게 지내지 않겠소?

짧은 팔, 뛰어난 후각, 몸에 비해 작은 눈, 그리고 강한 턱을 가졌기 때문에 몬태나주립대학교의 존 호너는 티라노사우루스를 시체청소부로 보고 있다. 하지만 과연 그랬을까?

스피노사우루스Spinosaurus
'척추 도마뱀'이란 뜻으로, 척추의 윗부분이 길게 솟아올라서 붙은 학명이다. 국내에서는 '가시 도마뱀'이라고 소개한 책들이 많은데, 척추를 뜻하는 영어낱말 'spine'을 '가시'로 오역한 것이다.

의견 차 때문이라고 하지만, 아직까지는 정확한 이유가 알려지지 않은 상황이다. 아마도 히피 같은 바커의 성격이 스필버그에게는 조금 부담이 되었는지도 모르겠다. 어쨌든 1편 이후 바커는 과학 자문위원 자리에서 하차했고, 그 후 호너가 속편의 과학 자문을 맡게 되었다. 영화의 과학 자문을 맡게 되면 그 과학자의 아이디어가 마음껏 영화에 반영될 수 있다는 좋은 점이 있다. 호너는 이 점을 적극 활용했다. 티라노사우루스가 시체청소부였다고 굳게 믿었던 호너는 자신이 생각하는 티라노사우루스의 이미지를 그대로 영화에 반영시켰다.

흥미로운 점은 호너가 〈쥬라기 공원〉 시리즈의 자문을 맡게 된 후, 티라노사우루스와 바커 모두 영화 속에서 죽임을 당했다는 것이다. 2편인 〈쥬라기 공원 2: 잃어버린 세계〉에서는 청바지 차림에 긴 곱슬머리와 수염을 기른 공룡학자 로버트 버크가 등장하는데, 이는 스필버그가 바커를 모티브로 삼아 만든 캐릭터다.[8] 원래는 죽일 생각이 없었지만 호너의 제안으로 스필버그는 이 공룡학자 캐릭터를 잔인하게 죽여버리기로 결심했다. 결국 2편에서 버크 박사는 폭포 뒤에 숨어 있다가 티라노사우루스의 아삭아삭한 간식거리가 되어버리고 만다. 티라노사우루스는 3편에서 자신보다 큰 덩치의 스피노사우루스*에게 목이 꺾여 죽는다.

하지만 호너의 주장처럼 티라노사우루스는 시체청소부

였을까? 정말로 티라노사우루스는 쓰레기를 줍고 다니는 힘든 노숙자 생활을 했을까?

공룡의 제왕, 왕의 귀환

"토머스, 너는 커서 뭐가 되고 싶니?"

"티라노사우루스요!"

하지만 티라노사우루스가 될 수 없다는 사실을 알게 된 어린 토머스는 실망감을 감추지 못했다. '티라노사우루스가 될 수 없다면 티라노사우루스를 연구하는 사람이 되자!'고 결심한 이 소년은 현재 미국 메릴랜드대학교에서 티라노사우루스를 연구하는 교수가 되었다. 토머스 홀츠 2세는 바커와 마찬가지로 전설적인 고생물학자 오스트롬의 제자였으며, 티라노사우루스에 대해서는 그 누구보다도 잘 알았다. 1992년에 박사학위를 받은 이 젊은 열혈 고생물학자는 호너의 주장을 반박할 준비를 했다. 그리고 2002년 홀츠는 호너의 '시체청소부'설을 반박하는 논문을 게재했는데, 이는 거의 10년 만에 나온 공식적인 반박 논문이었다.

홀츠는 인디애나대학교의 제임스 팔로와 함께 티라노사우루스의 팔을 먼저 주목했다. 호너의 주장처럼 티라노사우루스는 몸에 비해 매우 짧은 팔을 가졌다. 하지만 이 팔은 분명히 사냥이나 식사를 위한 도구는 아니었다. 홀츠는 티라노사우루스를 포함한 거의 모든 대형 육식공룡들이 상대적으로 짧은 팔과 큰 머리를 가진다는 점을 강조했다. 그는 이러한 거대 포식자들이 대부분의 일을 팔 대신 머리로 해결했기 때문에 팔이 짧아졌다고 보았다. 사용하지 않는 기관을 계속 유지하는 건 쓸데없이 많은 에너지를 소모하는 일이다. 이렇게 과소비되는 에너지를 절약하기 위해서 사용하지 않는 기관은 작아지거나 없어지는 쪽으로 변한다. 티라노사우루스는 크고 정교한 머리를 사용해 사물을 다루거나 사냥을 했기 때문에 팔이 작아진 것이다. 그리고 만약 팔이 작아지지 않았더라면, 티라노사우루스의 무게 중심이 앞으로 쏠리게 되어 머리를 자주 땅에 박았을지도 모른다. 게다가 늑대나 독수리처럼 오늘날 살아 있는 활동적인 포식자들 중에서는 팔을 사용하지 않는 종류들이 많다. 그래서 팔이 짧다는 이유로 티라노사우루스를 시체청소부로 보는 것은 잘못되었다고 홀츠는 지적했다.

그다음 홀츠가 지적한 것은 티라노사우루스의 후각에 대한 호너의 해석이었다. 호너가 언급했던 것처럼 티라노사우루스의 후각이 매우 뛰어났던 것은 사실이다. 하지만 과연 뛰어난 후각이 시체청소 동물만의 특징일까? 그렇지 않다는 것이 홀츠의 주장이다. 사실 썩은 사체보다는 살아 있는 싱싱한 먹잇감의 냄새를 맡는 것이 더 어려운 일이기 때문에 활동적인 사냥꾼이 더 좋은 후각을 가지기 마련이다.

생각을 해보자. 쓰레기통에서 썩어가는 고기의 냄새보다는 부엌에 있는 싱싱한 고기 냄새를 맡는 일이 더욱 힘들다(굽는다면 이야기가 달라지겠지만). 그래서 늑대 같은 활동적인 맹수들은 뛰어난 후각을 지닌다. 심지어 활동적인 육식공룡으로 유명한 '랍토르raptor공룡(드로마이오사우루스류)'들도 뛰어난 후각을 가졌을 것으로 여겨진다. 그럼 후각이 발달한 시체청소부인 칠면조독수리는 어떻게 된 일일까? 호너가 티라노사우루스와 항상 비교하는 칠면조독수리는 뛰어난 후각을 가진 청소동물임에는 확실하다. 하지만 호너가 생각하지 못한 것은 바로 칠면조독수리의 생활방식이다. 칠면조독수리는 높은 절벽에서 사는 거대한 맹금류로 약 1킬로미터 상공을 날아다닌다. 1킬로미터 상공에서 지면에 널브러져 있는 사체의 냄새를 맡기 위해서는 뛰어난 후각이 필요할 수밖에 없다. 티라노사우루스는 상공을 날아다니는 동물이 아니기 때문에 사체를 찾기 위해서 칠면조독수리만큼의 후각 능력이 필요하지는 않다. 그래서 만일 호너의 의견처럼 지상의 티라노사우루스가 시체청소부였다면 후각이 형편없었을 것이다. 결국 뛰어난 후각 때문에 티라노사우루스를 시체청소부로 본다는 것은 말도 안 되는 일이다.

호너의 주장을 반박한 것은 홀츠만이 아니었다. 2009년, 캐나다 캘거리대학교의 달라 젤레니츠키와 연구팀은 육식공룡 21종의 뇌를 복원해 후각을 담당하는 후신경구를 비교분석했다. 그 결과 후각능력에 따라 포식동물의 사냥방법을 판별하는 것은 무의미하다는 사실을 밝혀냈다. 게다가 티라노사우루스는 복원된 육식공룡 21종 중에서 가장 후각이 뛰어났다는 사실이 밝혀졌다. 서울시청 건물 앞에 떨어진 담배꽁초 냄새를 약 1킬로미터 떨어진 광화문역에서도 맡았을 법한 티라노사우루스는 멀리서 이동 중인 초식공룡들의 냄새를 기가 막히게 잡아냈을 것이다.

그렇다면 티라노사우루스의 눈은 어땠을까? 정말 호너가 주장한 대로 눈이 작고 시력이 형편없었을까? 미국 오리건대학교의 켄트 스티븐스는 2006년에 티라노사우루스의 시력에 대한 논문을 발표했다. 그는 티라노사우루스를 포함해 여러 공룡의 머리를 복원해서 두 눈의 시야가 얼마나 겹치는지에 대해 실험했다. 눈의 시야는 많이 겹치면 겹칠수록 거리판단 능력과 공간지각 능력이 향상되며, 포식동물은 교차시야가 넓을수록 더 활동적으로 사냥하는 경우가 많다. 실험 결과, 알로사우루스와 같은 일반적인 카르노사우루스류는 양 눈의 교차시야가 약 20도 정도였지만 티라노사우루스는 최대 55도의 교차시야를 보였다. 이는 티라노사우루스가 다른 공룡들보다 눈이 앞을 향하며 사물을 더 입체적으로 보았음을 의미한다. 실제로 티라노사우루스의 머리 앞에 서보면 마치 고양이처럼 눈이 똑바로 앞을 향하고 있음을 확인할 수 있다!

더 나아가 스티븐스는 티라노사우루스가 그 어떤 육상 척추동물보다 큰 눈을 가졌다고 언급했는데, 그는 티라노사우루스의 안와(머리뼈에 있는 눈구멍) 크기를 통해 티라노사우루스의 눈알 지름을 약 12센티미터로 추정했다. 물론 몸길이 12미터나 되는 거구에 붙어 있는 12센티미터 지름의 눈알이 작게 보이기야 하겠지만, 현생 육상동물 중 가장 큰 눈을 가진 아프리카코끼리의 눈알 지름이 3.5센티미터이고, 몸길이가 약 30미터쯤 되는 오늘날 가장 큰 척추동물인 대왕고래 *Balaenoptera musculus*의 눈알 지름이 15센티미터인 것을 감안하면 티라노사우루스는 상당히 큰 눈을 가지고 있는 것이다.

티라노사우루스는 앞을 향하는 거대한 망원렌즈 같은 눈을 이용해 드넓은 범람원에서 먹잇감을 찾아다녔을 것이다. 스티븐스는 티라노사우루스의 시력이 사람보다 약 13배 더 좋았을 것으로 추정했다. 오늘날의 독수리보다도 좋은 시력이다(독수리의 시력은 사람보다 3.6배 더 뛰어나다). 이 정도 시력이면 완벽한 사냥꾼의 눈이 아닐까? 실제로 그럴 일은 없겠지만 만약 티라노사우루스를 길 가다 만난다면 영화 〈쥐라기 공원〉에서처럼 가만히 있지는 말아야 할 것이다.

이렇듯 티라노사우루스는 사냥꾼의 코와 눈을 가지고 있었다. 하지만 과연 녀석의 뛰어난 사냥감각에 몸이 따라주기는 했을까? 2011년, 영국 왕립수의대학교의 존 허친슨과 연구팀은 컴퓨터스캐닝 기법을 이용해 티라노사우루스의 몸무게를 추정했다. 이들이 측정한 녀석들 중 가장 무거웠던 티라노사우루스는 '수$_{Sue}$'라는 예쁜 애칭으로 불리는 미국 필드자연사박물관의 개체였다.[9] 이 티라노사우루스는 몸무게가 최대 9톤까지 나갔을 것으로 여겨지는데, 이 정도 몸무게면 두 다리로 뛰어다니기가 매우 불편했을 것이다. 게다가 코끼리의 거의 두 배 되는 몸무게로 뛰어다니다 넘어졌다가는 온

미국 필드자연사박물관에 전시된 티라노사우루스 '수'의 골격
미국 필드자연사박물관의 중앙 홀에 서 있는 수는 현재까지 보고된 티라노사우루스 중 가장 골격 보존율이 뛰어나며, 몸집도 가장 거대하다. 수의 골격을 앞에서 바라보면 두 눈이 정면을 바라보고 있다. 마치 사자나 호랑이, 부엉이처럼 말이다.
© ScottRobertAnselmo

몸의 뼈들이 무사하지 못했을 것이다(티라노사우루스가 학교 운동회에 참가했다면 병원으로 실려 갔을지도 모른다).

결국 티라노사우루스는 호너의 주장처럼 굼뜬 동물이었나? 독일 베를린자연사박물관의 하인리히 말리손은 티라노사우루스가 뛰지는 못했지만 재빠르게 걸어다녔다고 보고했다. 티라노사우루스는 대형 육식공룡치고는 상당히 긴 뒷다리를 가지는데, 이 긴 다리를 이용해 티라노사우루스는 1초에 약 8미터 정도를 이동할 수 있었을 것으로 추정했다. 결국 티라노사우루스는 빠르게 걸을 수 있어서 뛸 필요가 없었던 것이다. 더욱 놀라운 것은 티라노사우루스와 함께 살았던 먹잇감인 공룡들의 달리기 속도였는데, 모두 티라노사우루스가 걷는

속도보다 느리게 뛰어다녔다. 비록 차만큼 빠르게 이동하지는 못했지만 티라노사우루스는 걸어다니면서 먹잇감들을 쉽게 따라잡을 수 있었던 것이다.[10)]

마지막으로, 호너의 주장처럼 뼈를 씹어 먹는 습성이 과연 티라노사우루스가 시체청소부였다는 증거일까? 호너는 티라노사우루스를 하이에나와 비교했는데, 사실 하이에나는 사자보다도 더 활동적으로 사냥을 하는 육식동물이다. 물론 하이에나는 간혹 사체를 찾아 먹기도 하지만 이는 하이에나 식단의 10퍼센트에도 미치지 않는다(아무리 지저분한 하이에나라도 썩은 음식은 먹기 싫을 것이다). 그래서 뼈를 씹어 먹는 습성을 시체청소부의 유일한 증거로 볼 수는 없는 것이다.

2013년에는 이 논쟁에 종지부를 찍는 화석이 학계에 공개되었다. 티라노사우루스의 공격에서 살아남아 상처가 치유된 오리주둥이공룡 에드몬토사우루스의 화석이 발견된 것이다. 화석을 발견한 미국 캔자스대학교의 데이비드 버넘은 티라노사우루스가 물어서 골절된 두 개의 꼬리뼈가 하나로 융합되어 치유된 것을 확인했다. 놀라운 것은 이 치유된 꼬리뼈 속에서 티라노사우루스의 이빨이 총알처럼 박힌 채로 발견된 것이었다. 이 발견은 티라노사우루스가 직접 사냥을 했음을 보여주는 첫 화석증거였다.[11)] 이 밖에도 같은 해에 티라노사우루스의 이빨에 긁혀서 생긴 상처 자국이 오리주둥이공룡 피부화석(이 초식공룡은 티라노사우루스의 공격에서 살아남았다)에서 발견되면서 티라노사우루스의 시체청소부설은 막을 내리게 되었다.

하지만 과학 저술가인 브라이언 스위텍은 이 모든 게 사실은 의미 없는 싸움이었다고 말한다. 실제로 자연계에 존재하는 육식동물 중에는 100퍼센트 순수한 사냥꾼, 혹은 100퍼센트 순수한 시체청소부가 존재하지 않기 때문이다. 육식동물들은 모두 기회주의적인 존재다. 싱싱한 먹잇감이 있을 때는 사냥을 하고, 사냥에 실패했을 때는 병에 걸려 죽은 동물을 먹거나 다른 육식동물의 사냥감을 빼앗는다. 그렇기 때문에 티라노사우루스 또한 다른 모든 육식동물들처럼 기회주의적인 사냥꾼이자 시체청소부이기도 했다는 것이다.

티라노사우루스는 백악기 후기 북아메리카 대륙에서 살았던 최상위 포식자였다. 녀석은 강력한 턱과 뛰어난 감각으로 먹잇감을 사냥했다. 하지만 날카로운 후각을 이용해 자기보다 작은 육식공룡이 사냥한 먹이도 금세 찾아냈을 것이다. 거대한 덩치의 녀석은 먹이를 먹고 있던 작은 육식공룡을 손쉽게 쫓아냈을 것이며, 식사를 마치고는 마음 편하게 엎드려 잠을 잤을 것이다. 비록 영화 속처럼 피에 목마른 무시무시한 괴수의 모습이 아니더라도 티라노사우루스는 6600만 년 전 북아메리카 대륙을 왕처럼 거느렸다. 어느 누군가 뒤에서 뭐라 하더라도 신경쓰지 않았을 테니까.

끝으로 영화 〈쥐라기 공원 2: 잃어버린 세계〉를 관람하고 난 바커는 호녀에게 이런 메시지를 남겼다고 한다. "공룡이 나를 잡아먹더군. 역시 티라노사우루스는 훌륭한 사냥꾼이었어!"

티라노사우루스는 활발한 사냥꾼이었을까? 아니면 시체청소부였을까? 별로 중요하지 않은 질문이긴 하다. 티라노사우루스는 6600만 년 전 북아메리카 대륙에서 가장 큰 육식동물이었기 때문에 사냥을 하든 시체를 먹든 왕처럼 자기 마음대로 살았을 테니 말이다.

잘 커라 우리 아가

다른 모든 공룡들처럼 티라노사우루스에게도 작고 귀여운 어린 시절이 있었다. 하지만 안타깝게도 아직까지 어느 누구도 아기 티라노사우루스의 화석을 발견하지 못했다. 게다가 티라노사우루스의 알화석 또한 현재까지 발견되지 않아서 아기 티라노사우루스의 크기가 어느 정도였는지 아무도 모른다. 하지만 청소년기에 해당하는 티라노사우루스의 화석들이 발견된 덕분에 이들의 학창 시절에 대해서는 조금이나마 알 수 있게 되었다.

만약 어른 티라노사우루스가 중학교 졸업앨범 속 자신의 모습을 본다면 깜짝 놀랄 것이다. 왜냐하면 청소년기의 티라노사우루스는 어른의 모습과 많이 다르게 생겼기 때문이다. 육중한 몸매와 상자같이 네모난 머리를 가진 어른들과 달리, 10대의 티라노사우루스는 날씬한 몸매와 길쭉한 주둥이, 그리고 기다란 뒷다리를 가졌다(컬러도판 7). 그래서 한때 학자들은 청소년기의 티라노사우루스와 어른 티라노사우루스를 서로 다른 종류의 공룡으로 분류해서 청소년기의 티라노사우루스에게 '작은 폭군'이란 뜻의 "나노티라누스Nanotyrannus"라는 학명을 붙여주기도 했다(컬러도판 8). 물론 지금도 서로 다른 동물이었다고 믿는 사람들이 있다.

티라노사우루스가 얼마나 빠른 속도로 성장했는지에 대한 연구결과도 나왔다. 보통 공룡은 어릴 때, 그러니까 열 살이 되기 전까지 빠른 속도로 자라고, 그 후로 갈수록 성장속도가 느려진다. 하지만 2004년, 미국 플로리다 주립대학교의 그레고리 에릭슨과 연구팀은 공룡의 뼈화석에 남아 있는 성장선들을 자세히 연구한 끝에 티라노사우루스가 다른 공룡들과 조금 다르게 성장했다는 사실을 알아냈다. 티라노사우루스는 다른 공룡들보다 늦은 열두 살 때부터 빠른 속도로 자라기 시작했고, 이때부터 시작된 이들의 초고속 성장은 열아홉 살 때쯤에 끝났다. 이 7년이란 짧은 기간 동안 말만 한 크기에서 대형버스만 한 몸집으로 폭풍 성장을 한 것이다. 결국 티라노사우루스는 남들보다 긴 어린 시절과 짧은 청소년기를 보낸 셈이다.

그렇다면 티라노사우루스는 왜 다른 공룡들과 달리 더 긴 어린 시절을 보낸 것일까? 그것은 아마도 티라노사우루스가 속한 생태계와 연관이 있었을 것으로 추정된다. 보통 생태계에서는 낮게 자라는 식물과 키 작은 식물, 그리고 키 큰 식물이 존재하며, 이러한 식물들을 먹기 위해 낮게 자라는 식물을 먹고 사는 작은 초식동물, 키 작은 식물을 먹고 사는 중간 크기의 초식동물, 그리고 키 큰 식물을 먹고 사는 큰 초식동물이 존재한다. 그리고 이들을 잡아먹기 위해 마찬가지로 작은 크기, 중간 크기, 그리고 큰 덩치의 육식동물이 존재한다. 이러한 생태 구성은 공룡시대 때도 마찬가지였다. 작은 크기, 중간 크기, 큰 덩치의 초식공룡이 있다면, 이들을 잡아먹는 작은 크기, 중간 크기, 큰 덩치의 육식공룡이 존재했다. 하지만 티라노사우루스가 속한 생태계에는 이상하게도 그리 다양한 육식공룡들이 살지 않았다. 드로마이오사우루스류(갈고리 발톱을 가진 육식공룡류), 오르니토미모사우루스류(타조공룡류)와 같이 작은 육식공룡들은 많았는데, 중간 크기의 육식공룡은 어디에도 없었기 때문이다.

미국 메릴랜드대학교의 토머스 홀츠는 이 중간 크기 육식공룡들의 역할을 어린 티라노사우루스들이 대신했을 것이라고 추정했다. 어린 공룡들이 중간 크기의 육식공룡들이 할 일들을 해야 했기 때문에, 이들은 오랜 시간 동

미국 버피자연사박물관에 전시된 어린 티라노사우루스의 골격
'제인'이란 애칭으로 불리는 이 어린 티라노사우루스는 크고 뚱뚱한 어른들과 달리 날씬하고 날렵한 몸을 가졌다. 아마 어른 티라노사우루스와 생활하는 방식이 달랐을 가능성이 크다. 여성스러운 애칭을 갖고 있지만 사실 이 공룡이 암컷인지 수컷인지는 확실히 밝혀지지 않았다.
© Volkan Yuksel

안 성장하지 않고 어린 몸으로 살아야 했을 것이라는 게 홀츠의 의견이다. 이것이 만약 사실이라면 어린 티라노사우루스와 어른 티라노사우루스가 서로 다르게 생긴 이유를 쉽게 설명할 수 있다. 서로 다른 두 연령대의 공룡들이 서로 다른 생태자리를 차지하고, 서로 다른 먹이를 먹었기 때문에 서로 다른 외모를 가지고 있었다고 볼 수 있는 것이다. 긴 다리와 날씬한 몸매를 가진 어린 티라노사우루스는 몸집이 작은 초식공룡들을 잡아먹고, 몸이 뚱뚱하고 육중한 어른들은 덩치 큰 뿔공룡이나 오리주둥이공룡을 사냥했을지도 모른다.

하지만 19세까지 폭풍 성장한 티라노사우루스는 그리 오래 살지 못했다. 현재까지 보고된 티라노사우루스 중 가장 나이가 많은 개체는 미국 필드자연사박물관에 전시되어 있는 '수'라는 애칭으로 불리는 티라노사우루스다. 이 공룡의 성장선을 연구한 끝에, 학자들은 수의 나이가 28세 정도였을 것으로 추정했다. 그럼 티라노사우루스는 이보다 더 오래 살 수 있었을까? 그러기는 힘들었을 것이다. 사실 28세까지 살았던 수는 티라노사우루스들 사이에서 꽤 장수한 편이다. 수를 제외한 다른 어른 티라노사우루스들의 추정 나이가 보통 20대 초반이기 때문이다. 그러니까 티라노사우루스는 짧고 굵고 알차게 살았던 것으로 보인다.

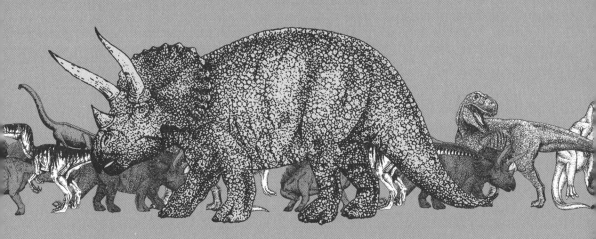

CHAPTER 2

세 개의 뿔이 달린 얼굴, 트리케라톱스

"교수님, 혹시 이번 건은 제가 책임져도 될까요? 이 화석에 대해 멋진 논문을 쓸 수 있을 것 같습니다."

28세의 젊은 청년이 조심스럽게 묻자 수염이 덥수룩하게 난 교수는 인상을 찌푸렸다.

"자네, 지금 무슨 말을 하는 건가? 논문을 자네가 쓰겠다고? 내가 시킨 일이나 하게."

교수는 불쾌하다는 듯이 대답했다. 청년은 다시 입을 열었다.

"교수님 밑에서 일을 해온 지도 어느덧 5년이 지났습니다. 저는 언제쯤 연구를 시작…."

교수는 청년의 말을 끊었다.

"자네 말이야! 누구 덕분에 돈을 벌고 있는지 잊으면 안 되네! 내 밑에서 일하게 해준 것만으로도 감사한 줄 알아야지. 다시는 논문에 대해 언급하지 말게. 시킨 일이나 해!"

청년은 따지고 싶었지만 고개를 숙인 채 자기 자리로 돌아갔다.

"나 참, 요 며칠간 코프 그 녀석 때문에 머리가 아파 죽겠는데, 오늘은 자네가 나를 괴롭히는구먼!"

교수가 방을 떠나자 청년은 다시 조각도를 들었다. 울고 싶었지만 참아야 했다.

"나는 언제쯤 내 연구를 시작할 수 있을까."

청년은 조용히 혼잣말을 했다. 청년은 조각도로 암석을 살살 긁어냈다. 그러자 화석이 조금씩 모습을 드러냈다. 거대한 머리였다. 이 거대한 머리에는 뿔이 솟아 있었다. 그것도 한 개가 아닌 세 개가….

미국 일리노이 주 출신의 열혈 청년 존 벨 해처는 19세기 말 20세기 초에 화석처리 기술이 가장 뛰어났던 고생물학자였다. 하지만 가난했던 그는 젊은 시절 대학등록금을 벌기 위해 탄광에서 광부로 일하는 힘든 생활을 보내기도 했다. 힘들게 돈을 모은 해처는 1880년 그리넬대학교에 입학해 한 학기를 마친 후, 예일대학교로 편입했다. 평소에 화석 수집이 취미였던 해처는 1884년 어느 날, 자신의 수집품들을 당시·예일대학교 광물학 교수였던 조지 브러시[1]를 찾아가 보여주게 된다. 해처가 모은 화석들과 그 관리 상태에 감탄한 브러시는 해처가 고생물학자의 길을 걸을 수 있도록 도움을 주고 싶었다. 그래서 그는 당시 예일대학교에서 공룡 연구로 유명한 오스니엘 마시 교수에게 해처를 소개해준다. 당시에 고생물학계의 전설적인 존재였던 마시 밑에서 일하게 된 해처는 아마 기쁘기 그지없었을 것이다.

하지만 기쁨도 잠시, 마시 밑에서 일을 시작한 해처는 광부 시절에나 경험했던 고된 삶을 다시 살아야 했다. 그의 상사인 마시는 대중에게 알려진 이미지와는 전혀 다른 사람이었다. 과학자라기보다는 비즈니스맨이었던 마시는 욕심이 많은 사람이었다. 그는 자신의 화석

상사를 잘못 만난 비운의 고생 물학자, 존 벨 해처
해처는 화석처리 기술이 뛰어 나고 생물학·지질학에도 해박 한 유능한 고생물학자였다.

컬렉션을 공개하는 걸 꺼렸고, 들리는 소문에 따르면 자신의 화석에 다른 누군가가 손만 대도 표정관리가 안 될 정도로 싫어했다. 자신의 화석 컬렉션을 너무나 소중하게 여긴 나머지 마시는 자기 밑에서 일 하는 조수나 제자들을 연구에 참여시키지 않았다. 연구가 하고 싶어 들어온 해처한테는 슬픈 일이 아닐 수 없었다. 게다가 마시는 아랫사 람들을 함부로 대하기까지 했는데, 해처 또한 예외는 아니었다. 불만 이 계속 쌓여갔지만 해처는 돈 때문에 울며 겨자 먹기로 마시가 시킨 일을 해야만 했다.

1887년 봄, 예일대학교의 고생물학 실험실로 상자 하나가 도착했 다. 마시가 고용한 일꾼들이 콜로라도 주에서 보내온 이 나무상자 안 에는 한 쌍의 거대한 뿔이 들어 있었다. 언제나 그랬듯이 마시가 제일 먼저 화석을 확인했다. 그는 이 뿔들의 주인이 신생대 플라이오세*의 거대한 들소인 비손 알티코르니스*Bison alticornis*라고 생각했다. 미국 필 라델피아 시의 고생물학자 에드워드 코프와 치열한 경쟁 중이었던 마시는 자세히 연구하지도 않은 채 바로 자신의 생각을 논문으로 발 표했다.

다음해인 1888년, 마시의 지시로 해처는 와이오밍 주를 돌아다니 며 새로운 화석들을 찾고 있었다. 더글러스 시에서 머물던 어느 날, 해처는 아마추어 화석 수집가이자 목장 주인인 찰스 건지를 만나게 된다. 건지는 해처에게 거대한 뿔화석들을 보여주었다. 해처는 건지 의 화석들을 보자마자 이것들이 작년에 실험실에 들어온 뿔들과 일 치한다는 것을 알아차렸다. 건지에게 이 화석들을 어디서 찾았는지 묻자, 그는 "내 친구 에드먼드 윌슨이 발견했는 데, 그는 옆 동네인 컨버스 카운티(지금의 나이오브라라 카운

플라이오세Pliocene
500만 년 전에 시작되어 180만 년 전에 끝났다. 북극 최초로 빙하가 형성된 시기이기도 하다.

티)에서 살고 있소이다"라며 화석의 출처를 친절하게 알려주었다.

해처가 윌슨을 만난 것은 그 다음해인 1889년이었다. 내비게이션이 없는 시대라 난생 처음 가본 동네에서 누군가를 찾기란 힘든 일이었을 것이다. 윌슨은 해처와 동행하며 자신이 뿔화석을 찾은 곳을 친절하게 알려주었다. 찾아간 화석지는 해처에게 천국과도 같은 곳이었다. 해처는 그곳에서 건지가 보여준 것과 똑같은 뿔화석을 발견했는데, 이번에는 머리의 나머지 부분도 붙어 있었다. 놀랍게도 이 화석은 들소가 아닌 뿔공룡이었다. 지금까지 자신의 까다로운 직장 상사가 틀렸던 것이다!

그곳에서 약 50마리의 뿔공룡 골격(이 중 30마리는 머리뼈까지 보존되어 있었다)을 발굴한 해처는 이것들을 모두 예일대학교로 보냈다. 실험실에 화석들이 하나 둘씩 도착하자 마시는 놀랄 수밖에 없었다. 처음에 마시는 자신이 틀렸다는 것을 인정하지 않았다. 하지만 해처가 보내온 뿔공룡의 머리뼈들이 도착하자 그는 해처의 의견에 동의할 수밖에 없었다. 자신의 잘못을 인정한 마시는 과거 자신의 연구 결과를 정정하는 논문을 발표함과 동시에 이 새로운 뿔공룡에게 '세 개의 뿔이 달린 얼굴'이란 뜻의 트리케라톱스*Triceratops*라는 학명을 지어주게 된다.

하지만 마시는 힘들게 화석을 발굴해온 해처에게 끝끝내 트리케라톱스를 넘겨주지 않았다. 해처는 불만이 많았지만 생계를 위해서는 어쩔 수 없었다. 집에서 착한 아내와 일곱 아이가 기나긴 출장을 다녀온 그를 기다리고 있었기 때문이다.

트리케라톱스의 골격 복원도
1896년에 예일대학교의 마시가 그린 트리케라톱스의 골격 복원도다. 고생물학자들은 의외로 그림을 잘 그린다.

고독한 미식가

사람들은 세상에 모습을 드러낸 이 거대한 뿔공룡을 보고는 감탄했다. 마을버스만 한 이 공룡은 지금까지 발견된 다른 녀석들과는 차원이 달랐기 때문이다. 트리케라톱스는 드럼통 같은 몸매와 짧은 꼬리, 뒤통수에 부채처럼 펼쳐진 얇은 뼈판, 그리고 무엇보다도 눈과 코 위에 돋아난 세 뿔 덕택에 다른 공룡들과는 뚜렷하게 구별되었다. 그래서일까. 트리케라톱스는 금세 유명해졌으며, 그 인기는 현재까지도 지속되고 있다. 굳이 트리케라톱스보다 유명한 공룡을 뽑으라면 트리케라톱스의 영원한 라이벌인 티라노사우루스 정도일까.

트리케라톱스의 화석은 북아메리카 대륙에서만 발견되며, 특히 백악기 후기 지층인 헬크릭층Hell Creek Formation에서 가장 많이 발견된다. 몬태나 주, 노스다코타 주, 사우스다코타 주, 그리고 와이오밍 주에 주로 노출된 헬크릭층은 6600만 년 전, 곧 공룡시대 최후의 순간에 살았던 동물들의 사체가 묻혀 있는 곳으로, 유명한 티라노사우루스부터 가장 큰 갑옷공룡 안킬로사우루스와 거대한 오리주둥이공룡 에드몬토사우루스, 타조처럼 생긴 스트루티오미무스*, 머리가 단단한 파키케팔로사우루스*, 똑똑하고 재빠른 소형 육식공룡 아케로랍토르*가 발견되며, 이 밖에도 수십 종의 거북, 도마뱀, 악어, 캄프소사우루스류*, 포유류 등이 발견된다.

헬크릭층에서 발견되는 공룡 화석 중 거의 절반을 트리케라톱스가 차지하고 있는데, 이는 백악기 후기 당시에

스트루티오미무스Struthiomimus
타조를 닮았다는 뜻으로, 정말 타조를 닮아서 붙은 학명이다.

파키케팔로사우루스
Pachycephalosaurus
'두꺼운 머리 도마뱀'이란 뜻으로, 정수리의 두께가 무려 25센티미터나 된다.

아케로랍토르Acheroraptor
'아케론의 도둑'이란 뜻으로, 아케론은 그리스 신화에 나오는 저승의 강이다.

캄프소사우루스류Champsosauridae
악어처럼 생긴 원시파충류다. 하지만 악어와는 전혀 관련이 없으며 오히려 도마뱀과 관련있다고 여겨진다.

트리케라톱스가 가장 흔한 공룡이었
거나 퇴적물이 쌓이고 화석이 잘 보
존되는 물가 근처에서 많이 서식했
음을 의미한다. 20세기 초, 티라노사
우루스의 온전한 골격을 처음 발굴
한 미국자연사박물관의 바넘 브라운
은 헬크릭층에서 적어도 500개가 넘

2차는 어디로 갈까요? 배가 아직 덜 찼는데···

는 트리케라톱스의 머리뼈를 확인했다고 기록했다. 트리케라톱스의
화석은 주로 머리뼈 부위가 많이 발견되는데, 트리케라톱스의 머리
뼈가 상당히 단단하고 뼈들이 서로 붙어 있기 때문이다.

　비록 헬크릭층에서 가장 많이 발견되는 공룡이긴 하지만, 저마다
따로따로 발견되는 걸로 봐서 트리케라톱스는 백악기의 고독한 나홀
로족이었던 것으로 추정된다. 트리케라톱스가 주로 홀로 생활한 데
에는 분명 이유가 있었을 것이다. 트리케라톱스는 뿔공룡 중에서 가
장 큰 몸집을 자랑하는데, 몸집이 크다 보니 몸을 유지하기 위해서는
많은 양의 먹이를 먹어야만 했다. 거대한 트리케라톱스가 만약 무리
를 지어 생활했더라면 엄청난 덩치와 식성 때문에 식량을 확보하기
힘들었을 것이다. 그래서 이들은 좀 더 편하게, 그리고 배부르게 식사
하기 위해 뭉치지 않고 넓게 퍼져서 혼자 살았을지도 모른다.

　그렇다면 트리케라톱스는 도대체 얼마나 많이 먹었을까? 오늘날
살아 있는 동물 가운데 트리케라톱스와 가장 비슷하게 생긴 검은코
뿔소Diceros bicornis는 하루에 약 25킬로그램 정도의 식물을 먹는다. 이
는 샐러드바에서 양상추샐러드 240그릇을 먹는 것과 비슷한 양이다.
자, 그럼 검은코뿔소보다 다섯 배 무거운 5톤짜리 트리케라톱스를 상

엄청난 식욕 때문에 미스 트리
케라톱스의 이번 소개팅도 물
거품이 된 듯하다. 트리케라톱
스가 실제로 얼마나 많이 먹었
는지는 알 수 없다. 하지만 드
럼통 같은 몸매를 볼 때 음식을
담는 위장이 엄청 컸을 것으로
추정된다.

상해보자. 엄청난 양의 샐러드를 먹어댈 것이다. 아마도 트리케라톱스 한 가족이 샐러드바에 들이닥치는 상상은 패밀리 레스토랑 사장님이 시달릴 수 있는 최악의 악몽일지도 모르겠다.

하지만 모든 뿔공룡이 식사를 편하게 하기 위해 트리케라톱스처럼 고독한 생활을 즐겼던 것은 아니다. 트리케라톱스가 세상에 알려진 지 얼마 되지 않은 1903년, 캐나다의 저명한 고생물학자 로렌스 램[2]은 캐나다 앨버타 주의 레드디어 강을 따라 탐험을 하고 있었다. 어느 날, 그는 강가 근처에 노출된 지층에서 뿔공룡의 화석들이 튀어나와 있는 것을 발견했다. 그는 배에서 내려 그곳을 천천히 파보기 시작했는데, 그가 발견한 것은 트리케라톱스와는 전혀 다른 공룡이었다. 놀랍게도 수천 마리나 되는 뿔공룡들이 모두 뒤엉킨 채로 그 지층 속에서 발견되었다. 수백 미터나 이어지는 이 엄청난 규모의 지층에는 어른 공룡과 함께 새끼 공룡들의 화석도 묻혀 있었다. 이 화석들은 아마도 엄청난 규모의 공룡 대가족이 장마철에 불어난 강을 건너다가 대형 참사를 당했던 것으로 여겨진다. 이 공룡들의 머리에는 여러 개의 뾰족한 뿔 장식들이 있었는데, 이 장식을 눈여겨본 램은 이 뿔공룡들에게 '뾰족한 도마뱀'이란 뜻의 센트로사우루스(컬러도판 9)*라는 학명을 붙여주었다.

비록 램이 발견한 화석층은 어느 공룡 대가족의 비참한 최후에 대한 기록이지만 덕분에 우리는 적어도 몇몇 뿔공룡들이 무리 지어 살았음을 알 수 있게 되었다. 물론 센트로사우루스도 트리케라톱스처럼 많은 양의 식물을 먹었을 것이다. 하지만 이들은 뿔뿔이 흩어지는 대신에 모든 가족 구성원들이 배를 채울 수 있게끔 이리저리 자주 옮겨

센트로사우루스Centrosaurus
센트로사우루스는 원래는 켄트로사우루스라고 불러야 하지만, 골판공룡인 켄트로사우루스 Kentrosaurus와 발음이 동일하여 혼동을 피하고자 '켄'이 아닌 '센'으로 발음한다.

다녔을 것이다(불어난 강을 건넌 것도 아마 먹이가 가득한 새로운 땅을 찾기 위해서였을 것이다). 배고픈 어른 공룡들에게는 이동하는 것이 매번 귀찮은 일이었겠지만, 새끼 공룡들에게는 하루하루가 즐거운 가족 소풍 같았을지도 모른다.

그런데 모든 트리케라톱스가 나홀로족은 아니었다는 사실이 비교적 최근에 밝혀졌다. 2009년, 미국 노던일리노이대학교의 조슈아 매슈스와 연구팀은 함께 발견된 세 마리의 어린 트리케라톱스에 관한 논문을 발표했는데, 이는 여러 마리의 트리케라톱스가 함께 발견된 최초의 사례였다. 먹을 것에 예민한 어른들과는 달리 적어도 혈기왕성한 청소년들은 친한 친구들끼리 모여 다녔던 것으로 보인다.

왜 어린 트리케라톱스들은 친구들끼리 모여 다녔을까? 단순히 친해서였을까? 아마도 안전했기 때문일 것이다. 어린 트리케라톱스들은 작은 몸집 때문에 티라노사우루스와 같은 거대한 육식공룡들의 손쉬운 먹잇감이었을 것이다. 하지만 친구들끼리 여럿이서 몰려다니다 보면 사방을 살필 수 있는 눈이 많아지기 때문에 숨어 있는 육식공룡을 좀 더 쉽게 찾아내 재빨리 피할 수가 있다. 게다가 육식공룡의 습격을 받더라도 자기가 잡아먹힐 확률이 줄어들기 때문에 혼자 돌아다니는 것보다는 훨씬 안전했을 것이다(친구들보다 빠르게만 뛴다면 잡아먹힐 일은 없었을 테니깐).

그렇다면 육식공룡과 맞닥뜨린 어린 트리케라톱스들은 과연 재빠르게 도망칠 수 있었을까? 지난 100년간 고생물학자들은 이 물음에 대한 답을 찾기 위해 많은 노력을 기울였다. 1904년, 트리케라톱스의 골격을 처음 복원한 고생물학자들은 이 공룡이 재빠르게 움직이지 못했을 것으로 추정했다. 몸에 비해 머리가 너무 크고 무거웠기 때문

**1906년에 미국의 저명한 화가
찰스 나이트가 그린 트리케라
톱스 복원도**
말랑말랑한 살로 뒤덮인 트리
케라톱스의 모습이 귀여워 보
이기까지 한다. 당시 고생물학
자들은 트리케라톱스가 쩍벌형
앞다리로 느릿느릿 걸었을 것
이라 생각했다.

이다(머리뼈의 무게는 약 450킬로그램이
고, 길이는 2미터나 된다)^(컬러도판 10). 그래
서 20세기 초에 복원된 트리케라톱
스는 큰 머리와 무거운 상체 때문에
항상 반쯤 굽혀진 쩍벌형의 앞다리
를 가지고 있다. 이런 쩍벌형 앞다리
로는 쉽게 달릴 수가 없다.

　하지만 트리케라톱스의 이런 우스꽝스러운 모습은 공룡 르네상
스 때 크게 바뀌기 시작했다. 특히 로버트 바커는 트리케라톱스가
말처럼 빨리 달릴 수 있었다고 주장했다. 1986년에 발표된 그의 논
문에 따르면 트리케라톱스의 앞다리뼈와 어깨뼈가 만나는 관절 부
위는 악어나 도마뱀보다는 질주가 가능한 말이나 코뿔소와 유사하
며, 따라서 바커는 트리케라톱스의 앞다리가 말이나 코뿔소처럼 밑
으로 곧게 뻗었을 것이라 생각했다. 더 나아가 그는 트리케라톱스
의 상체 근육이 코뿔소나 코끼리보다 더 발달해서 도약을 할 때 큰
도움이 되었을 것이라고 주장했다. 당시에 바커가 추정한 트리케라
톱스의 달리기 속도는 코뿔소와 유사한 시속 약 45킬로미터였다.
바커의 발표 이후, 트리케라톱스의 이미지는 느리고 뿔 달린 쩍벌
돼지에서 세상에서 가장 무서운 초식동물로 탈바꿈되었다. 그래서
1980년대와 1990년대에 나온 트리케라톱스의 그림들을 보면 모두
가벼운 마음으로(?) 빠르게 달리고 있다.

　그런데 당시의 이 멋진 그림들은 미국에서 발견된 발자국 화석 때
문에 모두 바뀌어야 했다. 미국 콜로라도대학교의 마틴 록클리와 연
구팀은 뿔공룡의 발자국으로 추정되는 보행열 화석을 미국 콜로라도

미국 로스앤젤레스자연사박물
관에 전시된 트리케라톱스
앞다리가 약간 굽은 자세를 취
하고 있는 트리케라톱스다. 마
틴 록클리의 연구결과가 반영
된 자세다.
© Allie_Caulfield

주에서 발견했다. 그들은 이 보행열 화석에서 앞발에 해당하는 발자
국들이 뒷발자국만큼이나 좌우 폭이 넓다는 사실에 주목했다. 상대
적으로 어깨가 좁은 뿔공룡들이 좌우 폭이 넓은 앞발자국을 내려면
앞다리가 벌어져야만 했다. 콜로라도 주의 발자국 화석과 뿔공룡의
뼈화석을 토대로 다시 복원된 트리케라톱스의 앞다리는 놀랍게도 쩍
벌형의 초기 자세와 바커가 복원한 곧게 뻗은 자세의 중간쯤 되는 모
습이었다. 결국은 모두의 생각이 어느 정도는 맞았던 셈이다.

그런데 트리케라톱스는 과연 앞다리를 굽힌 자세로 무거운 상체
를 잘 들어올릴 수 있었을까? 생각해보면 우리도 팔굽혀펴기를 할

때 팔을 구부린 자세에서는 몸을 지탱하기가 매우 어렵다. 앞다리가 구부러진 트리케라톱스가 5톤에 달하는 몸무게를 들어올리는 것을 상상해보라. 얼마나 힘들겠는가. 하지만 고생물학자들은 앞다리를 굽힌 자세로도 트리케라톱스가 충분히 무거운 상체를 들어올렸을 것으로 보고 있다. 놀랍게도 트리케라톱스의 앞다리뼈는 매우 짧았지만 동시에 매우 강했다. 현재로서는 트리케라톱스가 약간 굽은 짧고 굵은 앞다리로 무거운 상체를 들어올리고 걸어다녔을 것으로 추정하고 있다.

그렇다면 과연 트리케라톱스는 이런 어정쩡한 자세로 뛸 수 있었을까? 공룡 발자국 화석 전문가인 리처드 툴번이 추정한 트리케라톱스의 뛰는 속도는 시속 약 26킬로미터다. 어떤 고생물학자들은 이보다 더 느렸을 것으로 추정하고 있다. 물론 1980년대 바커의 주장만큼 재빠르지 않아서 실망스럽기는 하다. 그렇지만 과거에는 티라노사우루스처럼 뛰지 못하는 공룡도 있었다는 사실을 감안한다면, 트리케라톱스는 그래도 공룡 중에서 '잘 뛸 수 있는' 녀석이었다.

이리저리 뛰어다니며 친구들과 방랑하는 청소년기를 보낸 트리케라톱스는 어른이 된 후에는 우정을 뒤로한 채 식욕을 채우는 데에 시간을 더 많이 투자했다. 엄청난 양의 식사를 하기 위해서는 마음가짐도 중요하지만 무엇보다도 몸이 이런 생활에 적합해야만 한다. 그래서 아무나 푸드파이터가 될 수 없는 것이다! 물론 이들이 먹는 식물은 도망치거나 공격을 하지 않기 때문에 육식공룡처럼 목숨을 걸면서까지 먹이를 쫓아다닐 필요는 없었다. 하지만 식물은 그리 만만한 먹잇감이 아니다. 식물은 셀룰로오스cellulose라는 질긴 섬유소로 이루어져 있어서 고기보다 질기며 분해하기가 어렵다. 그래서 트리케라톱스는 질긴 식물들을 잘 자르기 위해 단단하고 뾰족한 부리를 발달시켰다.

오늘날 동물의 세계에는 부리를 가진 다양한 동물들이 존재한다. 모두 질기거나 단단한 음식을 자르고 부수기 위해 부리를 발달시켰다. 트리케라톱스의 부리도 같은 용도였지만 구조적인 면에서 조금 특별하다. 모든 뿔공룡은 특수한 윗입술뼈를 가지고 있는데, 이를 부리뼈rostral bone[3]라 한다. 이 부리뼈 위에 단단한 각질로 이루어진 부리가 있었는데, 이렇게 추가적인 뼈에 의해 지지되는 부리를 갖고 있는 건 척추동물 중에서 뿔공룡이 유일하다. 각질로 된 부리의 가장자리는 매우 날카로웠는데, 트리케라톱스는 마치 숙련된 정원사처럼 부리를 이용해 키 작은 식물들의 가지를 싹둑싹둑 잘랐다. 물론 자신의 목숨을 노리는 육식공룡을 공격할 때도 유용했을 것이다. 티라노사우루스의 가느다란 손가락쯤이야 쉽게 잘라버렸을 테니 말이다.

하지만 트리케라톱스의 날카로운 부리는 질긴 식물을 먹기 좋은 크기로 큼직하게 자르기만 할 뿐, 잘게 조각내지는 못했다. 그래서 이들은 질긴 먹이를 잘게 부술 수 있는 특수한 어금니를 발달시켰다. 뿔공룡의 어금니는 음식을 맷돌처럼 가는 사람의 어금니와는 달랐다. 사람처럼 턱을 좌우로 움직일 수 없었던 뿔공룡들은 턱을 아래위로 움직이며 위 어금니와 아래 어금니를 가윗날처럼 서로 교차시켰다. 서로 교차하는 어금니를 이용해 트리케라톱스는 입안으로 들어온 식물을 마치 종이분쇄기에 들어간 종이처럼 잘게 잘랐다.

하지만 질긴 먹이를 하루 종일 자르다 보면 부엌칼의 날이 무뎌지듯이 이빨이 쉽게 마모되어버린다. 마모된 이빨로는 식물을 쉽게 자를 수가 없다. 그래서 뿔공룡은 이 문제를 해결하기 위해 매우 특별한

서대문자연사박물관에 전시된 트리케라톱스의 머리뼈
트리케라톱스에게는 앞니 대신에 특수한 부리뼈가 있었는데 (하얀색 화살표), 이 부리뼈 위로는 각질로 뒤덮인 날카로운 부리가 있었다.

어금니 구조를 발달시켰다. 이를 수백 개의 이빨이 단단히 뭉쳐 있는 이빨뭉치 구조[4]라고 하는데, 마치 월미도 디스코팡팡을 타기 위해 줄 서 있는 손님들처럼 각 이빨 밑에 새 이빨이 3~5개씩 줄 서서 올라오기를 기다린다. 마모된 이빨은 밑에 있는 이빨이 올라오면서 빠지고, 새로운 이빨이 자리잡게 된다. 그리고 평생에 한 번 이갈이를 하는 사람과는 달리 트리케라톱스는 평생 원없이 이를 교체할 수가 있었다. 보통 트리케라톱스 한 마리의 턱 속에 들어 있는 이빨의 개수는 최대 800개에 이른다. 트리케라톱스가 한 해에 여러 번 이갈이를 한다고 생각하면 이들이 평생 사용하는 이빨 개수는 상상하기 힘들 정도로 많다.

날카로운 부리로 자르고 또 교차하는 어금니로 썰어도, 식물의 세포벽을 이루고 있는 셀룰로오스를 완벽하게 분해하기는 어렵다. 그래서 오늘날 많은 초식동물들은 위장 속에 셀룰로오스를 분해해주는 박테리아를 키운다. 위장으로 들어온 식물이 박테리아에 의해 분해되어야만 초식동물이 식물에게서 에너지를 뽑아 쓸 수 있다.

하지만 여기에서 문제 하나. 갓 태어난 어린 초식동물에게는 이런 유익한 박테리아가 위장 속에 없다. 위장 속의 박테리아는 유전되지 않기 때문에 부모에게서 직접 물려받을 수는 없다. 그래서 오늘날 코끼리, 코알라, 하마, 이구아나 같은 다양한 초식동물들은 부모에게서 간접적으로 박테리아를 얻는데, 바로 부모가 배설한 똥을 먹어서 박테리아를 물려받는 것이다. 매일 질긴 식물을 먹었던 트리케라톱스도 분명히 다량의 박테리아가 필요했을 것이다. 그래서 어쩌면 어린 트리케라톱스는 원활한 소화를 위해 어른들이 배설한 똥을 먹었을지도 모른다. 물론 어린 트리케라톱스가 어른의 똥을 직접 먹었다는 화석증거는 없다. 그렇지만 트리케라톱스도 오늘날의 초식동물과 별다르지 않았을 것이고, 질긴 식물을 많이 먹었을 테니 소화를 위해 똥을 먹었을 가능성이 매우 높다. 맛나는 이유식은 아니었겠지만 살기 위해 어쩔 수 없이 똥을 먹었을 아기 트리케라톱스의 모습을 상상하니 정말 눈물 난다.

그렇다면 트리케라톱스는 매일 식물만 먹고 살았을까? 그렇지는 않았을 것이다. 오늘날 살아 있는 초식동물들을 보면 식물만 먹고 살지는 않기 때문이다. 물론 초식동물은 식물을 먹기 위해 특화된 생명체이기는 하지만, 살아가는 데에 필요한 모든 영양소를 식물에서 섭취할 수 있는 것은 아니다. 그래서 오늘날의 초식동물들은 체내에 부족한 영양분을 공급하기 위해 다양한 식단에 도전하기도 한다. 사슴과 소는 간혹 부족한 단백질을 보충하기 위해 새알을 먹거나 새끼를 잡아먹는 경우가 있으며, 초식성인 그린이구아나*Iguana iguana*가 작은 뱀을 잡아먹는 경우도 있다. 트리케라톱스도 초식성이었지만 오늘날의 초식동물들처럼 가끔씩 작은 동물을 잡아먹으면서 부족한 영양분을 보충했을지도 모른다. 아쉽게도 트리케라톱스가 육식행위를 한 증거는 아직까지 화석기록으로 나온 적이 없지만, 가까운 미래에 죽은 동물의 뼈를 씹어 먹은 트리케라톱스의 화석이 발견되어도 그리 놀랄 일은 아닐 것 같다.

뱃속으로 들어간 것들은 반드시 나오게 되는 법. 이것저것 많이 주워먹은 트리케라톱스는 화장실도 자주 갔을 것이다. 대체 트리케라톱스는 똥을 얼만큼이나 쌌을까? 아직 공식적으로 보고된 트리케라톱스의 분석(똥화석)은 없다. 하지만 트리케라톱스는 많이 먹었기 때문에 똥도 많이 쌌을 게 분명하다. 게다가 소화시키기 힘든 식물들을 먹다 보니 뱃속에 가스도 많이 찼을지 모른다.

백악기 후기는 공룡시대를 통틀어서 가장 따뜻한 시기였다. 오늘날의 소 트림과 방귀가 지구온난화에 영향을 미치듯, 수많은 트리케라톱스가 배출한 가스도 지구를 따뜻하게 만드는 데에 일조하지 않았을까? 이런 문제에 대해 한번 진지하게 생각해보는 것도 재미있을 것 같다(식사할 때 빼고).

사랑은 뿔을 타고

트리케라톱스의 어마어마한 식성도 놀랍긴 하지만 괴상하게 생긴 머리야말로 놀라움 그 자체라고 할 수 있다. 사실 트리케라톱스, 곧 '세 개의 뿔이 달린 얼굴'이란 뜻의 학명을 얻게 된 것도 머리 때문이다. 길이가 최대 2미터나 되는 트리케라톱스의 머리에는 프릴이라 불리는 얇은 뼈판, 1미터나 되는 한 쌍의 눈썹뿔, 그리고 코 위에 작은 코뿔이 올려져 있다. 머리가 크고 장식들이 많아서 그런지 트리케라톱스 머리뼈는 무게가 무려 450킬로그램에 이른다. 머리 위에 800리터들이 냉장고 네 대를 올려놓았다고 보면 된다. 우리가 만약 트리케라톱스였다면 인사를 할 때마다 앞으로 고꾸라졌을지도 모른다.

하지만 트리케라톱스는 고꾸라질 걱정을 할 필요가 없었다. 트리케라톱스에게는 튼튼한 목 근육이 있어 무거운 머리도 아주 쉽게 들어올렸기 때문이다. 게다가 목뼈와 이어지는 뒤통수에는 공과 소켓 모양의 큰 관절이 있어서 거대한 머리를 매우 유연하게 돌릴 수 있었다.

그럼 트리케라톱스의 머리 위에 난 뿔과 프릴은 어떤 용도였을까? 많은 고생물학자들은 창과 방패를 연상시키는 트리케라톱스의 뿔과 프릴이 육식공룡과 맞서 싸우는 용도였을 것이라고 생각했다. 이 때문에 그림이나 영화 속에 등장하는 트리케라톱스는 항상 같은 층에서 발견되는 육식공룡 티라노사우루스와 함께 땅이 흔들리도록 혈투를 벌이고 있다. 하지만 과연 트리케라톱스는 티라노사우루스와 자주 싸웠을까? 티라노사우루스와 싸웠다는 증거가 과연 있긴 할까?

트리케라톱스와 티라노사우루스는 1918년에 개봉된 영화 〈슬럼버 마운틴의 유령〉부터 지금까지 브라운관과 스크린 속에서 거의 100년간 싸워온 사이지만 이 둘이 진짜로 싸웠다는 직접적인 화석증거는 아쉽게도 아직까지 발견되지 않았다. 하지만 트리케라톱스의 천적이 티라노사우루스였다는 확실한 증거가 비교적 최근에 발견되긴 했다. 1996년, 플로리다

티라노사우루스 대 트리케라톱스
1919년. 찰스 나이트가 그린 그림이다. 두 공룡이 함께 대중 앞에 서게 된 지 어언 100년이 넘었다. 그런데 정말 티라노사우루스와 트리케라톱스가 서로 싸웠을까?

주립대학교의 그레고리 에릭슨은 트리케라톱스의 골반화석에 남겨진 티라노사우루스의 이빨 자국을 보고했다. 보존된 이빨 자국은 확실히 배고픈 티라노사우루스가 트리케라톱스의 두툼한 엉덩잇살을 뜯어먹은 자국이었다. 이것은 이 두 공룡의 관계를 처음으로 보여준 화석기록으로, 그 후에 많은 트리케라톱스의 뼈화석에서 티라노사우루스의 이빨 자국들이 발견되어 티라노사우루스가 트리케라톱스를 즐겨 먹었음이 확실해졌다.

그렇지만 트리케라톱스가 항상 티라노사우루스에게 잡아먹히기만 하지는 않았을 것이다. 오늘날의 사자나 호랑이와 같은 포식자들을 보면 사냥에 성공할 때보다 실패할 때가 더 많다. 달아나는 먹잇감을 잡는 건 어려운 일이기 때문이다. 게다가 뿔이나 가시를 가진 먹잇감 때문에 포식자가 된통 당하는 경우도 많다. 공룡시대도 마찬가지였을 것이다. 트리케라톱스의 두툼한 엉덩잇살 한입을 베어먹기 위해 티라노사우루스는 매번 뾰족한 뿔에 찔리고 날카로운 부리에 물렸을지도 모른다.

미국 몬태나 주에서 발견된 트리케라톱스의 뿔화석 중에는 티라노사우루스에게 물려서 부러진 것도 있다. 뿔이 부러졌다가 아문 흔적도 발견되었는데, 이는 트리케라톱스가 티라노사우루스의 공격에서 살아남았다는 것을 보여준다. 트리케라톱스가 그리 만만한 상대가 아니었음을 보여주는 증거이기도 하다. 이 트리케라톱스는 아마도 폭군 티라노사우루스와 한판 붙어서 멋지게 이겼을지도 모른다. 물론 추측이기는 하지만.

그런데 영화에 흔히 나오는 것처럼, 트리케라톱스가 과연 코뿔소처럼 돌진해서 티라노사우루스를 들이받고는 했을까? 아쉽게도 그럴 가능성은 매우 낮아 보인다. 앞에서 언급했듯이 트리케라톱스의 다리 구조는 질주를 하는 말이나 코뿔소와는 다르게 생겼기 때문에 빨리 달릴 수가 없다(앞다리가 약간 굽어 있으므로). 게다가 고생물학자들은 티라노사우루스와 같이 크고 무거운 포식자에게 돌진하는 것은 매우 위험한 일이라고 보고 있다. 티라노사우루스는 최대 9톤까지 나가는 거구다. 트리케라톱스가 티라노사우루스를 들이받았을 때, 티라노사우루스가 무게중심을 잃고 트리케라톱스 쪽으로 쓰러지기라도 한다면 우리의 세 뿔 달린 트리케라톱스의 얼굴은 묵사발이 될지도 모른다. 또한 트리케라톱스는 길쭉한 주둥이와 뾰족한 부리를 가지고 있기 때문에 돌진하다가 실수로 돌에 부딪치기라도 한다면 코뼈가 부서질지도 모른다. 잡아먹히지 않으려다가 제명에 못 살 수도 있는 것이다. 그래서 트리케라톱스가 코뿔소처럼 돌진하는 장면은 만화책 또는 영화 속에서나 가능한 일이다.

비록 티라노사우루스와 트리케라톱스가 싸웠던 흔적은 아직 발견되지 않았지만, 간혹 다른 공룡에게서 트리케라톱스의 뿔에 찔린 상처들이 발견되고는 한다. 다른 공룡이라 함은 바로 동족인 트리케라톱스 중 한 녀석이라는 것이다. 미국 레이먼드M.앨프고생물박물관의 앤드루 파키와 연구팀은 약 50개의 트리케라톱스 머리뼈를 조사한 끝에, 다른 트리케라톱스의 뿔에 찔려 프릴에 난 상처가 전체 상처의 약 5분의 1 정도를 차지한다는 사실을 알아냈다. 겉모습은 순해 보이지만 트리케라톱스는 동족끼리 치고 박고 싸웠던 것이다. 파키는 다른 뿔공룡의 머리뼈도 연구했는데, 트리케라톱스에게 유독 서로 싸우다 생긴 상처들이 많았다는 사실을 알아냈다. 트리케라톱스가 뿔공룡 중에서도 유난히 서로 많이 싸웠던 것이다.

왜 이들은 서로 치고 박고 싸웠을까? 단순히 서로 사이가 안 좋아서였을까? 물론 그럴 수도 있지만 현재는 과거를 내다보는 창문이란 말이 있듯이 오늘날 살아 있는 동물들을 보면 얼마든지 추정이 가능하다. 오늘날 동물의 왕국에서 머리를 치고 박으며 싸우는 녀석들을 보면 모두 수컷이다. 이들은 한정된 식량자원을 두고 싸우기도

수컷들의 싸움을 구경하는 미스 트리케라톱스. 트리케라톱스는 뿔공룡들 중에서 유난히 동족과 싸워서 생긴 상처들이 많이 발견된다. 사랑을 위해서라면 물불 가리지 않는 공룡이었나 보다.

하지만, 보통은 마음에 드는 처자를 서로 차지하기 위해 머리를 맞대고 힘겨루기를 한다. 사랑에 눈 먼 힘겨루기는 매우 위험한 상황까지 치닫기도 한다. 추운 툰드라지대에서 사는 사향소*Ovibos moschatus*는 머리에 심한 상처가 날 정도로 격하게 힘겨루기를 한다. 장가를 가기 위해 목숨까지 내놓고 치고 박고 싸우는 것이다. 6600만 년 전 트리케라톱스도 마찬가지였을 것이다. 사랑을 위해서 이들은 죽어라 머리를 맞대고 싸웠던 모양이다.

트리케라톱스가 뿔을 이용해 힘겨루기를 했다면 뒤통수에 있는 납작한 프릴은 무슨 용도였을까? 트리케라톱스가 처음 대중에게 공개된 20세기 초에는 뒤통수에 발달한 프릴이 마치 거대한 방패처럼 사용되었을 것이라고 믿었다. 하지만 뼈로 이루어진 구조물치고 프릴은 생각보다 많이 얇다. 특히 미국 윌리엄스포크층Williams Fork Formation에서 발견되는 뿔공룡 카스모사우루스*는 프릴 두께가 약 1밀리미터밖에 되지 않는다. 게다가 트리케라톱스를 제외한 대부분의 뿔공룡은 구멍이 숭숭 난 프릴을 갖고 있다. 이렇게 구멍이 난 프릴 위에는 얇은 피부가 한 겹 덮여 있었다. 방

카스모사우루스Chasmosaurus
'열린 도마뱀'이란 뜻으로, 프릴에 큰 구멍이 한 쌍 나 있기 때문에 붙은 학명이다.

패로 사용되기보다는 오히려 연날리기에 더 적합해 보이는 구조다. 하지만 프릴을 이용해 연날리기를 하지는 않았을 테고, 그럼 프릴은 어디에 사용되었을까?

프릴의 기능에 대해 처음으로 진지하게 생각해본 사람은 예일대학교의 리처드 럴이었다. 1908년에 발표한 그의 논문에서는 당시에 발견된 뿔공룡의 머리뼈 구조에 대해 자세히 묘사하고 있다. 그는 뒤통수가 튀어나온 현생 파충류인 카멜레온과 뿔공룡을 비교했는데, 강력한 턱 근육이 뒤통수까지 붙어 있는 카멜레온처럼 뿔공룡 또한 프릴에 큰 턱 근육이 붙어 있어 먹이를 씹을 때 도움을 주지 않았을까 추정했다. 하지만 프릴 구조를 자세히 연구한 그 어느 고생물학자도 프릴에 거대한 근육이 붙어 있던 흔적을 발견하지 못했고, 결국 럴의 생각은 학계 저 뒤편으로 던져졌다.

비록 럴의 생각처럼 근육이 붙었던 흔적은 없지만, 트리케라톱스의 프릴을 자세히 보면 혈관 자국들이 선명하게 남아 있다. 이것을 유심히 관찰한 영국 더럼대학교의 피터 휠러는 트리케라톱스의 거대한 프릴이 마치 거대한 태양열 집열판처럼 사용되었을 것으로 추정했다. 혈관으로 빼곡하게 덮여 있는 프릴을 태양이 있는 방향으로 두면 혈관을 지나가는 피들이 따뜻한 햇빛을 받아 데워져서 트리케라톱스의 몸을 따뜻하게 만들어주었을 것으로 보았다. 하지만 뿔공룡은 종류마다 다양한 모양의 프릴을 가지며, 모두 체온조절용으로 사용되었다고 하기에는 모양이 너무 가지각색이다. 게다가 프릴의 크기는 뿔공룡의 몸집과 비례하지도 않는다. 프릴의 앞면을 뿔 장식으로 가리는 종류도 있다. 정말 프릴의 용도가 체온조절용이었다면 표면을 가리는 뿔 장식은 매우 비효율적인 구조였을 것이다.

오늘날 프릴의 용도는 아마 과시용이었을 것으로 여겨진다. 뿔공룡의 프릴이 과시용이었을 거라는 생각은 사실 1960년에 나왔는데, 최근 들어 부쩍 지지를 받고 있다. 트리케라톱스 같은 뿔공룡들은 프릴을 마치 화려한 전광판처럼 사용했을 것으로 추정된다. 물론 공룡 시대에 살았던 트리케라톱스가 식당이나 곧 개봉을 앞둔 영화를 홍보하지는 않았을 것이다. 아마도 자기 기분을 알릴 때 사용하지 않았을까? 혈관으로 가득한 프릴에 피를 모으면 프릴 위의 피부에 붉은빛이나 아름다운 무늬가 나타났을지도 모른다.

그런데 뿔공룡은 왜 종류마다 서로 다른 모양의 프릴을 가진 것일까? 아마도 서로가 어떤 종인지를 구분하기 위해서가 아니었을까? 서로 종을 구분할 수가 없다면 다른 종과 금지된 사랑을 할 수도 있으며, 이는 자연계에서 엄청난 에너지 소비다. 따라서 종을 구분하는 것은 매우 중요한 일이다. "어이, 예쁜 아가씨. 나랑 같이 고사리나 뜯

으러 갈까?" 하고 수컷 카스모사우루스가 프릴을 뽐내며 다가오면, "어머, 저는 당신하고 다른 공룡이에요! 저리 가세요!" 하며 암컷 센트로사우루스가 프릴을 흔들며 도망갔을지도 모른다.

뽈공룡의 프릴은 종뿐만 아니라 개체마다 각각 조금씩 차이를 보인다. 마치 사람들이 다 다르게 생긴 것처럼 말이다. 이처럼 같은 종 내에 개체들이 조금씩 다르게 나타나는 현상을 개체변이individual variation라고 한다. 이것은 사람뿐만 아니라 모든 동물에서 볼 수 있는 현상이다. 같은 종이지만 개체마다 차이가 나는 이유는 서로의 유전정보가 100퍼센트 일치하지 않기 때문이다(일란성 쌍둥이가 아닌 이상). 아파트 위층에서 키우는 치와와와 아래층에서 키우는 치와와가 다르게 생긴 이유도 바로 이 때문이다. 뽈공룡은 서로 조금씩 다른 모양의 프릴을 가졌기 때문에 어쩌면 서로의 프릴을 보며 친구를 알아보았을지도 모른다. 마치 사람이 얼굴을 보고 누가 누구인지를 알아보는 것처럼 말이다.

미국 유타자연사박물관의 스콧 샘슨은 뽈공룡의 현란한 뿔 장식과 프릴이 성선택sexual selection의 결과물이라고 믿는다. 오늘날의 동물들은 화려한 색상, 아름다운 소리, 기이한 몸 구조 등을 뽐내며 짝을 유혹하고, 유혹을 받는 이성은 이러한 것들을 보며 짝을 고른다. 수컷 인도공작Povo cristatus의 아름다운 꼬리깃털, 청개구리Hyla japonica의 맑은 노랫소리, 그리고 그린이구아나의 흐물흐물한 목주머니 등이 대표적인 예다. 암컷 인도공작은 더 화려한 깃털을 가진 수컷을, 암컷 청개

뽈공룡은 서로 다른 모양의 프릴을 가졌는데, 아마도 서로가 어떤 종인지를 구분하기 위해서였을 수도 있다. 금지된 사랑은 모름지기 골치 아프고 힘들기 마련이다.

구리는 노래를 더 잘 부르는 수컷을, 그리고 암컷 그린이구아나는 더 크고 흐물흐물한 목주머니를 가진 수컷을 짝으로 선택한다. 이렇게 화려한 깃털, 멋진 노랫소리, 흐물흐물한 목주머니를 가진 배우자를 고르다 보니, 2세들은 부모에게서 화려한 깃털, 멋진 노랫소리, 그리고 흐물흐물한 목주머니를 물려받는다. 이러한 특징들이 대대로 전해지면서 변이가 반복되다 보면 결국 이들의 후손은 눈부시게 화려한 깃털, 눈물이 날 정도로 아름다운 노랫소리, 그리고 거추장스러울 정도로 크고 흐물흐물한 목주머니를 얻게 된다. 공룡도 예외는 아니었다는 게 샘슨의 주장이다. 뿔공룡은 길고 화려한 뿔과 넓은 프릴을 가진 이성을 배우자로 선택했고, 그 결과 자손들은 더욱더 화려한 머리 장식들을 얻게 되었다는 것이다.

어느 학계에서든 꼭 반대를 하는 사람이 있기 마련이라 샘슨의 주장에 동의하지 않는 고생물학자들도 있다. 미국 캘리포니아대학교의 케빈 패디언과 미국 몬태나주립대학교의 존 호너는 뿔공룡이 암수모두 화려한 뿔과 프릴을 가졌다는 사실에 대해 주목했다. 뿔공룡의 뿔이나 프릴이 성선택에 따른 것이라면 뿔공룡 내에서 성적이형sexual dimorphism이 나타나야 한다는 것이다. 성적이형이란 암컷과 수컷의 형태적 차이다. 오늘날의 동물들을 보면 암컷을 유혹하는 수컷이 큰 몸집, 화려한 색깔, 또는 기이한 신체 구조를 보인다. 반면에 수컷을 선택하는 암컷은 몸집이 작고, 덜 화려하며, 평범한 신체 구조를 보이는 경우가 많다. 하지만 뿔공룡은 같은 종류의 암수 모두가 비슷한 크기의 뿔과 비슷한 모양의 프릴을 가진다. 물론 공룡의 암수를 확실하게 구분할 수는 없지만, 모든 공룡들이 비슷한 모습으로 발견되는 것은 암수 모두가 비슷하게 생겼음을 가리킨다. 이렇듯 암컷과 수컷의 차이가 별로 없다 보니 뿔공룡의 다양한 뿔과 프릴 구조물들이 성선택의 결과물이 아니라는 게 패디언과 호너의 의견이다.

하지만 꼭 성적이형성을 보여야 성선택을 했다고 볼 수 있을까? 그렇지 않다. 성선택에는 상호 성선택mutual sexual selection도 존재하기 때문이다. 상호 성선택이란 일반적으로 한쪽 성별이 선택권을 가지는 일반적인 성선택과는 달리 암수가 모두 조건을 따져서 배우자를 선택하는 경우다. 상호 성선택을 하는 암컷과 수컷은 서로 비슷하게 생겼으며, 둘 다 같은 조건을 따져서 짝을 고른다. 암수 둘 다 예쁜 깃털을 가진 짝을 고르는 뿔논병아리Podiceps cristatus, 파마한 듯 돌돌 말린 날개깃을 선호하는 흑고니Cygnus atratus, 화려한 깃털 색을 선호하는 장미앵무Platycercus가 대표적인 상호 성선택을 하는 동물이다. 이 밖에도 수많은 어류, 파충류, 심지어는 곤충까지 다양한 동물에게서 상호 성선택이 관찰되었으며, 일부 생물학자들은 이러한 상호 성선택이 과거에 생각했던 것보다 훨씬 더 많을 것으로 보고 있다.

뿔공룡도 뿔논병아리나 흑고니처럼 상호 성선택을 하는 동물일 가능성이 크다. 수컷들은 자신들이 원하는 조건의 암컷을 찾아다니고, 암컷 또한 자신들이 원하는 조건의 수컷을 찾아다녔을지도 모른다. 이것이 만약 사실이라면 트리케라톱스는 지금까지 영화에서 보여준 강인한 모습과는 달리 둘째가라면 서러워할 로맨티스트였을 것이다. 사랑하는 이의 마음을 얻기 위해 뿔로 경쟁자를 물리치고 화려하게 장식된 프릴을 보여주며 수줍은 고백을 했을지도 모른다. 붉게 달아오른 프릴은 백만 송이의 장미보다도 아름답게 보였을 것이다. 적어도 사랑을 쟁취할 때만큼은 트리케라톱스도 사람과 비슷했을 것이라 생각된다.

멋쟁이 수컷 트리케라톱스가 예쁜 암컷 트리케라톱스와 사랑을 나눈 후에는 작은 새끼 공룡들이 알에서 태어났을 것이다. 트리케라톱스를 포함한 모든 공룡은 파충류이기 때문에 알을 낳는다. 하지만 영화나 만화에서 그려지는 모습과 달리 우리는 트리케라톱스가 어떤 알을 낳았는지, 또는 어떤 둥지를 만들었는지에 대해서 전혀 모르고 있다. 현재까지 발견된 뿔공룡의 알화석이나 둥지 화석이 전혀 없기 때문이다. 어쩌면 이들은 화석이 만들어지기 어려운 환경에서 알을 낳았을지도 모른다. 그래서 우리는 트리케라톱스가 어떤 알을 낳았는지 영원히 알지 못할 수도 있다.

그래도 트리케라톱스가 낳은 알에서 멋쟁이 아빠와 아름다운 엄마를 닮은 귀여운 새끼들이 나왔다는 것만큼은 확실하다.

베이비 데이 아웃

알에서 깨어난 새끼 도마뱀이나 악어는 자신의 부모와 놀랍도록 닮았다. 너무 닮아서 마치 다 큰 도마뱀이나 악어의 축소판 같기도 하다. 그래서 한동안 고생물학자들은 공룡 또한 마찬가지였을 것으로 추정했다. 새끼 공룡은 어미 공룡과 똑같이 생긴 축소판이었을 것이라고. 하지만 2001년 세계척추고생물학회에서 처음 공개된 아기 트리케라톱스의 모습은 충격적이었다. 어른 트리케라톱스와는 전혀 다르게 생겼기 때문이다.

아기 트리케라톱스의 화석을 처음 발견한 사람은 미국 캘리포니아 대학교의 마크 굿윈이었다. 1987년, 그는 실험실에서 미국 헬크릭층에서 나온 한 초식공룡의 뼛조각들을 관찰하고 있었다. 그가 관찰하고 있던 뼛조각들에는 작은 돌기들이 많았는데, 굿윈은 이 조각들을 헬크릭층에서 간혹 발견되는 돔머리공룡 파키케팔로사우루스의 머리뼈라고 생각했다. 파키케팔로사우루스의 단단한 머리에는 울퉁불퉁한 뼈 장식들이 있었기 때문이다. 하지만 작은 뼛조각들을 조립하자 완전히 엉뚱한 공룡이 굿윈 앞에 나타났다. 납작한 프릴과 세 개의 뿔, 이것은 바로 트리케라톱스였다. 하지만 지금까지 그가 보아온 수많은 트리케라톱스와는 많이 달랐다. 머리뼈의 길이가 보통 2미터 정도 되는 다른 트리케라톱스와는 달리 이 머리뼈는 손바닥 위에 올려놓을 정도로 아주 작았기 때문이다. 그는 아기 트리케라톱스와 처음 마주친 것이었다. 트리케라톱스가 발견된 지 거의 100년 만에 발견된 새끼의 화석이었다(컬러도판 11).

하지만 그 기쁨은 잠시뿐이었고, 아기 트리케라톱스의 머리를 복원하는 데에는 엄청난 시간을 들여야 했다. 지금까지 어느 누구도 아기 트리케라톱스의 머리를 완벽하게 복원한 적이 없었기 때문이다. 참고할 만한 자료가 전혀 없는 상황에서 어른의 것과 많이 다르게 생긴 아기 트리케라톱스의 머리를 복원하기란 대단히 힘든 일이었다. 거의 20년 동안이나 연구한 끝에 굿윈은 세상에서 가장 작은 트리케라톱스의 머리뼈를 논문으로 공개했다.

굿윈이 복원한 아기 트리케라톱스의 머리는 굉장히 흥미로운 생김새였다. 물론 전체적인 얼굴 모양은 다른 아기 공룡들과는 크게 다를 게 없었다. 아기 트리케라톱스의 납작한 얼굴과 큰 눈은 전형적인 아기 공룡의 특징이었다. 하지만 다른 아기 공룡들과 차이가 있다면 바로 부모와는 다르게 생긴 얼굴이었다. 아기 트리케라톱스의 프릴 가장자리에는 울퉁불퉁한 작은 뼈 돌기들이 솟아 있었는데, 이는 돌기

아기 트리케라톱스의 머리뼈
아기 트리케라톱스는 어른 공룡과 많이 다르게 생겼기 때문에 트리케라톱스가 아닌 전혀 다른 종류의 뿔공룡이라고 말해도 속아넘어갈 법하다.
© BrokenSphere

가 전혀 발달하지 않은 어른의 프릴과는 완전히 다른 형태였다. 게다가 눈 위에 솟아 있는 한 쌍의 눈썹뿔은 뿔이라고 부르기에는 창피할 정도로 아주 작았다. 뿔보다는 작은 돌기라고 부르는 게 어울릴 법하다. 우리 인간들이 보기에도 깜짝 놀랄 만한 모습이면 부모 트리케라톱스가 아기를 처음 봤을 때는 얼마나 당황스러웠을까?

놀라운 발견은 여기서 끝나지 않았다. 아기 트리케라톱스가 실험실 수장고에서 처음으로 발견된 이후, 굿윈은 자신의 연구 파트너인 몬태나주립대학교의 호너와 함께 아기 트리케라톱스의 머리가 발견된 지역에서 트리케라톱스 열네 마리를 추가로 발견했다. 모두 영유아 혹은 청소년기에 해당하는 공룡들이었는데, 놀랍게도 새로 발견된 트리케라톱스들은 나이뿐만 아니라 머리 모양도 서로 달랐다. 태어난 지 몇 년밖에 지나지 않은 청소년기의 트리케라톱스는 프릴의 가장자리에 17~19개의 삼각형 뼈 돌기들이 둘러져 있었고, 눈썹

뿔은 뒤로 심하게 휘어져 있었
다. 이들보다 나이가 많은 청소
년기의 트리케라톱스는 더욱 커
진 삼각형 뼈 돌기들이 프릴에
둘러져 있었으며, 기다란 눈썹뿔
은 뒤로 약간 휘어져 있었다. 반
면에 거의 다 자란 트리케라톱스
의 머리 모양은 어른과 매우 비
슷했다. 프릴의 가장자리에 붙어
있던 뼈 돌기들은 거의 사라졌
고, 뒤로 휘어진 눈썹뿔은 앞을
향하기 시작했다. 이렇게 새롭게
발견된 트리케라톱스의 머리들
을 자세히 연구한 굿윈과 호너는
트리케라톱스가 성장하면서 적
어도 5단계의 형태 변화를 거쳤

**청소년기 트리케라톱스의
머리뼈**
대전지질박물관에 전시된 파키
케팔로사우루스(왼쪽)와 청소
년기 트리케라톱스(오른쪽)의
머리뼈다. 서로 다르게 생기긴
했지만 사실 이 두 공룡은 생
각보다 가까운 친척이다. 청소
년기 트리케라톱스는 눈썹뿔이
위로 향해 있고, 프릴 가장자
리에 삼각형 뼈 돌기들이 달려
있다.

을 것으로 추정했다. 트리케라톱스는 생각보다 드라마틱한 청소년기
를 보냈던 모양이다.

트리케라톱스가 성장하면서 머리 모양이 심하게 변하는 이유는 무
엇일까? 사실 오늘날 살아 있는 동물들 중에서도 어른과 아이가 서
로 다르게 생긴 종류들이 많다. 어린 아프리카코끼리는 어른들과 달
리 상아가 없고, 어린 코뿔새*Buceros rhinoceros*는 화려한 바나나 모양의 볏
이 없으며, 어린 순록노래기*Novaculichthys taeniourus*는 머리에 한 쌍의 뿔
같은 구조물들이 있지만 어른이 되면서 사라진다. 이렇게 어른과 아

어른 트리케라톱스의 머리뼈
독일 젠켄베르크자연사박물관
에 전시된 어른 트리케라톱스
의 머리뼈. 눈썹뿔이 앞을 향
하고 있으며, 프릴 가장자리에
는 납작해진 뼈 돌기들이 달려
있다(검은 화살표).

늙은 트리케라톱스의 머리뼈
덕소자연사박물관에 전시된 늙
은 트리케라톱스의 머리뼈다.
길이가 거의 2미터에 이르며,
눈썹뿔은 앞으로 향해 있고, 프
릴의 가장자리는 단순한 모양
새다.

이가 서로 다르면 한눈에 누가 어리고, 누가 더 나이가 많은지를 쉽게 알아차릴 수 있다. 그리고 자기보다 어린 개체를 알아볼 수 있다면 나이가 많은 개체는 어린 개체를 돌보아줄 수 있을 것이다. 호너는 트리케라톱스가 오늘날의 아프리카코끼리, 코뿔새, 그리고 순록노래기처럼 누가 보호받아야 하는지를 알기 위해 독특한 모양의 머리를 이용했을 것이라 보고 있다.

이렇게 드라마틱하게 성장한 트리케라톱스는 얼마나 오래 살았을까? 사실 트리케라톱스의 수명에 대해 연구한 고생물학자는 지금까지 없었다. 그럼 트리케라톱스의 수명을 알 수 있는 방법은 없을까? 놀랍게도 알아낼 방법이 있다! 공룡의 나이를 알고 싶으면 공룡의 뼈를 자세히 보면 된다. 그것도 매우 자세히. 다른 모든 동물들처럼 공룡 또한 성장을 하면서 뼛속에 성장선이 새겨진다. 공룡의 뼈화석을 감자칩처럼 얇게 썰어서 현미경으로 관찰하면 성장선을 확인할 수 있다.[5] 나이테를 세보면 나무의 나이를 알 수 있듯이 공룡 뼈에 새겨진 성장선들을 세보면 공룡의 나이를 알 수 있다.

20년 전까지만 해도 고생물학자들은 공룡이 장수하는 동물일 것이라고 추정했다. 마치 오늘날 도마뱀이나 거북처럼 천천히 자라고 오래 살 것만 같아 보였기 때문이다. 하지만 공룡 뼈의 성장선을 연구하는 고생물학자들은 공룡이 오래 살지 못했을 것이라 보고 있다. 현재까지 나이가 측정된 공룡 중 40대를 넘긴 녀석이 없기 때문이다.[6]

게다가 공룡은 오늘날의 파충류들과는 다르게 성장했던 것 같다. 동물의 성장속도 또한 뼛속에 자세히 기록되어 있다. 일반적으로 빠르게 자란 동물의 뼈 단면에는 스펀지처럼 구멍들이 송송 나 있다. 반면에 천천히 자란 동물의 뼈 단면은 마치 라자냐의 납작한 면발이 빼

마이아사우라*Maiasaura*
'좋은 어미 도마뱀'이란 뜻으로, 공룡이 새끼를 돌보았다는 화석증거를 처음 제공해주었기 때문에 붙은 학명이다.

곡하게 쌓이듯 치밀하다. 어린 공룡들의 뼈를 썰어 보면 뼛속에 구멍이 많이 나 있는데, 이것은 공룡들이 어렸을 때 초고속으로 성장했음을 말해준다. 현재까지 나온 연구 결과에 따르면, 공룡은 어릴수록 빠르게 자라며 육식공룡보다 초식공룡이 더 빨리 어른이 된다고 한다. 반대로 어른이 된 공룡은 천천히 자라며, 따라서 뼈 단면이 치밀하다.

초식성 오리주둥이공룡인 마이아사우라*가 성체가 되는 데는 7년 정도 걸린다고 한다. 비슷한 덩치인 트리케라톱스는 마이아사우라와 비슷한 속도로 자랐을 것이다. 이 사실이 맞다면 어린 트리케라톱스는 열 살이 채 되기 전에 성인식을 치르고 독립했을지도 모른다.

이쯤 되면 트리케라톱스의 성장과정은 다 밝혀진 듯하다. 트리케라톱스가 자라면서 프릴에 달린 뼈 돌기들은 사라졌고 눈썹뿔은 앞으로 향했다. 그리고 이 모든 일이 열 살이 되기 전에 다 일어났을 것이다. 하지만 로키박물관에서 소장하고 있는 가장 큰 트리케라톱스의 머리뼈를 자세히 관찰한 호너는 다른 생각을 하고 있었다. 길이가 2미터나 되는 이 거대한 트리케라톱스의 눈썹뿔 단면에 구멍들이 송송 나 있는 것이었다. 이 거대한 트리케라톱스는 아직 어른이 아니었던 것이다! 당황한 호너는 더 큰 트리케라톱스의 화석을 찾기 시작했다. 이때 그의 머릿속에는 벼락이 내리쳤다. 트리케라톱스와 함께 발견되는 뿔공룡 중 더 큰 녀석이 있었기 때문이다. 기다란 프릴을 가진 세뿔공룡 토로사우루스였다. 그는 토로사우루스의 눈썹뿔을 썰어보았다. 구멍이 송송 난 아기 뼈가 아니라 튼튼한 어른의 뼈였다. 그는 조심스럽게 생각했다. '설마 토로사우루스가 다 자란 트리케라톱스는 아니었을까?'

아기 공룡은 우유를 좋아해?!

미국 몬태나주립대학교의 존 호너는 '공룡의 성장'에 대한 연구로 유명하다. 베트남 전쟁 당시 특전사였던 그는 난독증 때문에 집중해서 책을 읽기가 힘들었다. 그래서 그는 남들이 책을 읽는 시간에 밖에 나가서 탐사를 다녔다. 1970년대의 어느 날, 호너는 어느 화석 사냥꾼에서 몬태나 주의 동부 쇼토 지역에 있는 한 언덕에서 작은 공룡의 뼈화석들을 찾았다는 이야기를 듣는다. 그는 자신의 연구팀을 이끌고 그 언덕으로 향했다. 그곳을 탐사한 호너는 깜짝 놀랐다. 200마리가 넘는 오리주둥이공룡의 뼈화석이 그곳에 있었기 때문이다!

그런데 놀라운 것은 공룡 화석의 개수가 아니었다. 이곳의 공룡들은 모두 같은 종류였으며, 개체의 연령대가 아기부터 청소년, 그리고 어른까지 매우 다양했다. 그곳에는 둥지 화석도 있었는데, 여기서 호너는 세계 최초로 공룡의 배아 화석을 찾아냈다. 호너와 연구팀이 오리주둥이공룡의 비밀 집단 산란지를 찾아낸 것이었다.

발견된 공룡의 둥지 화석을 자세히 관찰하던 호너는 이상한 점을 발견했다. 아기라고 하기에는 조금 큰 공룡들도 둥지에서 발견되었기 때문이다. 그는 이 오리주둥이공룡들이 알에서 깬 아기 공룡들이 어느 정도 성장할 때까지 같은 둥지에서 돌보았을 것이라고 추정했다. 마치 새처럼 말이다. 그래서 그는 이 오리주둥이공룡에게 '좋은 어미 도마뱀'이란 뜻의 마이아사우라라는 학명을 붙여주었다. 마이아사우라는 공룡에게도 모성애가 있었음을 보여준 최초의 사례로 기록되었다.

쇼토 지역에서 발견한 200마리의 마이아사우라 덕분에 호너는 이 공룡들에 대해 자세히 연구할 수 있었다. 특히 연구팀이 채집한 각 연령대별 마이아사우라 화석들은 이 공룡들이 어떻게 성장했는지에 대해 자세히 알려주었다. 갓 태어난 마이아사우라는 손바닥 위에 올려놓을 수 있을 정도로 작았다. 이들은 생후 1년 동안은 몸길이가 약 40~150센티미터까지 자랐으며, 세 살 때쯤 약 3.5미터까지 자랐다. 그리고 일곱 살이 되면 몸길이가 7~9미터에 달했다. 이것은 오늘날 살아 있는 동물들과 비교해도 정말 빠른 성장속도다. 빨리 자라는 아기를 먹여 살리기 위해 어미 마이아사우라는 쉴 틈 없이 먹을 것을 구해야 했을 것이다.

2013년, 마이아사우라의 초고속 성장에 대한 재미있는 가설이 하나 발표되었다. 바로 어미 공룡이 아기에게 특수한 우유를 먹여 키웠을 것이라는 가설이다. 오스트레일리아 울런공대학교의 생물학자 폴 엘제에 따르면, 마이아사우라가 초고속으로 성장하기 위해서는 어릴 적에 성장호르몬, 칼슘, 항체, 비타민 등이 풍부한 이유식을 먹어야 했다. 그는 자신의 이런 가설을 오늘날 살아 있는 공룡인 새를 통해 뒷받침했다.

새는 현생 동물들 중에 빨리 성장하는 부류에 속한다. 특히 새 중에서도 성장속도가 빠른 비둘기, 펭귄, 홍학, 그리고 슴새의 경우, 식도 아래에 위치한 모이주머니에서 항체·지방·단백질 등이 풍부한 우유 같은 분비물이 나오는데, 어미는 이 분비물을 머금었다가 아기에게 직접 먹인다. 영양분이 풍부한 고급 이유식을 손수 만들어 아기에게 먹이는 셈이다. 이렇게 우유를 마시며 초고속 성장을 하는 새들과 마찬가지로 마이아사우라 또한 몸속에서 우유를 만들어 아기에게 먹였을 것이라고 엘제는 주장한다.

알에서 깨어 나오는 새끼 마이아사우라의 골격

미국 로키박물관에 전시되어 있는 새끼 마이아사우라의 골격이다. 실제로 이렇게 발견된 것은 아니고, 호너가 이러한 자세로 복원했을 뿐이다. 알에서 막 깨어 나오는 새끼 공룡을 어미가 흐뭇하게 지켜보지 않았을까?

© tracy the astonishing

하지만 안타깝게도 우리는 과연 마이아사우라가 자식에게 우유를 먹였는지에 대해 정확히 알 수가 없다. 우유나 우유를 먹이는 공룡의 행위는 화석기록으로 남지 않기 때문이다. 게다가 마이아사우라의 살아 있는 또 다른 친척인 악어는 아기에게 이유식을 먹이지 않기 때문에, 새가 그랬다고 해서 공룡도 그랬다는 가설을 내세우기에는 무리가 있다. 하지만 새와 정말 가까운 공룡인 벨로키랍토르나 트로오돈*Troodon formosus*과 같은, 깃털이 달린 작은 육식공룡들은 어쩌면 엘제의 말대로 아기들에게 우유를 먹였을 수도 있다.

내 머릿속의 지우개

1889년, 미국 와이오밍 주.

해처는 새로운 공룡뼈화석들을 조용히 발굴하고 있었다. 삽질을 하던 동료가 입을 열었다.

"마시 교수님도 참 너무하셨지. 자네가 가져온 화석들을 손도 못 대게 하다니. 나라면 당장 때려쳤을 텐데 말이지!"

해처는 고개를 들었다.

"뭐, 저는 신경쓰지 않습니다. 어차피 2년 전 일이고…."

동료는 물통을 건네주었다.

"참, 자네는 대단해. 마시 교수님 밑에서 그렇게 오래 있기도 힘든데. 그래도 이번 화석은 자네가 처음 발견한 새로운 종류인데, 연구를 하게 끔 해주지 않을까?"

"그럴 리가요."

갑자기 해처는 다리 쪽에 심한 통증을 느꼈다. 그는 들고 있던 망치를 내려놓고 근처 텐트로 향했다.

"쯧쯧. 이보게! 아무리 화석 발굴이 좋다 해도 몸은 좀 생각하면서 일하게!"

동료가 소리쳤지만 해처는 듣는 척도 하지 않았다. 텐트로 들어온 해처는 부인이 준 손수건으로 땀을 닦아냈다. 그의 관절염은 날이 갈수록 심해지고 있었다. 하지만 일을 포기할 수는 없었다. 그는 텐트 안에 앉아 발굴 현장을 바라보았다. 땅바닥 위에 세 개의 뿔이 달린 거대한 얼굴이 드러나 있었다. 그의 머릿속에 트리케라톱스가 떠올랐다. 그는 시선을 옆으로 향했다. 세 뿔과는 반대 방향으로 기다란 프릴이 누워 있었다. 해처는 프릴에 나 있는 두 개의 구멍을 바라보며 중얼거렸다.

"이번에도 기대해보는 건 바보 같은 짓이겠지…."

1889년, 해처가 처음 발견한 이 거대한 머리뼈는 여느 때와 마찬가지로 예일대학교로 향했다. 하지만 트리케라톱스와 마찬가지로 이 새로운 공룡에 대한 연구도 마시가 독차지했다. 마시는 이 공룡의 프릴에 두 개의 구멍이 있다는 사실에 주목했다. 그래서 그는 이 공룡에게 '구멍이 뚫린 도마뱀'이란 뜻의 토로사우루스*Torosaurus*라는 학명을 지어주었다. 마시의 연구결과는 백악기 최후기 때 살았던 뿔공룡이 트리케라톱스만 있었던 게 아니라는 사실을 보여주었다. 하지만 과연 해처가 발견한 토로사우루스는 트리케라톱스와 다른 종류의 공룡이었을까?

토로사우루스는 트리케라톱스처럼 작은 코뿔과 한 쌍의 긴 눈썹뿔을 가진 뿔공룡이다. 언뜻 보기에 두 공룡은 매우 비슷하긴 하다. 하지만 차이를 꼽으라면, 가장 큰 차이는 바로 프릴의 형태였다. 부채처럼 펴져 있는 트리케라톱스의 프릴과는 달리 토로사우루스의 프릴은 길쭉한 신발 깔창처럼 생겼다. 게다가 트리케라톱스의 프릴에는 구멍이라고는 전혀 없는 반면, 토로사우루스의 프릴에는 한 쌍의 동그란 구멍이 뚫려 있다(컬러도판 12). 프릴의 두께 면에서도 차이를 보이는데, 대체로 트리케라톱스의 프릴 두께가 더 두꺼운 편이었다. 또 다른 차이가 있다면 트리케라톱스의 화석이 많이 발견되는 반면에 토로사우루스 화석을 발견하는 것은 대단히 희귀하다는 정도일까.

마시의 의견에 대해 처음 의심을 품은 사람은 바로 몬태나주립대학교의 호너였다. 트리케라톱스의 성장과정에 대해 연구하고 있던 호너는 로키박물관에서 트리케라톱스 화석들의 뼈 단면들을 관찰하고 있었는데, 박물관에서 소장한 가장 큰 트리케라톱스의 눈썹뿔 단면에 구멍이 송송 나 있다는 것을 처음 확인했다. 트리케라톱스가 더 크게 자랄 수 있다는 사실을 알아낸 것이다. 하지만 그는 이보다 더 큰 트리케라톱스의 화석을 찾을 수 없었다. 과연 다 자란 트리케라톱스는 어떻게 생겼을까?

그는 트리케라톱스와 같은 층에서 나오는 토로사우루스를 의심했다. 그는 이곳저곳을 돌아다니며 다양한 토로사우루스의 화석 표본들을 관찰했다. 유심히 관찰한 끝에, 자신이 본 모든 토로사우루스의 뼈 표본들이 어른의 뼈를 가지고 있다는 사실을 알아냈다. 더 나아가 호너는 지금까지 어린 토로사우루스의 화석이 보고된 적이 없음을 확인했다. 같은 층에서 트리케라톱스의 새끼 화석은 많이 발견되고 어린 토로사우루스의 화석은 발견되지 않았다는 점이 호너에게는 너무 이상하게 느껴졌다.

결국 이러한 증거들을 바탕으로 그는 트리케라톱스가 성장해서 토로사우루스가 되었을 것이라는 가설을 세우게 된다. 하지만 자신의 가설을 입증하기 위해 호너는 모양이 조금 길쭉하면서 구멍이 뚫려 있거나 구멍이 뚫릴 부위가 얇은 프릴을 가진 공룡, 곧 트리케라톱스와 토로사우루스의 중간 모습에 해당하는 공룡의 화석을 찾아야만 했다. 그는 이 프로젝트를 자신의 제자인 존 스캐넬라와 함께했다. 오랜 조사 끝에 결국 그들은 트리케라톱스와 토로사우루스의 중간에 해당하는 공룡을 발견했는데, 이 공룡은 공룡 화석지가 아닌 세계에서 가장 큰 박물관인 스미스소니언 자연사박물관에 잠들어 있었다. 바로 네도케라톱스*였다.

네도케라톱스 *Nedoceratops*
'불충분하게 뿔 달린 얼굴'이란 뜻이다. 트리케라톱스와 조금 다르게 생겨서 붙은 학명이다. 쉽게 말하자면 '생기다 만 뿔공룡'.

네도케라톱스는 트리케라톱스와 토로사우루스처럼 한 쌍의 눈썹 뿔과 한 개의 코뿔을 가졌다. 크기는 트리케라톱스보다 조금 크고 토로사우루스보다는 조금 작았으며, 프릴은 트리케라톱스의 것보다 조금 더 길쭉했다. 게다가 작고 기다란 구멍 한 쌍이 프릴에 나 있어서 호너와 스캐넬라의 가설을 뒷받침해주는 좋은 증거였다. 자신들의 가설을 입증했다고 생각한 둘은 2011년에 이 결과를 학계에 발표했다. 트리케라톱스는 성장하면서 네도케라톱스를 거쳐 토로사우루스가 되었다고. 결국 '선취권의 법칙(먼저 지어준 학명이 유효하다는 원칙)'에 따라 네도케라톱스와 토로사우루스라는 학명은 무효가 되었다(트리케라톱스가 제일 먼저 보고되었다). 사실 학명이 무효로 되는 일이야 학계에 자주 있는 일이니, 이 소식을 듣고 가장 큰 충격을 받은 사람들은 다름 아닌 어린 공룡 팬들이었을 것이다. 자신들이 알던 공룡이 두 종류나 사라져버렸으니 이 소식이 반가웠을 리가 없다.

하지만 이 소식을 좋지 않게 바라본 사람은 어린 공룡 팬들뿐만이

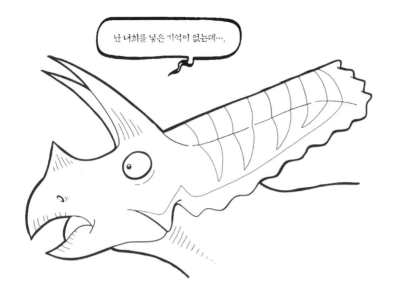

난 너희를 낳은 기억이 없는데….

토로사우루스(오른쪽)와 트리케라톱스(왼쪽 세 마리)는 서로 같은 시대에 살았던 뿔공룡들이다. 이들은 얼마나 서로 가까웠을까? 가족이었을까? 아니면 단순한 친척 사이였을까?

아니었다. 호너와 스캐넬라의 논문이 발표되고 나서 얼마 지나지 않아 미국 레이먼드M.앨프고생물박물관의 뿔공룡 전문가 앤드루 파키가 이들의 연구결과에 대해 문제를 제기했다. 호너와 스캐넬라가 자신들의 가설을 뒷받침하는 데에 너무 신경쓴 나머지 화석들을 객관적인 관점에서 제대로 연구하지 않았다는 것이다. 파키의 말에 따르면, 이들이 언급한 네도케라톱스는 트리케라톱스의 특정한 성장단계로 보기에는 너무 나이가 많다. 스미스소니언자연사박물관의 네도케라톱스 머리뼈에는 울퉁불퉁한 표면, 완벽하게 융합된 프릴, 길게 뻗은 눈썹뿔이 존재하는데, 이는 이 공룡이 생각보다 많이 늙었음을 시사한다. 결국 네도케라톱스는 생각보다 너무 늙었기 때문에 트리케라톱스와 토로사우루스의 중간단계로 보기에는 맞지 않다는 것이다. 더 나아가 파키는 네도케라톱스가 거의 수직으로 뻗은 눈썹뿔을 가졌다는 점, 코뿔이 아주 작다는 점, 그리고 프릴의 구멍이 너무 작다는 점을 제시하면서 이 공룡이 트리케라톱스나 토로사우루스와는 전혀 다른 종류라고 결론지었다(컬러도판 13).

　몬태나주립대학교 연구팀의 연구결과에 대해 반박한 또 다른 사람은 바로 미국 예일대학교의 니컬러스 롱리치와 대니얼 필드였다. 둘은 트리케라톱스와 토로사우루스가 만약 같은 공룡이었다면 두 공룡이 발견되는 지역이 모두 같아야 한다고 지적했다. 이들은 트리케라톱스와 토로사우루스가 발견되는 모든 지역을 지도에 표시했는데, 놀랍게도 트리케라톱스는 북반구의 높은 위도에서도 서식했음이 밝혀졌다. 반면에 토로사우루스는 트리케라톱스보다 상대적으로 아래지방까지 진출했음이 확인되었다. 게다가 이들은 그동안 알려지지 않았던 어린 토로사우루스의 화석들을 확인했다. 트리케라톱스와 전혀 다르게 생긴 얼굴들이었다. 놀랍게도 이 어린 토로사우루스들은 필라델피아 자연과학아카데미와 예일대학교 피보디박물관의 화석 수장고에서 확인되었다(화석이 많은 박물관에서는 간혹 이러한 새로운 발견이 이루어지는 경우도 많다). 결국 트리케라톱스와 토로사우루스는 서로 다른 동물임이 밝혀진 것이다.

　이렇게 해서 트리케라톱스와 토로사우루스, 그리고 네도케라톱스에 대한 오해는 풀렸다. 네도케라톱스는 자신의 이름을 지켰고[7], 토로사우루스는 잃어버린 과거를 찾게 되었다. 그럼 남아 있는 미스터리는 트리케라톱스뿐이다. 트리케라톱스는 얼마만큼 자랐을까? 현재로서는 알 수가 없다. 현재까지 더 큰 트리케라톱스가 발견되지 않았기 때문이다. 하지만 실망할 필요는 없다. 가까운 미래에 누군가가 찾을 수도 있으니 말이다. 혹시 모른다. 이 책을 읽고 있는 여러분이 엄청나게 거대하고 늙은 트리케라톱스를 나중에 발견할지도….

드라마틱한 머리

자라나면서 머리 모양이 심하게 변하는 공룡은 트리케라톱스뿐만이 아니다. 미국 헬크릭층에서는 트리케라톱스와 함께 재미나게 생긴 공룡이 발견된다. 바로 정수리가 둥근 돔머리공룡인 파키케팔로사우루스다. 파키케팔로사우루스는 트리케라톱스와는 달리 두 다리로 걸었으며, 뻣뻣하고 긴 꼬리를 이용해 균형을 잡으며 뛰어다녔다. 거북의 등처럼 봉긋한 이 공룡의 정수리는 그 두께가 무려 25센티미터에 이른다. 하지만 머리가 돔 모양인 어른과는 달리 아기 파키케팔로사우루스는 머리가 납작하며 뒤통수에 가시들이 나 있다. 아기가 자라면서 머리에는 아주 작은 돔이 만들어지고, 뒤통수에는 가시들이 길게 자라기 시작한다. 하지만 머리가 커다란 돔 모양으로 자라나 어른이 되면 뒤통수의 가시들은 다시 짧아진다. 이들도 아마 트리케라톱스처럼 서로의 머리 모양으로 나이를 추정했을 것으로 여겨진다. 재미있는 사실은, 한때 파키케팔로사우루스의 각 연령대별 개체들이 서로 다른 종으로 분류되었다는 것이다. 하마터면 고생물학자들의 실수로 인해 파키케팔로사우루스는 가족사진도 함께 찍지 못할 뻔했다.

그렇다면 다 자란 파키케팔로사우루스는 두꺼운 돔머리를 무슨 용도로 사용했을까? 2012년, 미국 위스콘신주립대학교의 조지프 피터슨과 록퍼드메모리얼병원의 크리스토퍼 비토레는 파키케팔로사우루스와 같은 단단한 머리를 가진 공룡들의 머리뼈에는 박치기로 인해 생긴 상처들이 많았다는 사실을 발표했다. 그래서 현재는 파키케팔로사우루스를 포함해 단단한 머리를 가진 여러 공룡이 마치 산양처럼 박치기를 했을 것으로 추정하고 있다(컬러도판 14).

독일 베를린자연사박물관에 전시된 청소년기 파키케팔로사우루스의 머리뼈
오돌토돌한 돌기와 뾰족한 가시들이 머리를 감싸고 있다. 정수리에 볼록 튀어나와 있는 돔 구조(하얀 화살표)는, 나이가 들수록 점점 봉긋해진다.

상하이 나이츠

트리케라톱스는 북아메리카를 대표하는 공룡이다. 큰 몸집, 멋있는 뿔과 프릴은 이 공룡을 잊기 힘든 비주얼의 박물관 스타로 만들어주었다. 하지만 멋쟁이 트리케라톱스에게도 작고 보잘것없는 과거가 존재했다. 트리케라톱스를 포함한 대부분의 거대 뿔공룡들은 북아메리카 대륙에서 주로 발견된다. 하지만 이들의 모든 과거 기록은 아시아 대륙에서 발견된다. 특히 중국과 몽골에서는 이들 조상의 화석이 많이 보고되고 있다.

뿔공룡 중에서 가장 원시적인 무리는 바로 앵무새 주둥이를 가진 프시타코사우루스류Psittacosauridae 공룡이다. 이들은 아시아에서 흔하게 발견되는 공룡들인데, 이 중 가장 많은 종이 보고된 종류는 프시타코사우루스*다. 몸길이가 최대 2미터까지 자라는 이들은 앞다리보다 긴 뒷다리를 가졌지만, 네발보행도 하고 두발보행도 했을 것으로 추정되고 있다. 긴 뒷다리는 육식공룡에게서 도망칠 때 유용했으며, 상대적으로 짧고 강한 앞다리는 땅속 깊게 뻗어 있는 식물의 뿌리를 파내는 데에 유용했을 것이다.

프시타코사우루스는 가장 원시적인 뿔공룡 중 하나이지만 뿔을 가지고 있지는 않다. 하지만 뿔이 없어도 잘 발달된 부리뼈를 가지고 있기 때문에 뿔공룡 무리로 분류된다. 이들은 상당히 짧은 주둥이를 가지고 있는데, 이는 무는 힘이 좋은 동물들이 지닌 특징이다. 주둥이가 짧아지면 주둥이 끝과 턱관절이 가까워지는데, 이때 턱관절이 주둥이에 물린 물체와 가까워질수록 물체에 더 많은 압력이 가해진다. 마치 호두까기처럼 말이다. 뿔공

프시타코사우루스Psittacosaurus
'앵무새 도마뱀'이란 뜻으로, 무리 같은 주둥이 때문에 붙은 학명이다.

룡의 특징인 날카로운 부리와 강한 턱 힘을 가진 걸로 봐서 아마 프시타코사우루스는 매우 질긴 식물을 먹었을 것이다. 게다가 이들의 위로 추정되는 부위에서 위석[8]이 발견된 것을 보면(컬러도판 15) 당시 다른 동물들보다 훨씬 질긴 먹이를 먹었을 것으로 추정된다.

비록 트리케라톱스처럼 긴 눈썹뿔이나 토로사우루스처럼 멋진 프릴은 없었지만 이들은 영화배우 베네딕트 컴버배치보다 더 날카로운 광대뼈를 가졌다. 특히 시베리아에서 발견된 프시타코사우루스 종류인 프시타코사우루스 시비리쿠스*는 프시타코사우루스류를 통틀어 가장 돌출된 광대뼈를 가지고 있다. 뿔 또는 프릴이 발달하지 않은 이들은 아마도 부담스러울 정도로 튀어나온 광대뼈를 이용해 이성을 유혹하지 않았을까 추정된다.

프시타코사우루스는 형제자매를 잘 챙기는 공룡으로도 유명하다. 중국 랴오닝성遼寧省에서는 아기 프시타코사우루스 여섯 마리가 똘똘 뭉쳐 있는 화석이 발견되었는데,

프시타코사우루스 시비리쿠스
Psittacosaurus sibiricus
'시베리아의 앵무새 도마뱀'이란 뜻으로, 뒤의 종명은 발견된 지역의 이름을 따온 것이다.

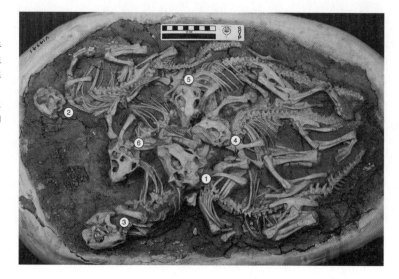

중국 랴오닝성에서 발견된
아기 프시타코사우루스들
2~6번 아기 공룡들은 모두 두
살로, 1번 아기 공룡은 세 살로
밝혀졌다. 이들은 모두 산 채로
매장당했다.
© Qi Zhao, Michael J.
Benton, Xing Xu, and
Martin J. Sander

그중 다섯 마리는 두 살, 나머지 한 마리는 세 살이었다. 아마 세 살배기 아기 공룡이 엄마가 잠시 집을 비운 사이에 동생들을 돌보고 있었을지도 모른다.[9] 하지만 운 나쁘게도 이들은 한꺼번에 화산재에 매몰되어 화석이 되어버렸다. 비록 이 화석은 자연재해로 인해 몰살당한 어느 공룡 가족의 슬픈 이야기를 담고 있지만, 우리는 이것을 통해 프시타코사우루스가 어렸을 때부터 단체생활을 했다는 사실을 알 수 있다.

프시타코사우루스에게는 또 다른 놀라운 특징이 있는데, 그것은 바로 꼬리 위에 존재하던 깃quill이었다. 이 깃은 원시 형태의 깃털로 길고 유연했으며, 속은 비어 있었다. 프시타코사우루스의 꼬리 깃이 확인되기 이전까지만 해도 원시깃털 화석은 육식공룡한테서만 나오는 걸로 알려져 있었다. 하지만 백악기 전기 지층인 이시안층Yixian Formation에서 꼬리 윗부분에 기다란 깃의 흔적이 보존된 프시타코사우루스 화석이 2002년에 보고되면서 그동안의 고정관념이 깨지게 되

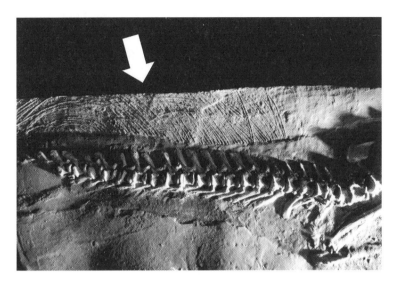

독일 젠켄베르크자연사박물관
에 전시된 프시타코사우루스의
화석
꼬리뼈 위쪽으로 가느다란 깃
의 흔적들이 보존되어 있다(하
얀색 화살표).

었다.

그렇다면 프시타코사우루스의 꼬리 깃은 어떤 용도였을까? 프시타
코사우루스가 몸집이 작은 공룡이었으니까 아마 몸집이 큰 공룡보다
상대적으로 잃기 쉬웠을 체온을 유지하기 위해서가 아니었을까? 마
치 겨울철에 입는 오리털 패딩처럼 말이다. 하지만 프시타코사우루
스의 나머지 피부 인상흔적에서는 비늘의 흔적이 나왔기 때문에 꼬
리 위에만 깃이 존재했을 것으로 보고 있다. 게다가 깃으로 덮인 면적
을 보건대, 전체 몸에 비해 깃이 아주 좁게 나 있는데다가 한 줄로 나
있다. 체온을 유지하기 위한 구조로는 전혀 어울리지 않는다. 이 구조
를 처음 보고한 고생물학자들은 이 깃 구조를 과시용으로 추정했다.
꼬리 깃을 세운 프시타코사우루스의 모습이 이성의 마음을 사로잡았
을지도 모른다.

놀랍게도 이러한 깃을 트리케라톱스도 가지고 있었을 수 있다.
2012년에 문을 연 휴스턴자연사박물관의 새로운 공룡 전시관에는 트

리케라톱스의 피부화석이 전시되어 있는데, 이 화석을 자세히 관찰하면 악어처럼 울퉁불퉁한 비늘들이 있다. 더 자세히 보면 비늘과 비늘 사이사이에 무언가 붙어 있었던 흔적들이 있다. 몇몇 고생물학자들은 이 피부화석이 꼬리 부위일 것이라고 생각하는데, 이것이 만약 사실이라면 트리케라톱스도 프시타코사우루스처럼 꼬리에 깃이 붙어 있었을 수도 있다. 꼬리 깃을 가진 트리케라톱스는 지구상에 존재했던 가장 괴상하게 생긴 동물 중 하나였을지도 모른다.

프시타코사우루스를 포함하는 프시타코사우루스류는 가장 오래된 뿔공룡 무리지만 이들보다 더 오래된 뿔공룡 종류가 2004년 중국에서 발견되었다. 인룡*은 쥐라기 전기 지층인 시슈고우층Shishugou Formation에서 발견되었는데, 이는 가장 빠르게 등장한 프시타코사우루스 종류보다 약 3500만 년이나 앞선 시기다. 이들은 프시타코사우루스처럼 프릴과 뿔이 없는 대신에 부리뼈를 가지고 있다(컬러도판 16). 게다가 긴 뒷다리를 가지고 있어 아마도 두 다리로 뛰어다니지 않았을까 추정된다.

인룡이 쥐라기 전기의 범람원을 돌아다닐 때, 이들 뒤를 쫓던 포식자는 바로 티라노사우루스의 오래된 친척인 구안룡이었다. 그렇다! 티라노사우루스 가문과 뿔공룡의 오랜 악연은 1억 5800만 년 전인 쥐라기 전기까지 거슬러 올라가는 것이다. 이보다 더 질긴 인연이 또 있을까? 티라노사우루스형태류에 해당하는 구안룡은 다른 티라노사우루스 가문의 구성원들처럼 단단한 머리와 튼튼한 이빨을 자랑한다. 아마도 단단한 머리를 가진 인룡과 같은 뿔공룡을 사냥하기 위해 특별히 발달한 구조가 아닐까 추정된다. 단

인룡Yinlong

'숨어 있는 용'이란 뜻으로, 隱(숨을-은)과 龍(용-용)을 합친 중국어를 라틴어 발음으로 옮긴 학명이다. 이 공룡이 2000년에 개봉한 영화 〈와호장룡臥虎藏龍〉의 촬영지 근처에서 발견되었기 때문에, 영화 제목에서 학명을 따왔다. 참고로 '와호장룡'은 누워 있는 호랑이(와호臥虎)와 숨어 있는 용(장룡藏龍)이란 뜻으로, 은거하는 고수를 일컫는 말이다.

단한 머리에 붙은 맛있는 살점들을 깨끗하게 뜯어먹기 위해서는 튼튼한 입 구조가 필요했을 테니 말이다.

그런데 아시아에서 번성한 원시 뿔공룡들은 어떻게 북아메리카 대륙으로 넘어가게 된 것일까? 작은 강아지만 한 인룡과 같은 뿔공룡들이 헤엄쳐서 태평양을 건넜을 리는 없다. 현재 고생물학자들은 아시아 대륙과 북아메리카 대륙을 이어주는 베링육교Bering Landbridge가 존재하지 않았을까 하고 추정한다. 물론 이 육교는 당시의 공룡들이 직접 만들지는 않았을 것이다. 백악기 전기가 끝나갈 무렵인 약 1억 1000만 년 전쯤 해수면과 육지의 각종 변화로 인해 두 대륙을 연결하는 육지가 바다 위로 노출되었을 것으로 현재 추정된다. 이때 작은 뿔공룡들은 새로운 땅, 새로운 먹이를 찾아 이동했을지도 모른다.

물론 뿔공룡만 이 육교를 건너간 것은 아니었다. 다양한 오리주둥이공룡들, 닭처럼 생긴 오비랍토로사우루스류도 이 육교를 따라 대륙을 오갔다. 놀라운 것은 민물고기들도 이 육교를 따라 이동했다는 사실이다. 바다 건너 떨어져 있는 북아메리카 대륙과 몽골의 고비사막에서 같은 종류의 물고기 화석들이 발견되는데, 아마도 당시 육교가 생기면서 새롭게 형성된 강줄기를 따라 이동했거나, 혹은 연안을 따라 이동한 것이 아닐까. 민물고기가 육교를 건너다닐 정도였으면 온갖 육상동물들이 전부 이동했을 것이다.

작고 귀여운 뿔공룡들이 아장아장 북아메리카로 이동할 때 이들을 뒤쫓아간 한 무리의 공룡이 있었다. 그들은 바로 티라노사우루스류였다. 맛있는 먹잇감들에 홀려 본의 아니게 이들도 북아메리카 대륙으로 따라 들어간 듯하다. 북아메리카로 이동한 뿔공룡 중에서 일부는 먼 훗날 트리케라톱스가 되었고, 이들을 잡아먹던 티라노사우루스류에서는 가장 크고 힘이 센 종류인 티라노사우루스 렉스가 나왔다. 들판에서 풀을 뜯다 티라노사우루스를 만난 트리케라톱스는 한숨부터 내쉬었을지도 모른다. 약 9200만 년 동안 계속되어온 이 끈질긴 두 공룡의 인연은 6600만 년 전에 지구로 떨어진 소행성 때문에 끝이 날 수 있었다.

꽃피는 봄이 오면

1898년, 미국 프린스턴대학교. 실험실 동료는 따뜻한 차를 한 잔 마시며 해처를 바라보았다.

"자네 그 소식 들었나? 정부에서 마시 교수의 화석들을 가져간다네? 이번에 된통 걸려버렸나 봐!"

화석으로 가득한 책상 위에서 해처는 고개를 숙인 채 논문을 써내려가고 있었다. 그는 옆에 있는 작은 찻잔을 들어 따뜻한 물을 한 모금 삼키고는 입을 열었다.

"들었고말고요. 어찌 보면 잘된 일이죠. 드디어 마시가 꽁꽁 숨겨놓았던 화석들이 다른 과학자들뿐만 아니라 일반 대중에게 공개되는 거니까요. 결국 천하의 마시 교수도 정부 앞에서는 꼼짝 못하네요."

동료는 해처의 주변을 어슬렁거리며 책상 위의 물건들을 훑어보았다. 뒤에서 누군가가 지켜보는 게 불편했는지 해처는 펜을 내려놓고 의자를 돌렸다. 책상 구경을 다한 동료는 다시 천천히 실험실의 반대편으로 걸어갔다.

"아 참. 정부 기금으로 발굴한 공룡들은 전부 스미스소니언으로 간다더군."

해처는 동료를 바라보았다. 그러고는 다시 따뜻한 물을 한 모금 삼켰다.

"스미스소니언이요?"

"그래, 스미스소니언! 아, 그러고 보니 이번에 카네기 가에서 큐레이터직을 뽑던데…. 혹시 관심 있나? 돈을 꽤 준다고 하던데…. 자네라면 충분히 뽑힐 것 같은데?"

해처는 다시 의자를 책상 쪽으로 돌렸다.

"어휴, 지금도 충분히 저는 제 삶에 만족하고 있습니다."

펜을 다시 잡은 해처는 쓰던 글을 마저 써내려갔다.

"뭐, 좋을 대로. 하지만 기회는 언제나 오는 것이 아니네!"

동료는 실험실 밖으로 나갔다. 동료가 나간 것을 확인한 해처는 펜을 내려놓고 곰곰이 생각했다.

"기회라…."

마시의 횡포에 힘들어 했던 해처는 그의 곁을 떠나, 1893년 프린스턴대학교에 고생물학 큐레이터로 취직한다. 마시의 그림자에서 완전히 벗어난 그는 마음 놓고 연구활동을 할 수 있게 되었다. 해처는 대학에서 열심히 일하며 후배들에게 자신만의 화석처리 기술들을 전수했고, 단기간에 수많은 논문을 게재했다. 예일대학교를 나온 후 10년간 48편이나 되는 논문을 썼고(이 정도면 정말 많은 양이다), 그중에는 상사였던 마시의 논문들을 반박하는 내용이 많았다.

이처럼 승승장구하는 해처와 달리, 해처의 상사였던 마시는 지나친 연구비 남용과 공금 횡령, 그리고 논문 표절로 1890년에 기소되었다. 이 사건으로 마시의 연구실은 모든 재정 지원이 끊긴데다가 국가에서는 정부 기금으로 지원받아 발굴된 모든 화석을 공공기관으로

디플로도쿠스*Diplodocus*
'두 개의 기둥'이란 뜻이다. 혈관궁
Chevron이라 불리는, 꼬리 밑에 줄
지어 위치한 뼈가 마치 두 개의 기
둥처럼 생겨서 붙은 학명이다.

옮길 것을 명령했다. 80톤 이상 되는 화석들이 나무상자에 담겨 워싱턴 주의 스미스소니언자연사박물관으로, 나머지는 예일대학교 피보디박물관으로 옮겨졌다. 자신이 발굴한 화석들을 끔찍이 아꼈던 마시에게는 최악의 사건이었다.

마시의 마지막 화석 표본들을 담은 나무상자들이 1899년 스미스소니언자연사박물관에 도착했다. 이때 자신이 애지중지했던 화석들이 잘 도착했는지 확인하기 위해 마시는 워싱턴 주까지 출장을 다녀왔다. 2월의 마지막 날, 출장에서 돌아온 그는 기차역에서 내려 집으로 걸어갔다. 그날 저녁에는 큰비가 내리고 있었다. 이때 폐렴에 걸린 그는 2주 후에 세상을 떠났다. 그의 나이 67세였다.

마시가 세상을 떠난 1년 후인 1900년에 해처는 카네기자연사박물관에 취직했다. 하지만 취직하고 나서 4년 후, 해처는 자신이 준비하고 있던 목긴공룡 디플로도쿠스*의 복제품 골격[10] 전시를 앞두고 장티푸스에 걸려 세상을 떠나고 만다. 당시 그의 나이 42세였다.

해처는 영원히 잠들었지만 트리케라톱스는 1905년에 드디어 깊은 잠에서 깨어났다. 스미스소니언자연사박물관에서 세계 최초로 트리케라톱스의 골격을 조립하여 대중에게 공개한 것이다. 이때 공개된 화석은 다름 아닌 해처가 직접 와이오밍 주에서 발굴한 트리케라톱스의 화석이었다. 마시가 트리케라톱스에게 학명을 지어준 지 16년 만의 일이었다.

스미스소니언자연사박물관에서 트리케라톱스의 골격을 공개한 지 100년이 지난 지금, 트리케라톱스의 골격은 거의 모든 박물관에서 볼 수 있는 전시물이 되었다. 게다가 수많은 고생물학자들의 꾸준한 연

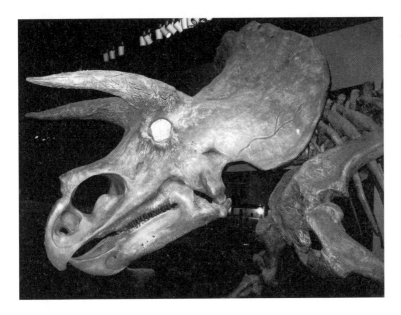

구 덕분에 트리케라톱스의 모습도 끊임없이 변하고 있다. 2000년에
는 스미스소니언자연사박물관에 전시된 트리케라톱스의 머리 형태
가 틀렸다는 사실이 밝혀지면서 이 공룡은 그해에 성형수술까지 받
게 되었다.

성형수술이 끝난 2001년 5월 24일, 박물관에서는 이 특별한 트리
케라톱스를 위한 매우 특별한 행사를 개최했다. 전시된 트리케라톱
스 화석에게 이름을 지어주는 청소년 글짓기 대회였다. 스미티, 마샤,
허비 등 대회의 규모가 컸던 만큼 다양하고 재미난 이름들이 많이 나
왔다. 하지만 그중 단 하나의 이름이 심사위원들의 눈에 가장 잘 띄었
다고 한다. 와이오밍 주에서 온 열 살짜리 소년이 낸 이름이었는데,
다름 아닌 '해처'였다. 아쉽게도 완벽한 모습으로 전시된 트리케라톱
스를 보지 못하고 세상을 떠났지만, 해처는 결국 두 번째 인생을 자신
이 발굴한 세뿔공룡으로서 살아가게 되었다.

CHAPTER 3

팔 도마뱀, 브라키오사우루스

거대한 머리 모양의 물체가 나무 근처로 다가왔다. 거친 숨소리를 듣고 그랜트 박사는 눈을 떴다. 거대한 브라키오사우루스였다. 브라키오사우루스의 머리를 본 그랜트 박사는 미소를 지었다. 이때 옆에 누워 있던 렉스는 화들짝 놀라며 자리를 피했다. 브라키오사우루스는 고개를 숙이더니 나뭇잎들을 한입 물고는 살짝 뒤로 걸음을 옮겼다.

"으악! 저리 꺼져!"

겁이 난 렉스는 소리를 질렀다.

"괜찮아, 브라키오사우루스야."

그랜트 박사는 렉스를 진정시켰다.

"채식공룡이야 렉스! 채식공룡이라고!"

나무 아래에 있던 남동생 팀이 그에게 물었다.

"채식공룡이라고요?"

그랜트 박사는 자신의 뒤에 나 있는 나뭇가지를 꺾어 브라키오사우루스에게 건넸다.

"음~. 냠냠, 잘도 먹네."

갑자기 천둥소리와 함께 엄청난 바람이 세 사람을 향해 날아왔다. 브라키오사우루스의 기침 소리였다. 기침이 끝나기가 무섭게 공룡은 그랜트 박사가 건네는 나뭇가지를 덥석 물었다. 정수리에 위치한 코에서는 콧물이 흐르고 있었다.

"감기에 걸렸나 봐요."

"그러게."

나뭇가지를 문 브라키오사우루스는 마치 거대한 소처럼 나뭇가지를 우물거리며 씹었다. 두려움이 사라진 렉스는 브라키오사우루스를 만지기 위해 손을 앞으로 뻗었다.

"이리 오렴, 이쁜이. 이리 와봐."

당황한 공룡은 고개를 뒤로 젖혔다. 브라키오사우루스는 또다시 천둥소리를 내며 재채기를 했다. 그런데 이번에는 엄청난 양의 콧물이 마치 분사기에서 내뿜는 물처럼 발사되었다. 렉스는 찐득찐득한 공룡 콧물로 뒤범벅이 되었다.

"감기 조심하세요!"

뒤에 숨어 있던 팀이 말했다.

— 영화 〈쥬라기 공원〉 중에서

중생대에는 매우 다양한 목긴공룡들이 존재했다. 비정상적으로 긴 목을 가진 마멘키사우루스, 주둥이가 평평한 레바키사우루스*, 척추가 위로 솟아오른 디크라이오사우루스*, 그리고 채찍 같은 꼬리를 가진 디플로도쿠스 등 형태가 천차만별이었다. 현재까지 100종 이상이 학계에 보고되었는데, 그중 가장 유명한 종류를 꼽으라면 아마도 브라키오사우루스일 것이다.

브라키오사우루스가 유명한 데에는 여러 가지 이유가 있다. 우선, 몸집이 엄청나게 거대했다. 비록 현재는 '가장 큰 공룡'이란 타이틀을 새롭게 발견된 남미의 거대 공룡들에게 넘겨주긴 했지만(컬러도판 17), 처음 보고된 1903년부터 1980년대 초까지만 해도 브라키오사우루스는 세상에서 가장 큰 공룡이었다. 몸무게는 인도코끼리*Elephas maximus indicus* 열 마리를 합한 무게(최대 50톤)에, 몸길이만 해도 서울 시내버스 네 대를 이은(약 26미터) 길이였다.

하지만 이보다 더 놀라운 것은 브라키오사우루스의 키였다. 브라키오사우루스가 큰맘 먹고 고개를 높이 들어올리면 아파트 6층의 창문을 핥을 수 있었다(최대 약 18미터).

레바키사우루스*Rebbachisaurus*
'레바키 영역의 도마뱀'이란 뜻으로, 이 공룡이 발견된 곳이 모로코의 부족 아잇 레바키의 영역이었기 때문에 붙은 학명이다.

디크라이오사우루스*Dicraeosaurus*
'쌍두 도마뱀'이란 뜻으로, 특이하게 목뼈 윗부분이 두 갈래로 갈라져 있기 때문에 붙은 학명이다. 절대 머리가 두 개라서 붙은 이름이 아니다.

까꿍~

으악!!!

목도 길고 덩치도 컸던 브라키오사우루스는 작은 공룡 친구들을 깜짝깜짝 놀라게 했을 것이다.

유사한 몸집의 목긴공룡들이 어깨 위로 목을 겨우 들어올린다[1]는 사실을 감안해보면 이는 정말 놀라운 재주다.

그럼 브라키오사우루스는 왜 다른 목긴공룡들에 비해 키가 컸을까? 몸길이의 절반이나 되는 기다란 목도 한몫했겠지만, 무엇보다도 상체가 위로 들어올려져 있었기 때문이다. 일반적으로 공룡은 뒷다리가 앞다리보다 길다. 그래서 자연스럽게 상체가 숙여지는 경우가 많다. 반대로 브라키오사우루스는 앞다리가 뒷다리보다 길었기 때문에 상체가 위로 향해져 고개를 다른 일반적인 공룡들보다 잘 세울 수 있었다.

브라키오사우루스가 유명한 또 다른 이유는 바로 머리뼈 정수리에 위치한 콧구멍 때문이다. 브라키오사우루스의 머리뼈는 머리가 길고 납작한 다른 목긴공룡들과는 달리 머리가 크고 네모난 상자처럼 독특하게 생겼다. 게다가 눈 위에 솟아 있는 커다란 돔 형태의 코뼈를 중심으로 양옆에 두 개의 큰 콧구멍이 뚫려 있다. 이렇게 재미나게 생긴 코 때문에 오랫동안 브라키오사우루스는 물 밖으로 코만 쏙 내밀고 생활하는 수생동물로 그려지는 경우가 많았다. 하지만 브라키오사우루스가 실제로 물속에서 살았다면 수압 때문에 폐가 쪼그라들었을 것이다. 지금은 브라키오사우루스가 육상동물이었음이 명백하게 밝혀지면서 이 오래된 가설은 역사 속으로 사라졌다.

학자들은 '브라키오사우루스의 머리뼈 정수리에 왜 콧구멍이 뚫려 있었을까'에 대해 많은 고민을 해야 했다. 어떤 학자들은 멀리 떨어

'탄자니아 브라키오사우루스'의 머리뼈

독일 베를린자연사박물관에 전시되어 있다. 머리뼈 위로 솟아오른 코뼈(하얀 화살표) 때문에 브라키오사우루스가 물속에서 살았을 것이라고 굳게 추정되던 때도 있었다.

져 있는 싱싱한 식물의 냄새를 잘 맡기 위해 콧구멍이 위로 뚫려 있었다고 믿었다. 다른 학자들은 정수리의 콧구멍이 브라키오사우루스의 뇌를 식혀주었을 것이라고 믿었다. 하지만 건물만 한 몸집에 사람 주먹 크기만 한 뇌를 가진 브라키오사우루스가 뇌 과부하를 겪을 일은 없었을 것이다.

아예 다른 가설을 가지고 브라키오사우루스의 코를 복원한 학자도 있었다. 매사추세츠대학교의 월터 쿰스는 브라키오사우루스가 살아 있을 때 코끼리처럼 근육질의 기다란 코를 가졌을 것이라 생각했다. 근육질의 긴 코를 가진 오늘날의 테이퍼*Tapirus*와 코끼리를 관찰하면 콧구멍이 브라키오사우루스의 것처럼 머리뼈의 정수리 부위에서 출발하기 때문이다. 하지만 나뭇잎을 따먹기 위해 이미 길어진 목이 있는데, 굳이 코까지 길어져야 했을까 하고 생각한 많은 학자들은 쿰스의 의견을 받아들이지 않았다.

브라키오사우루스의 코에 대한 제대로 된 해석은 2000년대가 되어서야 이루어질 수 있었다. 브라키오사우루스의 머리뼈를 자세히 관찰한 미국 오하이오대학교의 래리 위트머는 브라키오사우루스의 큰 코를 덮는 근육과 연관 있는 신경 및 혈관들이 지나는 작은 구멍들이 정수리가 아닌 주둥이 끝부분에 몰려 있음을 알아냈다. 이는 브라키오사우루스의 머리뼈에 뚫려 있는 콧구멍이 사실은 살로 덮인 두툼한 코였고, 실제 콧구멍은 주둥이 앞에 뚫려 있었음을 의미했다. 결국 브라키오사우루스는 쥐라기의 거대한 코주부였던 셈이다.

브라키오사우루스는 왜 살로 덮인 두툼한 코를 가지게 되었을까? 사실 브라키오사우루스만 두툼한 코를 가진 것은 아니었다. 코끼리만 한 초식공룡 이구아노돈과 세뿔공룡 트리케라톱스도 두툼한 코주부 공룡들이다. 다양한 공룡들이 두툼한 코를 진화시킨 이유는 아마 이것이 유용하게 사용되었기 때문일 것이다. 그럼 이 공룡들은 그 큰 코로 무엇을 했을까?

오늘날 두툼한 살집의 코를 가진 대표적인 동물로는 코끼리해표 *Mirounga*가 있다. 특히 수컷 코끼리해표는 동물의 세계에서 가장 인상적인 큰 코주머니를 가졌는데, 이를 통해 체내의 수분이 콧구멍을 통해 증발해 날아가는 것을 막았다. 짝짓기 계절이 되면 수컷 코끼리해표는 육지로 올라오는데, 이때 모래사장으로 올라온 수컷은 아주 오랫동안 수분을 전혀 섭취할 수 없기 때문에 이러한 수분 절약용 코 주머니는 상당히 유용한 역할을 했다. 브라키오사우루스 또한 코끼리해표처럼 체내의 수분 유실을 최대한 줄이기 위해 이런 특수한 코를 진화시켰는지도 모른다. 브라키오사우루스가 살았던 쥐라기 후기의 북아메리카 대륙은 건기와 우기가 반복되는 환경이었는데, 혹독한 걷기 때 이러한 큰 코가 유용했을 것이다.

두툼한 코를 가진 또 다른 현생 동물로는 두건물범*Cystophora cristata*이 있다. 수컷 두건물범의 두툼한 콧속에는 탄력 높은 핑크색 코주머니가 들어 있다. 번식기 때 수컷 두건물범들은 이 주머니에 공기를 불어넣어 코를 마치 풍선처럼 부풀리는데, 이는 암컷을 유혹하거나 경쟁자에게 경고의 메시지를 보낼 때 사용된다. 브라키오사우루스 또한 두툼한 코를 부풀려서 이와 유사하게 의사소통을 하지는 않았을까? 평화로운 식사 시간을 즐겼을 것으로 추정되는 브라키오사우루스는 아마 가까이에서 얼씬거리는 동료에게 맛있는 나뭇잎의 위치를 알려주거나, 혹은 "이 나무는 내 거니깐 다가오지 마!" 하며 신호를 보냈을 수도 있다.

어쩌면 브라키오사우루스는 이 두툼한 코를 이용해 위에서 언급한 일들을 모두 해냈을지도 모른다. 물론 이것은 추측일 뿐이다. 코를 덮고 있던 연부조직은 화석으로 보존되지 않기 때문이다. 그러나 재채기를 할 때마다 정수리에서 콧물이 발사되는 브라키오사우루스의 모습은 확실히 영화 속에서나 가능한 일이다.

원스 어폰 어 타임 인 아메리카

브라키오사우루스가 세상에 알려진 지 벌써 100년이 넘었다(그 유명한 티라노사우루스보다 2년 앞서 보고되었다). 하지만 살아 움직일 것만 같은 영화 속 모습과는 달리 학자들은 브라키오사우루스에 대해 거의 아는 것이 없다. 왜냐하면 브라키오사우루스의 화석이 굉장히 희귀하기 때문이다. 브라키오사우루스가 발견되는 미국의 쥐라기 후기

아파토사우루스Apatosaurus
'속이는 도마뱀'이란 뜻으로, 이 공룡의 꼬리뼈를 이루는 혈관궁이 공룡이 아닌 수생파충류인 모사사우루스의 것과 비슷해서 붙은 학명이다.

카마라사우루스Camarasaurus
'아치형의 방 도마뱀'이란 뜻으로, 아치 모양의 척추 윗부분이 마치 빈방처럼 비어 있어서 붙은 학명이다.

지층인 모리슨층Morrison Formation에서만 해도 지금까지 겨우 20마리 정도밖에 발견되지 않았다. 같은 지층에서 목긴공룡인 아파토사우루스*와 디플로도쿠스, 그리고 카마라사우루스*가 100마리 이상씩 발견되는 상황과 비교하면 이는 정말 적은 수다. 게다가 지금까지 발견된 대부분의 브라키오사우루스 뼈화석들은 불완전한 상태로 발견되었다. 멸종한 동물에 대한 정보를 화석증거에만 의존해야 하는 고생물학자들에게 브라키오사우루스는 정말로 친해지기 어려운 공룡이다.

그럼 브라키오사우루스의 화석은 왜 함께 살았던 다른 목긴공룡들보다 훨씬 적게 발견되는 것일까? 이 질문에 대해서는 세 가지 이유를 생각해볼 수 있다.

첫째, 브라키오사우루스는 물가 근처에서 살지 않았거나 또는 그 주변에서 잘 죽지 않았기 때문이다. 오늘날 우리가 화석을 발견할 수 있는 지층들은 모두 퇴적층이다. 이러한 퇴적층이 만들어지기 위해서는 바람, 물 또는 생물 활동 등에 의해 퇴적물이 쌓여야 하는데, 모리슨층은 대부분 강이나 호수에 퇴적물이 쌓여 형성된 퇴적층이다. 이것은 모리슨층에서 발견되는 공룡들이 강이나 호수 근처에서 주로 서식했거나 적어도 물가 근처에서 죽었음을 의미한다. 그런 이유로 모리슨층에서 200마리 이상 발견된 카마라사우루스의 경우, 강가나 호숫가에 많이 살았거나 그 주변에서 많이 죽었을 것이라고 추정된다. 반면에 우리들의 키다리 아저씨 브라키오사우루스는 퇴적층이 형성되는 물가 근처가 아닌 나무들이 울창한 숲속에서 살았을 가능성이 크다. 화석으로 발견된 20마리의 브라키오사우루스들은 아마 물가로 놀러갔다가 죽은 정말 운 나쁜 녀석들이었을지도 모른다.

둘째, 브라키오사우루스는 덩치가 워낙 커서 화석으로 보존되기가 어렵기 때문이다. 크기가 큰 사체일수록 자연적으로 매몰되기가 쉽지 않다. 매몰되는 데에 시간이 오래 걸리기 때문에 그 과정에서 풍화되거나 다른 생물에 의해 사체가 훼손될 가능성이 높다. 그 결과 보통 큰 동물일수록 온전한 골격으로 보존되기가 어렵다.

셋째, 브라키오사우루스는 당시에 희귀한 공룡이었기 때문이다. 언급한 세 가지 이유 중 가장 단순한 해석이다. 당시에 개체수가 적었기 때문에 당연히 화석으로 많이 보존되지 않았다는 것이다. 하지만 화석기록 자체가 얼마나 불완전한지를 생각해보면 세 가지 중 가장 신빙성이 떨어지는 해석이기도 하다.

이유야 어찌 되었든 브라키오사우루스의 화석은 그리 많이 발견되지 않는다. 이러한 상황은 다른 모든 목긴공룡들도 마찬가지이긴 하다. 그 이유는 앞에서도 언급했듯이 몸집이 큰 동물일수록 죽은 후 자연적으로 매몰되기가 어렵기 때문이다. 퇴적작용에 의해 매몰되는 과정에서 육식공룡이 와서 꼬리를 뜯어가거나, 익룡이 날아와 갈비를 뜯어갈 수도 있다. 다른 초식공룡이 지나다가 실수로 사체를 밟아버리는 경우도 있었을 것이다. 그리고 정말 운이 나쁘면 비가 많이 와서 뼈들이 물살에 휩쓸려 멀리 떠내려가버리는 수도 있다. 그러다가 아예 분실되기도 한다.[2] 결국 거대한 사체가 누워 있던 자리에는 무겁고 단단한 뼈들이 주로 남는다. 그래서 발견되는 대부분의 목긴공룡 뼈화석은 주로 크고 무거운 다리뼈와 엉덩이뼈가 많다. 브라키오사우루스도 예외는 아니었다.

잘 보존되는 게 있는가 하면 유실되기 쉬운 것도 있는 법. 목긴공룡

화석에서 가장 보존되기 힘든 부위는 바로 머리뼈다. 목긴공룡의 머
리뼈와 목뼈가 만나는 부위가 너무 허술해서 머리뼈가 잘 떨어져 나
가기 때문이다. 티라노사우루스나 트리케라톱스처럼 머리가 크고 무
거운 동물은 머리뼈의 무게를 확실하게 지탱해주기 위해 목이 짧고
강하며, 머리뼈와 목뼈가 잘 붙어 있다. 반면에 상대적으로 머리가 작
고 가벼운 목긴공룡은 머리뼈를 지탱하는 데에 많은 힘이 들지 않기
때문에 머리뼈와 목뼈를 연결하는 부위가 머리가 큰 공룡들에 비해
약할 수밖에 없다. 그래서 목긴공룡의 골격화석을 발굴하다가 머리
뼈가 발견되면 정말 '대박!'인 것이다.

그런데 정말 놀랍게도, 이처럼 희귀한 뼈화석인데도 가장 먼저 발
견된 브라키오사우루스의 화석은 바로 머리뼈 부위였다. 첫 발견부
터 엄청난 대박이었던 것이다! 하지만 불행하게도 이 머리뼈를 처음
연구한 사람은 이것이 브라키오사우루스의 머리뼈라는 사실을 전혀
알지 못했다.

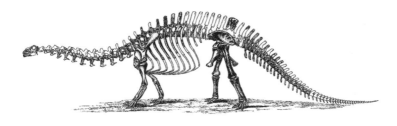

브라키오사우루스의 화석이 최초로 발견된 해는 1883년이었다. 화석 수집가 마셜 펠치가 와이오밍 주에서 처음 발견했는데, 그는 이 머리뼈화석을 발굴하자마자 바로 자신의 상사인 예일대학교의 오스니엘 마시에게 보냈다. 당시 모리슨층에서 발굴된 목긴공룡은 카마라사우루스, 디플로도쿠스, 아파토사우루스, 그리고 브론토사우루스*, 총 4종이었는데 그중 브론토사우루스만 머리뼈가 발견되지 않은 상태였다. 그래서 마시는 이 새로운 머리뼈가 당연히 브론토사우루스의 것이라고 확신했고, 결국 브라키오사우루스의 머리는 엉뚱한 공룡에게 얹혔다. 하지만 얼마 되지 않아 브라키오사우루스의 머리뼈는 스미스소니언자연사박물관으로 강제 이송되었다 (2장을 읽은 사람은 그 이유를 알 것이다). 쫓겨난 브라키오사우루스는 결국 제대로 연구되지 못한 채 어두컴컴한 지하 수장고에서 기나긴 잠을 자야 했다.

브라키오사우루스가 다시 눈을 뜨게 된 것은 1975년이었다. 마시의 브론토사우루스가 브라키오사우루스의 머리뼈를 얹은 키메라*였음이 밝혀진 것인데, 그야말로 땅에서 끄집어낸 지 92년 만의 일이었다. 그것도 공룡에 관심이 많은 한 물리학자에 의해 밝혀진 사실이었다.

브론토사우루스의 머리가 조금 이상하다고 느낀 미국

브론토사우루스Brontosaurus
'천둥 도마뱀'이란 뜻으로, 워낙 몸집이 거대해서 걸어다닐 때 천둥소리가 들렸을 것이라 해서 붙은 학명이다. 하지만 아무리 몸무게가 수십 톤에 이르는 목긴공룡이라도 이들의 발바닥에는 두꺼운 살집이 있어서 조용하게 걸어다녔을 것이다.

키메라chimera
그리스 신화에 나오는 상상의 동물로, 사자의 머리, 양의 몸통, 뱀의 꼬리를 한 괴물을 말한다.

웨슬리언대학교의 물리학자 존 매킨토시[3]는 오래된 문헌들을 조사하던 중에 놀라운 사실을 알아냈다. 이미 1915년에 브론토사우루스의 머리뼈가 발견되었던 것이다. 그런데 왜 그동안 이 사실이 알려지지 않았을까? 브론토사우루스를 엉터리로 복원한 마시는 브론토사우루스의 머리가 발견되기 이전인 1899년에 세상을 떠나고 없었지만, 예일대학교에 남아 있던 그의 추종 세력들은 이 새로운 발견이 그의 명성에 먹칠을 할까 봐 이 사실을 숨겼던 것으로 전해진다. 이 놀라운 사실을 확인한 매킨토시는 숨겨진 브론토사우루스의 머리뼈를 찾아 나섰고, 결국 카네기자연사박물관 지하의 화석 수장고에 숨어 있던 브론토사우루스의 머리뼈를 찾아냈다. 카네기자연사박물관의 데이비드 버먼의 도움으로 매킨토시는 브론토사우루스의 머리를 원래대로 바꿔놓을 수 있었다(컬러도판 18).

그럼 브론토사우루스와 헤어진 브라키오사우루스의 머리는 어떻게 되었을까? 분리된 브라키오사우루스의 머리는 미국 동부유타주립대학교 선사박물관의 케네스 카펜터에 의해 재조립되었다. 화석 원본은 다시 스미스소니언자연사박물관의 화석 수장고로 돌아갔지만 잘생긴 모습으로 재탄생한 머리뼈의 모형은 현재 덴버자연사박물관에서 수많은 어린 공룡 팬들을 맞이하며 미소짓고 있다. 땅에서 나온 지 100여 년 만에 우리의 브라키오사우루스는 활짝 웃을 수 있게 된 것이다.

그렇다면 브라키오사우루스의 나머지 골격은 언제 어떻게 발견되었을까? 머리뼈가 처음 발굴된 후, 이 거대한 목긴공룡의 다리뼈와 척추, 그리고 골반 일부가 1900년에 미국 콜로라도 주에서 발견되었다. 펠치가 머리뼈를 발견하고 약 17년 만의 일이었다. 이 골격을 발굴한 이는 필드자연사박물관의 엘머 리그스인데, 이 목긴공룡의 앞다리뼈가 뒷다리뼈보다 길다는 사실을 신기하게 여겨 1903년, 이 목긴공룡에게 라틴어로 '팔 도마뱀'이란 뜻의 브라키오사우루스 *Brachiosaurus*라는 학명을 지어주었다. 하지만 발견된 부위가 워낙 적어서 브라키오사우루스의 나머지 골격 부위는 상상할 수밖에 없었다. 게다가 당시에는 어느 누구도 박물관 지하에서 브라키오사우루스의 머리뼈가 잠자고 있을 것이라고는 상상도 하지 못했다.

브라키오사우루스가 학계에 보고된 지 6년 후인 1909년, 전혀 생각도 못했던 장소에서 희소식이 전해졌다. 대서양 건너 아프리카 탄자니아의 쥐라기 후기 지층에서 거의 완벽한 브라키오사우루스의 골격 화석이 발견되었다는 것이다. 원형이 거의 온전하게 보존된 골격화석이었다. 그것도 완벽한 머리뼈와 함께!

고생물학자들은 드디어 완전한 모습의 브라키오사우루스를 복원할 수 있게 되었다. 게다가 이 발견은 북아메리카 대륙 이외의 지역에서도 브라키오사우루스가 살았음을 보여준 최초의 사례였다. 깜짝 발견 이후 탄자니아의 브라키오사우루스는 독일로 옮겨졌고, 1937년이 되어서야 완벽하게 조립된 전신 골격이 독일 베를린자연사박물관의 중앙홀에 전시될 수 있었다. 그리고 전시된 브라키오사우루스는 세상에서 가장 키가 큰 공룡골격 표본으로 기네스북에 오르게 되었다.

마침내 학자들은 완벽하게 복원된 브라키오사우루스의 모습에 흐뭇한 미소를 지으며 만족해할 수 있었다. 하지만 하나의 궁금증이 해결되자 또 다른 궁금증이 수면 위로 떠올랐다. 브라키오사우루스가 살던 쥐라기에도 북아메리카 대륙과 아프리카 대륙 사이에는 대서양

이 있었는데(물론 지금보다야 작긴 했지만), 거대한 브라키오사우루스는
과연 어떻게 바다를 건너 대륙을 오갈 수 있었단 말인가?

아웃 오브 아프리카

탄자니아에서 온전한 브라키오사우루스 골격을 발견한 사람은 독일의 고생물학자 베르너 야녠슈와 그의 조수 에트빈 헤니히였다. 두 사람은 1909년부터 1912년까지 4년 동안 탄자니아의 쥐라기 후기 지층인 텐다구루층Tendaguru Formation을 탐사했는데, 해마다 약 500명이나 되는 인부들을 고용해 화석이 묻힌 지층을 샅샅이 뒤졌다. 그 결과 이들은 230여 톤의 공룡 화석을 땅속에서 꺼낼 수 있었다. 하지만 화석지에는 도로도 없고 자동차도 없었기 때문에 모든 화석들은 사람 손으로 직접 운반되었다. 그리고 항구까지 옮겨진 화석들은 전부 선박에 실려 독일로 운송되었다. 당시 독일 돈 약 20만 마르크(현재 시세로 따지면 약 12억 3000만 원)라는 어마어마한 거금이 이 엄청난 공룡 발굴 프로젝트에 투자되었다.[4]

해마다 화석들이 수 톤씩 땅속에서 꺼내져 석고로 포장되고, 항구로 옮겨져 배에 실려 독일로 향했다. 하지만 여기서 고생이 끝난 게 아니었다! 박물관에 도착한 화석들은 조심스럽고 섬세한 작업을 거쳐 깨끗하게 청소되고 조립되었다. 베를린자연사박물관의 한 연구원이 남긴 기록에 따르면 탄자니아에서 온 화석들 중 대부분은 운송되는 과정에서 많이 부서졌다. 어떤 목긴공룡의 어깨뼈는 80여 조각으로 박살이 난 채 도착했는데, 이것을 모두 조립하고 깨끗하게 청소하는 데만 무려 160시간이 걸렸다고 한다. 산산조각 난 브라키오사우루스의 척추를 완벽하게 복원하는 데에 480시간이 넘게 걸렸다는 이야기도 전해진다.

고난도의 입체퍼즐을 맞추느라 가늠할 수 없을 만큼의 시간을 투자한 박물관 연구원들은 머리가 폭발할 정도로 짜증이 났을지도 모른다. 하지만 오랜 시간을 투자해서 얻어낸 결과물들은 정말 놀라웠다. 야녠슈와 헤니히가 가져온 탄자니아의 공룡들은 놀랍게도 북아메리카 대륙의 쥐라기 후기 공룡들과 같았던 것이다. 브라키오사우루스를 포함해 두발 초식공룡 드리오사우루스*, 육식공룡 알로사우루스와 케라토사우루스의 것으로 추정되는 화석들이 확인되었다. 마치 북아메리카 쥐라기의 평행우주를 보는 듯한 느낌이었다!

그렇다면 왜 서로 멀리 떨어진 두 대륙에서 같은 종류의 공룡들이 발견되는 것일까? 이 수수께끼에 대해 고생물학자들은 다양한 해석을 시도했다. 쥐라기 후기 당시에 그리 큰 바다가 아니었던 대서양을 건너갔다는 허무맹랑한 의견, 초대륙 판게아가 분리된 후에 비슷한 환경에서 살던 공룡들이 서로 유사하게 진화했다는 의견 등 다양했다. 하지만 가장 신빙성 있는 의견은 바로 육교를 통해 공룡들이 이동했다는 가설이다.

대륙과 대륙을 이어주는 육교는 여러 방법으로 만들어질 수 있다. 판의 운동에 의해 두 대륙이 만나면서 형성되기도 하지만, 간혹 해수면 변화에 의해 얕은 바다가 육지로 변하면서 서로 떨어진 두 대륙을 이어주기도 한다. 이러한 해수면 변화는 극지방의 빙하가 생성되느냐 사라지느냐에 따라 일어나기도 하며, 바다 밑바닥을 이루는 암석의 부피 변화에 의해 나타나기도 한다. 공룡시대에는 극지방에 빙하가 존재하지 않았기 때문에 빙하보다는 암석의 부피 변화가 해수면 변화에 한몫했을 것으로 여겨진다.

그렇다면 바닷속 암석의 부피 변화는 어떻게 일어나는 것일까? 지구 표면은 여러 개의 판들로 이루어져 있다. 이 여러 개의 판들은 서로 인접하고 있으며, 두 판이 서로 부딪히면 밀도가 큰 쪽이 맨틀 속으로 들어가 소멸하게 된다. 이 현상을 섭입subduction이라 하며, 섭입이 일어나는 지역을 섭입대subduction zone라 부른다. 섭입대에서 밀도가 큰 판이 맨틀 속으로 들어가기 시작하면 반대쪽의 경계가 벌어지게 되는데, 이때 벌어진 경계에서 새로운 암석들이 만들어지면서 새로운 판을 이룬다. 이처럼 판의 경계가 벌어지고 새로운 판이 형성되는 곳을 발산경계divergent boundary라고 부른다.

발산경계에서 갓 태어난 따끈따끈한 암석은 부피가 크지만 시간이 지남에 따라 열을 잃으면서 부피가 점점 줄어든다. 그런데 간혹 판의 경계가 빠르게 확장되어 따끈따끈한 부피 큰 암석들이 갑자기 많이 생성되는 경우가 있다. 이때 부피 큰 암석들이 바다 속을 많이 채우게 되면 해수면은 저절로 올라간다. 마치 우리가 물로 채워진 욕조에 들어가면 수면이 올라가는 것처럼 말이다("유레카!"). 이렇게 되면 낮은 지역들이 침수되면서 육지와 육지가 격리되기도 한다.

반대로 판의 경계가 느리게 확장되어 이러한 부피 큰 암석들이 적게 만들어지면 해수면은 낮아진다. 이때 낮아진 해수면에 의해 육상으로 노출된 얕은 바다의 바닥은 육상동물들에게 자연적인 육교가 되어준다. 공룡들은 이 자연적으로 만들어진 육교를 따라 쉽게 대륙과 대륙을 오갔을 것이다.

그럼 브라키오사우루스가 건넜던 육교는 어디였을까? 아마도 북아메리카 대륙과 아프리카 대륙 가까이에 위치한 유럽이었을 것으로 추정된다. 유럽에서는 공룡시대 당시에 형성된 두꺼운 석회암층이 발견된다. 이는 중생대 때 유럽이 얕고 따뜻한 바다였음을 말해준다. 크고 작은 섬들로 가득한 얕은 바다였기 때문에 해수면이 낮아지면 훌륭한 육교의 역할을 했을 것이다.

유럽이 북아메리카와 아프리카를 이어주었다는 가설은 화석기록으로도 뒷받침된다. 브라키오사우루스와 유사하게 생겼지만 더 오래된 목긴공룡들의 화석들이 영국과 포르투갈, 그리고 알바니아 등지에서 발견되기 때문이다.

해수면이 오르락내리락하다 보면 육교를 건너다가 운 나쁘게 섬에 갇히는 경우도 있었다. 그런데 동물이 섬에 고립되면 문제가 발생한다. 넓은 대륙보다 살 수 있는 땅이 작고 먹이도 적기 때문이다. 몸집이 큰 동물이 작은 섬에 고립되면 먹을거리가 부족하여 굶어 죽을 수 있다. 그래서 몸집이 큰 동물들은 섬에 갇히면 몸집이 작아지는 방향으로 진화한다. 몸집이 작을수록 섬을 넓게 사용할 수 있는데다가 적은 양의 먹이만 먹어도 충분히 살아갈 수 있기 때문이다. 브라키오사우루스와 같은 몸집이 큰 목긴공룡도 예외는 아니었다.

브라키오사우루스의 조상 중 하나는 유럽을 건너다가 작은 섬에 고립되는 바람에 몸집이 시내버스 네 대만 한 크기에서 마을버스 한 대만 한 크기로 줄어들었다. 이 브라키오사우루스의 난쟁이 친척은

육교를 건너다가 고립된 브라키오사우루스. 해수면 변화는 어느 날 갑자기 예고 없이 찾아왔을 것이다.

2006년에 학계에 보고되었는데, 그 이름은 '유럽의 도마뱀'이란 뜻의 에우로파사우루스*Europasaurus*다. 브라키오사우루스와 똑같이 생겼지만 열여섯 배나 작다. 이처럼 큰 동물이 섬에 고립되어 크기가 작아지는 현상을 섬왜소증insular dwarfism이라고 하며, 오늘날에도 지구 곳곳에서 끊임없이 일어나고 있는 현상이다.[5]

이제 브라키오사우루스의 이동경로를 알아보자. 미국에서 아프리카로 넘어갔을까? 아니면 그 반대일까? 아직까지는 자세히 알려진 바가 거의 없다. 화석기록

브라키오사우루스와 에우로파사우루스의 머리뼈
탄자니아의 브라키오사우루스(위)와 독일의 에우로파사우루스(아래). 명절 때 모인 브라키오사우루스 가족들은 키 작은 에우로파사우루스를 놀렸을지도 모른다.
© Nils Knötschke

이 그리 많지 않기 때문이다. 하지만 브라키오사우루스와 이들의 친척들(모두 묶어 브라키오사우루스류라고 부른다)이 유럽에서 기원했을 것이라고 조심스럽게 추정해볼 수는 있다. 브라키오사우루스의 조상과 가까운 목긴공룡들의 흔적이 유럽에서 발견되기 때문이다. 그중 일부는 북아메리카 대륙으로, 일부는 아프리카 대륙으로 이동했을 것이며, 에우로파사우루스처럼 몇몇 운 나쁜 녀석들은 섬에 갇히는 바람에 작아졌을 것이다.

탄자니아의 브라키오사우루스가 베를린자연사박물관에서 우뚝 일어선 지 51년 후인 1988년, 고생물학자이자 과학 저술가 겸 화가인 그레고리 폴은 이 공룡의 골격 복원도를 그리기 위해 박물관을 찾았다. 그런데 박물관에 전시된 골격화석을 유심히 관찰하던 중에 놀라운 사실 하나를 발견했다. 탄자니아의 브라키오사우루스가 북아메리

미안해요, 철수 씨. 전 사실 당신과 다른 종이에요. 저는 기라파티탄이라고요!

영희 씨…

'탄자니아의 브라키오사우루스'는 브라키오사우루스가 아니었다. 일일드라마 소재로도 재미있을 것 같다.

카의 브라키오사우루스와 조금 달랐던 것이다. 탄자니아의 브라키오사우루스는 북아메리카의 녀석보다 더 날씬했고, 척추의 모양도 조금씩 달랐다. 결국 둘은 비슷하게 생겼지만 전혀 다른 공룡이었던 것이다. 그래서 폴은 탄자니아의 브라키오사우루스에게 '거인 기린'이란 뜻의 기라파티탄 Giraffatitan이란 새로운 학명을 붙여주었고, 이를 학계에 발표했다.

하지만 기라파티탄에 대한 폴의 의견은 당시에 그리 쉽게 받아들여지지 않았다. 기라파티탄이 북아메리카의 브라키오사우루스보다 날씬한 것은 어린 공룡이기 때문이라고 반박하는 학자도 있었다. 하지만 무엇보다도 폴이 고생물학과 관련된 학위가 없다는 이유로 의견이 무시된 측면이 크다(오늘날에는 그렇지 않다).

기라파티탄이란 학명이 학계에 발표된 지 약 10년이 지난 후인 1998년, 행운의 여신이 폴의 손을 조금씩 들어주기 시작한 걸까. 1883년에 발견된 브론토사우루스의 머리뼈가 브라키오사우루스의 것임이 밝혀지면서 학자들은 기라파티탄과 브라키오사우루스의 머리뼈를 서로 비교해볼 수가 있었는데, 브라키오사우루스의 콧등이 기라파티탄의 것보다 조금 더 높았음이 확인되었다.

더 나아가 목긴공룡 전문가 마이클 테일러가 폴의 의견에 동의하면서 기라파티탄과 브라키오사우루스 사이에 최소 26가지의 해부학적 차이가 있음을 발견하여 2009년 이를 학계에 보고했다. 결국 탄자니아의 기라파티탄은 브라키오사우루스의 잃어버린 형제가 아닌 날씬한 사촌동생이었던 셈이다.

폴의 놀라운 관찰력 덕분에 우리는 공룡도감에 목긴공룡 한 마리를 더 추가할 수 있게 되었다. 하지만 그 기쁨을 누리기도 전에 고생물학자들에게는 또 다른 고민거리가 생겨버렸다. 20세기 초부터 지금까지 고생물학자들은 브라키오사우루스를 복원할 때 탄자니아에서 발견된 뼈들을 이용했는데, 탄자니아의 목긴공룡이 전혀 다른 공룡이 되어버리면서 브라키오사우루스의 모습이 또다시 베일 속에 가려진 것이다. 게다가 지금까지 북아메리카에서 발견된 브라키오사우루스의 뼈화석들은 너무나도 단편적이어서 더 이상의 자세한 연구가 힘들었다. 기라파티탄의 탄생과 함께 브라키오사우루스는 가장 유명한 목긴공룡임과 동시에 가장 수수께끼에 싸인 목긴공룡이 되어버린 것이다(컬러도판 19).

우리 아이가 커졌어요!

앞에서 언급했듯이 100년 이상 연구를 했는데도 우리는 여전히 브라키오사우루스에 대해 모르는 것이 너무 많다. 하지만 한 가지 사실만은 분명하다. 브라키오사우루스가 아주 거대한 공룡이었다는 것이다. 하지만 키가 6층짜리 건물만 한 이 공룡도 분명히 한때는 작고 연약한 시절이 있었을 것이다. 그렇다면 어린 브라키오사우루스는 얼마만 했을까? 어른 브라키오사우루스도 컸으니까 아기 공룡도 그러했을까? 굉장히 큰 알에서 태어나지는 않았을까?

안타깝게도 브라키오사우루스가 발견되는 모리슨층에서는 그 어떤 공룡의 알화석도 발견되지 않는다. 희귀한 브라키오사우루스뿐만 아니라 100마리 이상씩 흔하게 발견되는 아파토사우루스나 카마라사우루스의 알도 발견하지 못했다. 이들의 알은 모두 어디로 간 것일까?

1987년, 이 사실에 대해 이상하게 여긴 휴스턴자연사박물관의 로버트 바커는 색다른 방향으로 해석을 시도했다. 그는 목긴공룡들의 알화석이 발견되고 있지 않다는 점, 그리고 이들이 크고 넓은 골반을 가지고 있다는 점 때문에 목긴공룡이 알 대신 새끼를 낳았을 것으로 추정했다.[6] 물론 그의 이러한 주장은 발표와 동시에 많은 동료 고생물학자에게서 공격을 받았다. 배아를 몸속에 품어 새끼를 낳는 파충류들이 오늘날 존재하기는 하지만 극히 일부인데다가, 직접적인 화석증거가 없는 상태에서 새끼를 낳았다는 주장을 하는 것은 그리 전문가답지 못한 행위였기 때문이다. 주위 사람들에게서 심한 반박을 당하자 바커는 "어미 아파토사우루스의 뱃속에서 태아의 화석을 이미 발견했다"고 큰소리쳤지만 이 화석은 끝내 공개되지 않았다. 아마도 과거에 매몰될 때 아파토사우루스와 뒤섞인 작은 공룡의 뼈를 보고는 착각을 한 듯싶다.

물론 지금은 목긴공룡이 다른 파충류처럼 알을 낳았다는 것이 정설이다. 애석하게도 아직까지 모리슨층에서는 목긴공룡의 알화석이 발견되지 않았지만, 1990년대부터 아르헨티나, 우루과이, 프랑스, 인도, 중국 등 세계 곳곳에서 목긴공룡의 알화석들이 발견되면서 이들이 알을 낳았다는 사실이 증명되었기 때문이다. 특히 아르헨티나에서 발견된 목긴공룡의 집단 산란지는 상당히 중요한 화석지로 평가받고 있다. '많은 알'이란 뜻의 에스파냐어 아우카 마후에보Auca Mahuevo라고도 불리는 이곳에서는 수천 개나 되는 목긴공룡의 알들이

무더기로 발견되었는데, 학자들은 이곳을 통해 적어도 몇몇 목간공룡들이 집단으로 산란을 했을 것으로 추정한다(컬러도판 20).

이곳의 둥지에는 평균 35개의 알들이 들어 있다. 아우카 마후에보가 중요한 화석지로 평가받는 데에는 알화석이 많이 발견되었다는 이유도 있지만, 무엇보다도 알 속에 아기 공룡의 골격이 온전하게 보존되어 있었기 때문이다. 심지어 아기 공룡의 피부 인상화석까지 발견될 정도로 이 지역의 알화석 보존율은 매우 뛰어나다.

목간공룡이 워낙 거대한 동물이니까 낳은 알 또한 거대할 거라고 생각하는 사람들이 많을 것이다. 하지만 뜻밖에도 목간공룡들의 알은 크기가 작아서 보통 멜론만 하다. 물론 우리들이 마트에서 구입하는 달걀보다는 훨씬 큰 크기이긴 하지만, 이 공룡이 자라서 6층짜리 건물만 해진다고 생각해보면 그들이 낳은 알이 몸집에 비해 얼마나 작은지 알 수 있다. 더 큰 크기의 알을 낳았을 법도 한데 왜 목간공룡들은 이리도 작은 알을 낳았을까? 원인은 알껍데기에 있다.

알껍데기는 새끼한테 상당히 중요한 부분이다. 일부 종류를 제외

다양한 크기의 새알들
왼쪽 위부터 반시계 방향으로
메추라기 알, 닭 알, 타조 알이
다. 공룡 또한 종류에 따라 다
양한 모양의 알을 낳았다. 목긴
공룡의 알은 타조 알과 많이 비
슷하다.
© Rainer Zenz

한 거의 모든 파충류는 단단하거나 질긴 껍질로 이루어진 알을 낳는다. 이 알껍데기가 알 속에 들어 있는 새끼를 따가운 햇빛으로부터 보호해준다. 겉보기에는 그저 단단한 보호막처럼 생겼지만 이들 알껍데기를 자세히 관찰하면 표면에 작은 숨구멍들이 뚫려 있음을 확인할 수 있다. 알 속의 새끼는 이 숨구멍들을 이용해 바깥에서 산소를 공급받는다.

자, 그럼 이 알이 커진다고 생각을 해보자. 알 속에 있는 새끼의 무게를 이기지 못해 알껍데기가 깨질 수 있기 때문에 알 크기가 커질수록 껍데기는 두꺼워진다. 하지만 알껍데기가 두꺼워지면 껍데기에 뚫려 있는 숨구멍도 마찬가지로 길어지기 때문에 알 속 새끼는 숨쉬는 게 힘들어진다. 게다가 나중에 새끼가 깨어나야 할 때 알껍데기가 너무 두꺼우면 깨고 나오기가 힘들지 않은가. 그래서 목긴공룡의 몸은 커져도 알은 상대적으로 작은 크기를 유지할 수밖에 없었다.

그래도 목긴공룡의 멜론만 한 알은 알치고는 큰 크기다. 이것은 오늘날의 타조 알과 비슷한 크기인데, 타조 알 한 개로 달걀 프라이 12인분을 할 수 있다는 것을 감안한다면 정말 큰 알이라 할 수 있다. 목긴공룡의 알은 껍데기도 상당히 두꺼운 편으로, 그 두께가 약 5밀리미터 정도다. 아직 세상 구경도 못한 아기 공룡이 이렇게 두꺼운 알껍데기를 깨고 나오기란 여간 힘든 일이 아니었을 것이다.

하지만 알 속의 아기 공룡들에게는 비밀무기가 있었다. 아우카 마후에보에서 발견된 아기 목긴공룡의 코끝에는 작고 뾰족한 돌기 하나가 튀어나와 있다. 이 돌기는 오늘날의 아기 새나 아기 도마뱀한테서도 볼 수 있는 구조물인데, 아기가 알 속에서 나올 때 이 작고 뾰족한 돌기로 알껍데기를 톡톡 쳐서 깨고 나온다. 이것을 알이빨egg tooth 또는 난치卵齒라고 부르는데, 아기 목긴공룡들도 이 알이빨로 두꺼운 알껍데기를 톡톡 쳐서 깨고 나왔을 것이다.

그럼 이 귀여운 아기 공룡들이 알에서 깨어 나오기까지 어느 정도의 시간이 걸렸을까? 현재로서는 알 길이 없다. 산란부터 부화까지 걸리는 시간은 화석기록으로 남지 않기 때문이다. 하지만 오늘날 살아 있는 동물들을 보며 추정해볼 수는 있으리라.

현생 동물 중 단단한 껍데기로 덮여 있는 알을 낳는 동물은 새, 도마뱀, 악어 등이 있다. 이들의 알은 모두 온도의 영향을 많이 받는다. 우선 온도가 높고 낮음에 따라 알 속 새끼의 부화일이 당겨지거나 늦춰지는데, 보통은 온도가 높을수록 알 속의 새끼가 빠르게 성장하며 부화일이 앞당겨진다. 온도 변화에 따라 가장 극단적인 변화를 보이는 알로는 사막이구아나Dipsosaurus dorsalis의 알이 있다. 보통 이들의 적정 부화온도는 섭씨 30도 정도지만 온도를 4도 높게 되면 부화기간이 33퍼센트나 감소한다. 부화기간이 83일에서 56일까지 줄어드는 놀라운 변화다.

그리고 알의 크기가 크면 클수록 부화하는 데에 시간이 더 오래 걸린다. 뻐꾸기Cuculus canorus와 타조Struthio camelus의 알을 예로 들어보자. 어른의 엄지손가락보다 작은 뻐꾸기 알은 부화하기까지 보통 12일 정도 걸린다. 반면에 거대한 타조 알은 57일 정도 걸린다. 목긴공룡의 알은 타조 알과 크기가 비슷하니까 얼추 비슷하게 시간이 걸리지 않았을까?

온도는 알 속 새끼의 성장속도와 부화기간에 영향을 미치지만 간

물 위로 머리를 내민 귀여운 아기 카이만악어 Caiman
아기 악어의 성별은 알 속에 있었을 때의 온도에 의해 결정된다.

혹 악어나 거북의 경우처럼 새끼의 성별을 결정하는 중요한 변수로 작용하기도 한다. 북미악어Crocodilus mississipiensis의 경우에 섭씨 29.4도에는 암컷이, 이보다 조금 높은 섭씨 32.7도에서는 수컷이 부화한다. 반면에 거북은 악어와 정반대다. 바다거북의 경우에 섭씨 28도 이하에서는 수컷이, 섭씨 29.5도 이상에서는 암컷이 부화한다(섭씨 28~29.5도 범위에서는 암수가 각각 50퍼센트의 비율로 부화한다). 이러한 경우를 온도 의존성 성결정TSD, Temperature dependent Sex Determination이라 한다. 하지만 모든 알 속의 새끼들이 온도에 의해 성이 결정되는 것은 아니다. 악어와 거북과는 반대로 새는 부모에게서 이어받은 성염색체에 의해 성별이 결정되는데, 이것을 유전자형 성결정GSD, Genotypic Sex Determination이라고 한다.

그렇다면 목긴공룡은 어땠을까? 온도에 의해 아기의 성별이 결정되었을까? 현재로서는 전혀 알 수가 없다. 하지만 온도 의존성 성결정보다는 유전자형 성결정을 했을 가능성이 높아 보인다. 그 이유는 바로 공룡의 살아 있는 친척들이 대부분 유전자형 성결정을 하기 때문이다. 일반적으로 알려진 사실과는 달리 대부분의 파충류들은 유전자형 성결정을 하며, 목긴공룡의 또 다른 친척인 새들도 마찬가지다. 이렇듯 살아 있는 대부분의 친척들이 유전자형 성결정을 하기 때문에 공룡들 또한 그러했을 가능성이 크다.

50일 정도의 부화기간을 거친 후, 아기 목긴공룡은 형제들과 함께 세상 밖으로 나갈 준비를 했을 것이다. 코에 있는 뾰족한 알이빨로 알껍데기를 콕콕 찍어 구멍을 내고, 그 구멍으로 고개를 쑥 내밀었을 것이다. 엄마 공룡의 얼굴을 보기 위해 아기 목긴공룡들은 설레는 마음으로 고개를 들었을지도 모른다. 하지만 올려다본 하늘에는 엄마도 아빠도 보이지 않았을 것이다. 엄마와 아빠 모두 알을 땅속에 파묻고는 다른 곳으로 여행을 떠났기 때문이다. 그리고 다시는 아기들을 보러 둥지로 돌아오지 않았을 것이다. 마치 바다거북처럼 말이다.

남아 있는 가족이라고는 형제자매뿐인 우리의 귀여운 아기 목긴공룡은 스스로 삶을 개척해나가야만 했다. 거대한 육식공룡과 악어, 그리고 거대한 익룡들이 있는 무시무시한 세상에서 살아남기 위해 아기 공룡에게는 몸을 보호할 무기가 필요했다. 하지만 작은 아기 목긴공룡에게는 트리케라톱스처럼 뾰족한 눈썹뿔이 있는 것도 아니고, 스테고사우루스처럼 가시 달린 꼬리가 있는 것도 아니었다. 게다가 달리기에 적합한 다리 구조를 가지고 있는 것도 아니니 타조공룡처럼 재빠르게 도망갈 수도 없었다.

목긴공룡의 가장 큰 무기는 바로 가시도 뿔도 아닌 엄청난 몸집이다. 몸무게가 수십 톤 이상 나가다 보니 지나가다 부딪히기만 해도 육식공룡의 갈비뼈쯤은 너끈히 부러뜨릴 수 있으며, 앞에서 포식자가 위협하더라도 그냥 밟고 지나가면 그만이다. 하지만 조그마한 치와와만 한 아기 목긴공룡에게는 이러한 파워를 기대할 수 없다. 그래서 이들은 한 가지 방법을 택했다. 바로 많이 먹고 빠르게 자라는 것이었다.

학자들이 알아낸 바로는 목긴공룡의 성장속도는 상당히 빨랐다. 멜론만 한 알에서 태어난 아기 아파토사우루스는 몸길이 약 27미터, 몸무게 약 30톤 정도 되는 어른이 되기 위해 하루에 14킬로그램씩 무게를 늘려야만 했으며, 완전한 성체가 되는 데에는 약 15년밖에 걸리지 않았을 것으로 추정된다. 그러니까 우리가 중학교 2학년일 때, 아파토사우루스는 사회로 진출할 시기가 되는 것이다.

그럼 아파토사우루스보다 조금 더 무거운 브라키오사우루스는 하루에 얼마씩 몸무게가 늘어났을까? 현재 브라키오사우루스의 성장에 대한 연구는 이루어지지 않았다. 100마리 이상 발견된 아파토사우루스와는 달리 브라키오사우루스는 발견된 화석 수가 너무 적어서 자세한 연구를 할 수 없기 때문이다.

그래도 희망은 있어 보인다. 그렇게 희귀하다는 브라키오사우루스지만 놀랍게도 아기 브라키오사우루스의 것으로 추정되는 골격화석이 미국 와이오밍 주에서 발견되었기 때문이다. 2004년에 발견되어 '토니'라는 애칭으로 불리는 작은 송아지만 한 목긴공룡의 화석이다. 처음에 이 화석을 연구한 학자들은 이 작은 공룡이 어린 디플로도쿠스일 것이라고 추정했지만, 2009년에 다시 연구된 결과에 따르면 어린 브라키오사우루스일 가능성이 크다. 어른 브라키오사우루스도 잘 발견되지 않는 상황에서 어린 브라키오사우루스가 발견된 것은 숲속에서 산삼을 찾은 것보다도 더 놀라운 일이다. 하지만 아기와 어른 사이를 이어줄 만한 청소년기 브라키오사우루스의 화석이 발견되지 않았기 때문에 정확한 성장속도에 대해서는 아직 알 수가 없다. 브라키오사우루스는 아파토사우루스보다 약 20톤은 더 무거웠기 때문에 아마 성장속도도 더 빠르고 몸무게도 더 빨리 늘지 않았을까 싶다.

하루에 몸무게가 14킬로그램씩 증가하며 초고속으로 성장을 한다 해도, 아기 공룡이 어른이 되기까지는 수년의 세월이 걸리기 때문에 포식자인 육식공룡들의 손쉬운 표적이 되었을 것이다. 그래서 이들

에게는 든든한 지원군이 있었을 수도 있다. 베네수엘라의 안경카이만악어*Caiman crocodilus*는 한 마리의 어미가 자신의 자식들뿐만 아니라 다른 어미의 자식들까지 한꺼번에 돌보는 탁아소를 운영한다. 이유는 잘 알려지지 않았지만 아마도 한꺼번에 여러 가정의 아기들을 모아놓고 기르는 것이 에너지 소모가 덜하기 때문인 것으로 추정된다. 목긴공룡들도 이러한 탁아소를 운영했을 것이라고 단정 짓기는 힘들다. 하지만 자신의 몸을 보호할 만한 무기가 그다지 없었던 어린 목긴공룡에게 이러한 탁아소가 있었다면 정말 유용했을 것이다.

매일매일 열심히 먹으며 몸집을 키운 우리의 목긴공룡은 열다섯 살 생일을 맞으면 비로소 어른이 되었을 것이다. 하지만 어른이 된 이후에도 이들의 생활은 크게 변하지 않았다. 이제는 거대한 몸집을 유지하기 위해 많이 먹어야 했기 때문이다. 평소에 먹는 것을 좋아하는 사람이라면 브라키오사우루스의 이러한 삶이 부러울 수도 있겠다. 하지만 맨날 밥만 먹는다고 생각하면 정말 지루한 나날들이 아닐 수

내 아이를 키우는 방법

동물의 번식전략에는 크게 두 가지가 있다. 바로 적은 수의 새끼를 낳고 애지중지 키우는 K-전략종 K-strategists과 많은 수의 새끼를 낳고는 돌보지 않는 r-전략종r-strategists이다. K-전략종은 새끼를 많이 낳기보다는 새끼가 안전하게 어른이 되게끔 키우는 쪽으로 에너지를 집중 투자하는 종류로 사자나 백조, 그리고 임신기간이 긴 코끼리와 고래가 대표적이다. 반면에 r-전략종은 새끼를 키우기보다 많이 낳는 쪽으로 에너지를 집중하는 종류로 바다거북이 대표적이다.

두 가지 전략은 서로 극단적인 차이를 보이는 것만 같다. 하지만 둘 다 개체수를 유지하는 데에 좋은 방법이다. K-전략종의 경우에 천재지변으로 새끼를 잃으면 부모는 큰 타격을 입지만, 그런 뜻밖의 사고가 생기지 않는 한 새끼는 어른이 될 때까지 부모의 보살핌을 받으며 안전하게 자라난다. 다른 동물이 새끼를 잡아먹으러 왔을 때 부모의 도움으로 위기를 모면할 수도 있다.

반면에 r-전략종의 새끼는 부모의 도움을 거의 받지 않기 때문에 다른 동물에게 잡아먹히는 경우가 많다. 그래서 대부분의 새끼들은 어른이 채 되기도 전에 세상을 떠난다. 하지만 이들은 물량전이다. 아무리 배가 고픈 포식자라 해도 수많은 새끼들을 모두 먹어버릴 수는 없다. 게다가 천재지변이 일어나도 새끼의 숫자가 워낙 많다 보니 모조리 죽는 경우는 없다.

아우카 마후에보와 다른 지역에서 발견된 목긴공룡의 집단 산란지를 살펴보면 모두 많은 양의 알들이 매몰되어 있으며, 주변에는 어른 공룡들이 머물렀다는 흔적이 전혀 발견되지 않는다. 게다가 이 집단 산란지에 목긴공룡의 둥지들이 여러 층마다 겹겹이 쌓여 있는 걸로 봐서 그들이 해마다 산란지로 돌아와 알을 낳았음을 알 수 있다. 이러한 사실들을 종합해볼 때, 목긴공룡은 적은 수의 새끼를 낳고 애지중지 키우는 코끼리보다 많은 알을 낳고 떠나버리는 바다거북과 비슷해 보인다. 결국 브라키오사우루스는 물량으로 밀고 나가는 r-전략종이었을 가능성이 크다.

둥지 밖으로 몰려 나오는 새끼 장수거북들
카리브 해의 아루바에서 새끼 장수거북들이 둥지 밖으로 기어나오고 있다. 이들은 태어나자마자 부모의 도움 없이 바다를 향한 험난한 여정에 오른다. 브라키오사우루스도 이와 비슷했을지 모른다.
ⓒ Elise Peterson

없다. 그래도 이들은 이러한 삶을 쥐라기부터 백악기가 끝날 때까지 약 1억 4000만 년간 유지했다. 왜 그랬을까?

슈퍼 사이즈 미

일단 몸집이 크면 좋은 점이 두 가지 있다.

첫째, 천적이 줄어든다. 오늘날 살아 있는 육상동물 중 가장 큰 몸집을 가진 동물은 아프리카코끼리다. 몸무게가 보통 5톤 정도 나가는 아프리카코끼리에게는 천적이 없다(인간 빼고는 말이다). 너무 거대하기 때문에 아프리카에서 가장 큰 육식동물인 사자도 함부로 이 거구를 건드리지 못한다. 따라서 아프리카코끼리보다 열 배나 더 무거운 브라키오사우루스한테는 그 어떤 포악한 육식공룡도 함부로 덤비지 못했을 것이다(컬러도판 22). 당시 함께 살았던 대형 육식공룡으로는 알로사우루스와 토르보사우루스*가 있지만, 둘 다 브라키오사우루스의 어깨에도 못 미치는 크기였다.

둘째, 힘든 시기를 오랫동안 버틸 수가 있다. 몸집이 크면 많은 양의 먹이를 먹어 체내에 영양분들을 저장해놓을 수 있다. 그래서 건기때나 가뭄이 들면 작은 동물들에 비해 오랫동안 먹이를 먹지 않고서도 버틸 수 있다. 앞에서 언급한 아프리카코끼리는 건기에 먹이가 없어서 며칠씩 굶어도 살아남을 수가 있다.

하지만 동전의 앞면과 뒷면처럼 큰 몸집에는 단점도 존재한다. 몸집이 큰 동물들은 다리와 발이 기둥처럼 변한다(컬러도판 21). 이러한 다리와 발 구조는 무거운 몸을 효과적으로 지탱하는 데에는 알맞다. 하지만 부드러운 진흙 위를 걸어다

토르보사우루스_Torvosaurus_
'야만적인 도마뱀'이란 뜻으로, 흉폭하게 생긴 외모 때문에 붙은 학명이다.

목긴공룡 디플로도쿠스의 골격
디플로도쿠스는 브라키오사우루스와 함께 쥐라기 후기 북아메리카 대륙을 돌아다녔던 목긴공룡이다. 거대한 몸집 덕에 육식공룡들이 함부로 건드리지 않았지만, 간혹 겁도 없이 덤비는 녀석들에게는 꼬리를 채찍처럼 휘둘러 따끔한 맛을 보여주었을 것이다.

닐 때에는 땅을 내리누르는 무게가 분산되지 않기 때문에 진흙 속으로 쑥 빠져버린다. 이렇게 진흙 속으로 빠진 기둥 모양의 다리는 내리누르는 몸의 무게 때문에 점점 더 깊이 진흙 속에 박히게 된다. 그런 이유로 진흙으로 둘러싸인 연못이나 호수가 말라서 형성되는 찐득찐득한 진흙 밭에서 코끼리와 같은 거대한 동물들이 잘 빠져 죽는 것이다. 거대한 목긴공룡도 마찬가지였다. 기둥 모양의 다리 때문에 진흙 밭에 빠져 죽은 목긴공룡들의 화석이 미국 유타 주와 몬태나 주에서 발견되기도 했다.

몸집이 크면 안 좋은 또 다른 이유는 쉽게 멸종될 수 있다는 것이다. 몸집이 작은 동물은 주어진 환경범위에서 많은 수가 존재할 수 있다. 몸집이 작다 보니 공간도 많이 차지하지 않고 식량도 많이 필요 없기 때문이다. 그래서 천재지변이 일어나 개체수가 절반으로 줄어든다 하더라도 워낙 숫자가 많아서 큰 타격을 입지 않는다. 반대로 몸집이 큰 동물은 공간도 많이 차지하고 식량도 많이 필요로 하기 때문에 주어진 환경범위에서 그리 많은 수가 존재할 수 없다. 어떤 사건에 의해 개체수가 절반만 줄어들어도 작은 동물보다 상대적으로 훨씬 많이 줄어드니 멸종위기종이 되기 쉽다.

쥐와 코끼리를 예로 들어보자. 쥐 8만 마리가 생존할 수 있는 조그만 화산섬이 있다고 가정한다. 어느 날 화산이 폭발해 쥐 숫자의 절반인 4만 마리가 목숨을 잃었다고 하자. 절반이 줄었어도 여전히 4만 마리가 살아남았기 때문에 이 쥐는 화산섬에서 멸종할 확률이 적다. 하지만 똑같은 섬에서 코끼리는 두 마리만 겨우 생존할 수 있다. 이때 화산이 폭발해 코끼리의 숫자가 절반으로 줄어들었다고 가정해보자. 코끼리에게는 아주 치명적인 일이 아닐 수 없다. 달랑 한 마리만 남게 되니 말이다. 그래서 같은 자연재해라 해도 덩치가 큰 동물일수록 손해가 크다는 것이다.

이러한 문제들이 있긴 했지만 목긴공룡들은 백악기 후기까지 번성했다. 많은 공룡들이 진흙 속에 빠져 죽고 마릿수가 절반이 줄어들어도, 앞에서 언급했듯이 이들은 수많은 2세들을 낳았기 때문에 쉽게 그 숫자가 줄어들지 않았다. 그리고 이러한 위험을 부담해야 했음에도 큰 몸집이 갖는 장점이 워낙 좋아서 덩치를 계속 유지했던 것으로 보인다(컬러도판 23).

우리들이 알고 있는 대부분의 목긴공룡들은 몸집이 거대하지만 이들이 처음부터 몸집이 거대했던 것은 아니다. 지금으로부터 2억 3000만 년 전, 그러니까 브라키오사우루스보다 7600만 년 이전에 등장한 가장 오래된 목긴공룡인 판파기아*는 45인치 텔레비전만 한 크기였다. 몸집이 작고 가

판파기아 *Panphagia*
'모든 것을 먹어버리는 자'란 뜻으로, 입안에 들어갈 만한 거의 모든 걸 먹었을 것이라고 여겨 붙인 학명이다.

나는 판파기아야. 나중에 커서 엄청 큰 공룡이 될 거라고!

판파기아는 가장 오래된 목긴 공룡이다. 비록 덩치는 작았지만, 이 공룡이 있었기에 쥐라기 때 거대한 덩치들이 등장할 수 있었다.

에오랍토르 *Eoraptor*
'새벽의 약탈자'란 뜻으로, 가장 오래된 육식공룡으로 추정되어 붙여진 학명이다. 하지만 이들은 육식공룡보다는 오히려 초식공룡인 목긴공룡과 더 가까운 사이다.

벼웠기 때문에 이들은 네 발이 아닌 두 발로 뛰어다닐 수 있었으며, 전체적인 모습은 비슷한 시기에 살았던 육식공룡 에오랍토르*와 비슷하게 생겼다.

원시 목긴공룡과 원시 육식공룡은 서로 닮을 수밖에 없었다. 목긴공룡과 육식공룡인 수각류는 서로 같은 조상에게서 갈라져 나왔기 때문이다. 그러니까 목긴공룡과 육식공룡은 서로 친척이라는 말이다. 아마도 육식공룡 에오랍토르와 판파기아의 식단도 비슷했을지 모른다. 에오랍토르는 입에 들어갈 만한 작은 곤충이나 소형 원시파충류를 잡아먹었을 것이며, 판파기아는 에오랍토르처럼 작은 곤충과 동물들을 먹되 식물이 주가 되는 식단을 짰을지도 모른다.

하지만 판파기아와 같은 작은 원시 목긴공룡들의 삶은 쥐라기로 접어들면서 바뀌었다. 약 2억 년 전부터 이들이 살던 초대륙 판게아가 갈라지기 시작했는데, 이때 대륙이 갈라지는 경계를 따라 엄청난 화산폭발이 일어나기 시작했다. 화산들이 폭발하면서 대량의 이산화탄소가 대기 중으로 방출되었고, 이는 지구온난화를 일으켰다. 대기 중으로 방출된 대량의 이산화탄소와 따뜻한 기후가 판파기아와 같은 원시 목긴공룡이 먹고 사는 식물들을 빠른 속도로 자라게 만들었다. 하지만 이렇게 빠른 속도로 성장한 식물의 영양가는 일반적인 속도로 자란 식물에 비할 데 없이 적었다.[7] 영양가가 적은 식물을 먹어야 했던 동물들은 예전보다 훨씬 많은 양의 식물을 먹어야 필요한 만큼의 영양분을 얻을 수 있었다. 그래서 판파기아와 다른 원시 목긴공룡들은 이전보다 훨씬 많은 양의 식물들을 먹기 시작했다.

게다가 식물을 이루는 질긴 셀룰로오스를 분해시키는 데에 오랜 시간이 걸리기 때문에 소화기관이 길어져야 했다. 소화기관이 길어지다 보니 배가 커지고 몸도 무거워지기 시작했는데, 몸이 무거워지는 바람에 움직이는 데에 많은 에너지가 소모되었다. 그래서 이들은 최대한 움직이지 않고 에너지를 아끼면서 넓게 흩어져 있는 식물들을 훑을 수 있도록 긴 목을 발달시키기 시작했으며, 길어진 목과 균형을 맞추기 위해 꼬리 또한 길어지기 시작했다.[8]

이들은 쥐라기 후기로 갈수록 배가 커지고 목과 꼬리가 길어지면서 점차 우리들에게 익숙한 목긴공룡의 모습으로 변했다. 하지만 이들의 머리는 끝까지 작은 크기로 남게 되었다. 많은 양의 먹이를 한꺼번에 먹기 위해서는 큰 입이 달린 큰 머리가 유용하겠지만, 길고 가느다란 목은 크고 무거운 머리를 들어올릴 수가 없었다. 그래서 목긴공룡의 머리는 다른 부위들과는 달리 커지지 않았다.

하지만 기다란 목과 작은 머리를 가진다는 것은 위험한 일이었다. 머리가 심장보다 수 미터나 높이 있는 까닭에 피를 뇌까지 공급하기 위해서는 혈압이 높아야 했기 때문이다. 어떤 학자는 브라키오사우루스가 엄청 높이 있는 머리로 피를 보내야 했기 때문에 미니쿠퍼 두 대만 한 크기의 심장을 가졌을 것으로 추정했다. 하지만 혈압이 너무 높아지면 또 다른 문제가 생긴다. 브라키오사우루스가 물을 마시기 위해 고개를 숙였다가는 심장에 의해 펌프질되는 엄청난 양의 피가 한꺼번에 쏠려 머리가 폭발해버릴지도 모르기 때문이다. 그래서 브라키오사우루스 같은 목긴공룡은 머리가 혈압에 의해 폭발하는 것을 막기 위해 목과 머리 근처에 혈압을 조절하는 특수한 핏줄을 가졌을지도 모른다. 오늘날의 기린처럼 말이다.

기린은 오늘날 살아 있는 육상동물 중 가장 긴 목을 가졌으며, 동시에 세상에서 가장 높은 혈압을 가진 동물이기도 하다.[9] 3미터나 되는 동맥을 따라 뇌까지 피를 펌프질해야 하기 때문에 이들은 심장 또한 강하다. 엄청난 혈압을 견뎌내는 데에 적합한 이들의 심장은 벽의 두께가 약 8센티미터로 타이어 두께와 맞먹는다. 기린 또한 엄청난 혈압 때문에 머리가 폭발해버릴 수가 있는데, 턱 밑에 존재하는 원더네트wonder net라는 망 형태의 핏줄 구조가 있어서 머리로 흘러들어 가는 혈압을 낮춘다. 오늘날의 기린이 이러한 구조를 가지고 있는 걸로 봐서 쥐라기의 기린이었던 브라키오사우루스 또한 이와 유사한 구조를 갖고 있지 않았을까?

목긴공룡은 목이 워낙 길다 보니 목의 내부를 이루는 기관과 세포 또한 전부 길어질 수밖에 없었다. 특히 목긴공룡의 반회신경recurrent laryngeal nerve은 그 어떤 척추동물의 것보다 길었을 것이다. 반회신경은 뇌에서 후두부를 자극하는 신경세포로, 우리들이 침을 삼키거나 말을 할 수 있도록 도와주는 고마운 세포다. 하지만 동시에 반회신경은 지구 역사상 가장 쓸데없이 길어진 세포이기도 하다. 그 이유는 뇌줄기(뇌 밑에 위치한 부위)에서 출발해 바로 턱밑의 후두부로 이어져야 할 것이 뇌줄기에서 출발해 목 밑에 위치한 대동맥을 감고 올라와 턱밑으로 연결되기 때문이다. 쉬운 지름길을 놔두고 동네 한 바퀴를 빙 돌아온 것이나 마찬가지다.

하지만 이 세포는 원래 이렇게 쓸데없이 길지는 않았다. 원래 반회신경은 원시어류의 아가미 뒤를 지나가던 신경이었다. 그리고 그 아가미와 신경 사이로 대동맥이 지나갔고, 아가미 뒤쪽에 심장이 위치해 있었다. 어류에게는 목이 없기 때문에 이것이 당시에는 반회신경이 뇌줄기에서 턱밑으로 연결되는 최적의 경로였다. 하지만 시간이 지남에 따라 이들에게 목이 생기고, 아가미와 신경 사이에 존재하던 대동맥이 심장을 따라 목 아래로 후퇴하자 대동맥과 심장 사이를 지나가던 반회신경 또한 길게 늘어지면서 뒤따라갈 수밖에 없었다. 당시에는 최적의 선택이었던 경로가 지금 와서는 쓸데없는 우회로가 되어버린 것이다.

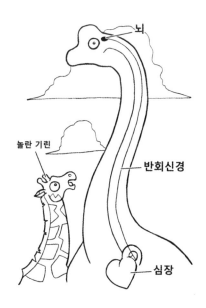

반회신경은 뇌에서 출발해 목 밑의 대동맥을 감고 다시 올라오는, 지구 역사상 가장 쓸데없이 길어진 세포다. 오늘날 목이 가장 긴 동물인 기린의 반회신경은 거의 5미터나 된다. 그럼 기린보다 훨씬 긴 목을 가진 브라키오사우루스는 어땠을까?

다행히 사람은 목이 짧기 때문에 이 반회신경이 겨우 10센티미터밖에 되지 않는다. 반면에 목이 긴 기린의 반회신경은 그 길이가 4.6미터나 된다. 그럼 기린보다 몇 배나 긴 목을 가진 목긴공룡은 어땠을까? 브라키오사우루스의 경우, 반회신경의 길이가 약 18미터 정도 되었을 것이다. 세포 하나가 아파트 6층 높이와 맞먹는 셈이다![10]

브라키오사우루스의 반회신경이 길다 하더라도 더 긴 신경세포도 있었다. 바로 브라키오사우루스의 뇌에서 출발해 꼬리 끝까지 이어지는 감각신경이다. 적어도 20미터쯤 되었을 것으로 추정된다. 하지만 몸집이 크고 신경세포가 길면 단점이 있다. 바로 뇌로부터 멀리 떨어진 부위의 통증이 늦게 전달된다는 것이다. 느리게 전달되는 통각(통증을 느끼는 감각) 속도는 초속 0.5미터 정도다. 육식공룡에게 꼬리 끝이 물리면 우리의 브라키오사우루스는 적어도 40초 후에 아픔을 느꼈을 것이다!

내겐 너무 가벼운 그녀

이처럼 엄청난 크기의 몸을 계속해서 움직이기 위해 브라키오사우루스는 끊임없이 많은 양의 산소를 들이마셨을 것이다. 하지만 식사하기 편하라고 발달된 긴 목은 이때 또다시 걸림돌이 된다. 브라키오사우루스가 코로 빨아들인 산소가 폐까지 이동하기 위해서는 공기가 12미터나 되는 기도를 타고 들어가야 한다. 이때 몸에서 생성된 이산화탄소는 같은 기도를 타고 밖으로 나가야 하기 때문에 몸속에서 기다려야 한다. 반대로 숨을 내쉬면서 이산화탄소를 배출시킬 때는 외부의 산소 공급이 잠시 끊겨버린다. 게다가 기도의 길이가 너무 길다 보니 숨을 들이쉬고 내쉬는 시간이 오래 걸릴 수밖에 없다. 숨쉬는 데에 시간이 이렇게 오래 걸린다면 제때 충분한 산소가 몸으로 공급되기가 힘들다. 이렇게 되면 브라키오사우루스는 저산소증 때문에 자주 실신해야 한다.

하지만 브라키오사우루스에게는 한 가지 대안이 있었다. 바로 뼛속까지 확장된 폐 구조였다. 브라키오사우루스를 포함한 모든 목긴공룡은 척추에 플루로실pleurocoel이란 빈 공간이 있다.[11] 이 구조는 오늘날의 새한테서도 관찰되는 구조인데, 이 공간 안에는 폐와 연결된 공기주머니가 있다. 이 공기주머니는 폐로 전달할 산소를 미리 받아 놓은 다음, 공룡이 숨을 내쉴 때 폐로 신선한 산소를 공급해주었다. 게다가 이 구조는 몸 구석구석으로 산소를 전달해주는 역할도 해주었을 것이다. 이처럼 특수한 폐 구조 덕분에 목긴공룡들은 끊임없이 신선한 공기를 온몸으로 보낼 수 있었다.

놀라운 사실은 이 특수한 폐 구조가 목긴공룡이 몸집이 작았던 시절인 2억 3000만 년 전부터 존재했다는 것이다. 몸집이 작은 원시 목긴공룡들에게 왜 산소를 온몸으로 보내주는 효과적인 폐 구조가 필요했던 것일까? 아마도 당시의 낮은 산소 농도 때문이었을 것으로 추정된다. 공기 중의 산소농도가 낮아 숨쉬기가 어렵다 보니 산소를 끊임없이 공급해 줄 수 있는 특수한 폐가 필요했을 것이고, 초기 목긴공룡들은 폐의 내부 표면적을 확장해서 공기 중의 산소를 최대한 빨아들였을 것이다. 그리고 확장된 폐의 일부분은 척추뼈 속으로 들어가기 시작했을 것이다.

그렇다면 2억 년 전 지구의 대기 중 산소농도가 낮았다는 사실은 어떻게 알 수 있을까? 오스트리아 인스브루크대학교의 광물학자 랄프 타페르트와 연구팀은 2억 2000만 년 전 호박 속에 갇힌 식물 화석을 이용해 과거 대기의 산소농도를 추정했다. 광합성을 하던 식물 속에 남아 있는 탄소 동위원소 비율을 이용해 당시의 대기 중 산소농도를 계산한 것이다(이 연구에 사용된 식물 화석은 538개나 된다). 연구팀이 계산한 트라이아스기의 대기 중 산소농도 값은 10~15퍼센트 사이에 해당했다. 대기 중 산소농도가 21퍼센트인 오늘날과 비교하면 절반밖에 되지 않는 수치다. 이 정도면 공룡을 보러 과거로 갔다가 빈혈로 쓰러질지도 모른다. 물론 과거로 되돌아갈 수만 있다면 말이다.

그렇다면 원시 목긴공룡이 처음 등장했을 당시에는 왜 산소농도가 그리도 낮았던 걸까? 대기 중 산소농도가 낮아진 계기는 공룡시대 이전에 일어났던 사건 때문일 것으로 추정된다. 공룡시대가 시작되기 전인 고생대 페름기 말, 여러 개의 크고 작은 대륙들이 모여 초

브론토사우루스의 꼬리뼈에 선명하게 보존된 플루로실(하얀 화살표)
이 특별한 구조 덕분에 목긴공룡은 몸이 가벼워지고 효과적으로 숨을 쉴 수가 있었다.
© Mathew J. Wedel, Michael P. Taylor

메탄 하이드레이트methane hydrate
압력이 높고 온도가 낮은 극지방이
나 심해에서 메탄이 물과 결합해
고체 상태로 있는 물질이다.

대륙 판게아를 형성하게 되었다. 이 초대륙이 형성되는 과정에서 대규모 화산폭발이 시베리아 지역에서 일어났다. 이때 일어난 지속적인 화산폭발 때문에 대기 중으로 대량의 이산화탄소가 유출되었는데, 대량의 이산화탄소는 전 지구적인 온실효과를 일으켰을 것으로 여겨진다. 게다가 엎친 데 덮친 격으로 상승한 기온 때문에 바다 밑바닥에 존재하던 메탄 하이드레이트*가 불안정해져서 대량의 메탄가스가 대기 중으로 유출되었을 것이다. 바다 밑바닥에서 유출된 메탄가스는 공기 중의 산소와 결합하여 더 많은 이산화탄소를 만들어내게 된다. 이러한 이상 현상들이 수천 년, 수만 년 동안 반복되자 날씨는 더워지고 산소는 부족해졌으며, 결국 산소가 희박한 공룡시대를 만들었을 것이다.

저산소 환경에 살아남기 위해 진화된 원시 목긴공룡의 특수한 폐 구조는 나중에 목긴공룡들이 거대해지는 데에 큰 도움을 주었다. 뼛속까지 발달한, 폐와 연결된 공기주머니들 때문에 몸집이 커져도 몸무게가 상대적으로 가벼웠던 것이다. 살아남기 위해 필사적으로 발달시킨 폐가 이들을 공룡시대의 덩치들로 만들어주는 데에 얼떨결에 도움을 준 셈이다. 사실 이러한 공기주머니가 있었을 것으로 추정되기 이전에는 브라키오사우루스의 몸무게가 최대 80톤 정도 나갔으리라고 계산되었다. 지금은 공기주머니의 존재가 알려지면서 브라키오사우루스의 몸무게는 예전보다 거의 절반이나 줄어들게 되었다.

저산소 환경에서 효과적인 호흡활동을 하기 위한 폐 구조는 목긴공룡만의 특허는 아니었다. 뼛속까지 침투하는 이 폐 구조는 사실 육식공룡한테도 발견되고 있어서 아마 이 둘의 공통조상 때부터 이러한 구조가 나타났을 것으로 여겨진다. 재미있는 사실은 육식공룡과 목긴공룡의 이러한 공기주머니 폐 구조가 오늘날 이들의 후손인 새들에게서도 관찰된다는 것이다. 이 구조를 가리켜 우리는 '기낭'이라 부른다. 이 기낭을 이용해 새들은 몸을 가볍게 해서 하늘을 날 수 있고, 산소가 상대적으로 희박한 높은 고도에서도 잘 날아다닐 수 있는 것이다.

말할 수 없는 비밀

매일매일 영양가 적은 먹이를 작은 머리로 최대한 빨리, 그리고 많이 먹어야 했던 목긴공룡은 음식을 씹을 시간도 아까워했다. 그래서 이들은 어금니로 먹이를 잘게 써는 뿔공룡이나 맷돌처럼 갈아버리는 오리주둥이공룡과는 달리 그저 가느다란 이빨, 또는 숟가락 모양의 이빨로 식물의 잎사귀들을 앞으로 긁어모아 바로바로 삼키기만 했다. 먹이를 그냥 삼키기만 하다 보니 소화가 잘 되지 않았을 것이다.

  그래서 이들은 매우 흥미로운 소화방법을 개발했다. 바로 자갈을 이용한 방법이었다. 숲속에서 맛있는 식사를 하던 브라키오사우루스는 속이 더부룩할 때 근처 강가로 향했다. 강가에 도착한 브라키오사우루스는 천천히 고개를 숙여 주변에 있는 예쁜 자갈들을 하나씩 물어 삼켰을 것이다. 공룡이 자갈을 먹다니. 미친 짓처럼 보일 수도 있지만 이들이 삼킨 자갈들은 뱃속에서 서로 부딪히며 질긴 식물들을 잘게 갈아주었다. 이 자갈들은 위 뒤에 위치한 주머니 속에 저장되었는데, 이 주머니를 모래주머니gizzard라고 부른다. 모래주머니는 오늘날의 닭이나 오리한테서도 볼 수 있는 구조인데, 우리가 먹는 맛있는 닭똥집 요리가 사실은 닭의 모래주머니다. 1억 년 전의 목긴공룡은 여러분 식탁 위의 닭과 비슷한 소화기관을 가지고 있었던 셈이다.

모래주머니는 두꺼운 벽을 가진 매우 질긴 기관이지만 뼈만큼 단단하지는 않다. 그래서 모래주머니 자체는 화석으로 보존되지 않는다. 그렇다면 목긴공룡에게 모래주머니가 있었다는 사실을 우리는 어떻게 알 수 있었을까? 모래주머니 화석이 없는 대신에 목긴공룡의 모래주머니 속을 채우고 있던 돌들이 발견되는데, 수십 개의 마모된 돌들이 모래주머니의 위치에 해당하는 배 부위에 모여 있는 상태로 주로 발견된다. 이 돌들을 위석이라 부르며, 학자들은 공룡의 배 쪽에 모여 있는 위석을 보고 모래주머니의 존재를 추정할 수 있는 것이다.

이제 브라키오사우루스의 모래주머니에는 보통 몇 개의 위석이 들어 있었는지 궁금해진다. 하지만 아직은 알 길이 없다. 위석을 갖고 있는 브라키오사우루스의 화석이 아직 발견되지 않았기 때문이다. 미국 유타 주에서 발견된 목긴공룡 케다로사우루스*의 경우, 115개의 위석이 발견되었다. 브라키오사우루스가 케다로사우루스보다 두 배 정도 몸집이 크기 때문에 위석도 두 배 정도 더 많지 않았을까 추정해볼 수는 있지만, 브라키오사우루스보다 조금 더 큰 목긴공룡인 디플로도쿠스 할로룸*의 경우, 64개의 위석이 발견되었기 때문에 몸집이 클수록 더 많은 위석을 가지고 있었다고 보기는 어려울 것 같다. 어쩌면 필요에 따라 삼키는 위석의 수가 달랐을지도 모른다.

위석에 대한 연구가 가장 잘 이루어진 목긴공룡은 조금 전에 언급한 케다로사우루스다. 25인승 관광버스 두 대만 한 케다로사우루스는 약 7킬로그램의 위석을 가지고

케다로사우루스Cedarosaurus
'시더의 도마뱀'이란 뜻으로, 미국의 백악기 전기 지층인 시더마운틴층Cedar Mountain Formation에서 발견되었기 때문에 붙은 학명이다.

디플로도쿠스 할로룸
Diplodocus hallorum
디플로도쿠스는 '두 개의 기둥'이란 뜻으로, 혈관궁이라 불리는 꼬리 밑에 줄지어 위치한 뼈가 마치 두 개의 기둥처럼 생겨서 붙은 속명이다. 종명인 할로룸은 아마추어 고생물학자 제임스 홀의 이름을 따온 것이다. 이 공룡은 한때 '지진 도마뱀'이란 뜻의 "세이스모사우루스Seismosaurus"라고도 불렸다.

있었는데, 이 중 가장 큰 위석의 무게는 약 700그램이었다. 케다로사우루스가 삼키느라 애먹었을 것으로 보이는 큰 위석 몇 개도 함께 발견되었다. 돌을 삼키는 과정에서 질식하지 않은 게 신기할 따름이다. 이들이 삼킨 돌 중에는 엄청나게 단단하기로 유명한 규암도 있는데, 단단한 돌일수록 오래 사용할 수 있다는 사실을 이들이 알고 있었던 것 같기도 하다. 케다로사우루스가 삼킨 돌 중에는 퇴적암인 처트가 많았는데, 위석을 연구하던 아마추어 고생물학자 프랭크 샌더스는 이 처트 속에서 작은 미화석들을 발견했다. 화석 속의 화석인 셈이다.

뱃속에 저장된 위석들을 계속 사용하다 보면 이것들이 마모되어 음식물을 잘 분해하지 못하게 된다. 이때 오늘날의 새들은 모래주머니의 위석을 뱉어내고는 새로운 돌들을 골라 삼킨다. 공룡도 마찬가지였을 것이다. 특히 질기고 영양가가 거의 없는 식물들을 먹고 산 이들은 자신들이 섭취한 식물들을 최대한 분해시키기 위해 위석을 정말 잘 골라야 했을 것이다.

아프리카의 짐바브웨에서 발견된 어느 원시 목긴공룡은 적어도

20킬로미터 떨어진 지역에서 위석을 주워왔을 것으로 추정되고 있다. 이는 목긴공룡이 얼마나 위석을 신중하게 골랐는지를 보여주는 좋은 예다. 자갈을 찾으러 다니는 목긴공룡을 따라가는 것은 마치 쇼핑을 하는 여자친구를 따라가는 것과 비슷했을지도 모른다.

소화를 다 시키고 나면 먹이가 들어간 반대 방향으로 어마어마한 것들이 나오기 시작한다. 바로 똥이다. 특히 목긴공룡은 많은 양을 먹었으니 당연히 많은 양의 똥을 쌌을 것이다. 그럼 브라키오사우루스의 똥은 얼마나 거대했을까? 아쉽게도 현재까지 브라키오사우루스의 분석(똥화석)이 학계에 보고된 적은 없다. 그리고 더욱 아쉬운 것은 브라키오사우루스의 분석을 이미 발견했다 하더라도 이것이 브라키오사우루스의 것인지, 혹은 다른 공룡의 것인지 구분할 방법이 전혀 없기 때문에 우리는 영원히 브라키오사우루스의 똥에 대해 알지 못할 수도 있다.

그럼 브라키오사우루스가 발견되는 모리슨층에서 가장 큰 분석을 찾아보면 되지 않을까? 어차피 브라키오사우루스는 모리슨층에서 발견되는 가장 큰 공룡 중 하나이기 때문이다. 하지만 모리슨층에서 발견된 가장 큰 분석은 브라키오사우루스의 것이 아니었다. 2000년, 뉴밀레니엄이 시작되는 해에 유타 주에서 길이가 무려 1.5미터, 너비 0.4미터, 두께 10.2센티미터인 거대한 분석이 발굴되었다. 바게트 빵 두 개를 길게 이어놓은 길이와 비슷하다. 조그만 뼛조각들이 이 분석 속에서 발견되었기 때문에 학자들은 이 똥의 주인을 육식공룡 알로사우루스일 것으로 추정하고 있다. 브라키오사우루스의 분석이었다면 뼛조각 대신 식물조직들이 들어 있었을 것이다.

모리슨층에서 발견된 초식공룡의 분석 중 가장 큰 것은 너비가 약

40센티미터인데, 사실 만족스러울 만큼 크지는 않다. 이것은 다른 거대 목긴공룡들이 발견되는 지층에서도 마찬가지다. 육식공룡의 똥이 더 크게 보존되고 초식공룡의 똥은 작은 크기로 발견된다. 왜 그럴까?

초식공룡의 분석
미국 와이오밍 주의 쥐라기 후기 지층인 모리슨층에서 발견되었다. 어떤 초식공룡의 똥인지는 알 수 없다.
© Tommy

미국 콜로라도대학교의 분석 전문가(그렇다. 공룡의 똥을 전문으로 연구하는 과학자도 있다!) 캐런 친에 따르면 공룡의 똥 자체가 원래 보존되기 힘들다. 똥이 분석으로 보존되기 위해서는 만들어진 지 얼마 되지 않아 바로 매몰되어야 하는데, 보통은 매몰되기 이전에 비나 바람에 의해 흩어지거나 다른 동물이 밟고 지나가 없어지기 때문이다.

친은 당시 공룡과 함께 살았던 작은 벌레들이 공룡의 똥을 분해시킨 증거들도 발견했다. 1996년에는 쇠똥구리가 파먹은 초식공룡의 분석을 학계에 보고하기도 했다. 오늘날의 사바나에서 쇠똥구리들이 코끼리의 똥을 먹어치우는 것처럼 1억 년 전에도 이러한 일들이 일어났음을 보여준 최초의 사례였다. 그녀는 2009년에 초식공룡의 분석 속에서 달팽이 화석들을 발견하기도 했는데, 이 달팽이들은 산 채로 매몰당하기 전에 따끈따끈한 공룡 똥을 먹고 있었을 것이다. 어쩌면 수많은 작은 동물들이 초식공룡의 거대한 똥들을 먹어치워서 초식공룡의 분석이 현재 별로 남지 않은 것일 수도 있다.

그런데 이상하다. 왜 작은 동물들은 육식공룡의 똥 말고 초식공룡의 똥만 파먹은 것일까? 이것은 두 동물의 소화능력과 큰 연관이 있다. 고기를 먹고 사는 육식동물들은 소화능력이 매우 뛰어난데다가 소화시키기 쉬운 고기만 먹기 때문에 영양가 없는 찌꺼기만 똥으로 배설한다. 입으로 들어간 먹이가 완벽하게 소화되다 보니 똥 속에는 다른 동물들이 재활용할 만한 것들이 별로 남아 있지 않다.

반면에 초식동물은 소화시키기 어려운 식물을 먹는다. 이들은 발달된 이빨과 긴 소화기관, 그리고 장내에 박테리아까지 키워가면서 힘들게 소화를 시키지만, 그래도 이들이 배설한 똥에는 원래 식물에 들어 있던 영양분의 절반가량은 남아 있다. 게다가 이들의 똥은 분해된 섬유소로 이루어져 있기 때문에 부드럽기까지 하다. 그래서 쇠똥구리나 달팽이같이 작은 동물들의 입장에서는 영양가가 좋고 부드러운 초식동물의 똥을 더 선호할 수밖에 없는 것이다. 부드러운 초식동물의 똥은 결국 육식동물의 똥보다 더 많이 분해되고 만다. 아마도 브라키오사우루스의 똥은 당시에 살던 조그만 동물들이 전부 먹어버렸을지도 모른다. 비록 그다지 깨끗해 보이지는 않았겠지만, 무심결에 크게 본 볼일로 수만 마리의 숲속 식구들을 먹여 살렸을 것이다.

공룡의 똥에는 벌레의 흔적이나 달팽이들만 발견되는 것은 아니다. 공룡의 몸속에 살고 있는 생물의 흔적이 분석에 보존되는 경우도 있다. 미국 오리건주립대학교의 조지 포이너 2세와 연구팀은 초식공룡 이구아노돈의 것으로 추정되는 분석 속에서 기생충의 알화석 두 종류와 유충 한 종류를 발견했다. 오늘날 살아 있는 동물들처럼 과거의 공룡들도 기생충 때문에 고생했던 모양이다.

다행히 지금 발견되는 공룡의 분석에서는 냄새가 나지 않는다. 오랜 시간이 지나면서 광물로 변했기 때문이다. 이렇게 유기물이 광물로 변해 단단해지는 것을 석화petrification라고 부른다. 이렇게 단단하게 석화되는 과정은 침투permineralization와 치환replacement, 크게 두 가지로 구분된다. 이 중 가장 흔히 볼 수 있는 침투현상은 유기물이 매몰되었을 때 주변의 지하수에 녹아 있던 광물이 조금씩 스며들어가 침전되는 것으로, 매몰된 유기물의 모양과 구성은 그대로 유지하면서 단단하게 변하는 현상이다. 그래서 침투현상에 의해 석화된 공룡의 배설물은 모양만 유지하고 있을 뿐 냄새가 나지 않는 것이다.

반면에 치환은 매몰된 유기물의 구성성분이 천천히 다른 광물로 대체되는 현상이다. 주로 방해석, 실리카, 황철석, 적철석으로 대체되는 경우가 많은데, 특히 실리카와 석영으로 치환된 분석은 아름다운 색상을 띠기 때문에 보석상에서 보석으로 취급된다. "네 시작은 미약하나 그 끝은 창대하리라"라는 성경 구절은 오랜 시간이 지나 아름답게 치환된 공룡의 똥을 가장 잘 표현하는 듯싶다.

공룡의 똥은 석화작용을 거쳐 분석이 된다. 그럼 공룡의 오줌은 과연 화석기록으로 남을 수 있을까? 놀랍게도 그럴 수 있다! 물론 오줌은 물로 이루어진 것이기 때문에 오줌 자체가 화석기록으로 남지는 못한다. 대신에 오줌이 고여 있던 흔적이 발견되는 경우가 있는데, 이 흔적화석을 학자들은 오줌석urolite이라 부른다.

공룡의 오줌석은 지금까지 브라질과 미국 와이오밍 주, 겨우 두 지역에서만 보고된다. 굉장히 희귀한 화석이다. 브라질에서 발견된 작은 크기의 오줌석은 두발 초식공룡의 것으로 추정되고 있다. 반면에 미국 와이오밍 주에서 발견된 양동이 모양의 큰 오줌석은 브라키오사우루스 같은 거대한 목긴공룡의 소행일 가능성이 크다.

먹은 음식을 소화시키다 보면 뱃속에서는 엄청난 양의 가스가 생산되는데, 브라키오사우루스도 마찬가지였다. 오줌이나 똥과는 달리

옆 동네 영희가 드디어 변비를 해결했나 보네.

타임머신을 타고 공룡시대로 간다면 풍경은 멋있었을 것이다. 하지만 냄새는 장담 못한다. 공룡들은 많이 먹고 많이 뀌었기 때문이다.

공룡의 방귀는 화석기록으로 남을 수 없다. 하지만 이들이 얼마나 많은 양의 방귀를 뀌었는지를 계산한 사람들이 있다.

리버풀존무어스대학교의 데이비드 윌킨슨과 연구팀은 몸무게가 20톤인 목긴공룡 한 마리가 하루에 1.9킬로그램의 메탄가스를 배출했을 것으로 추정했다. 오늘날의 소가 하루에 0.2~0.3킬로그램의 메탄을 배출한다는 사실을 생각해보면 이는 엄청난 양인 것이다. 더 나아가 윌킨슨은 목긴공룡들이 1년 동안 배출하는 메탄가스의 양이 약 5억 톤에 이르렀을 것으로 추정했는데, 이는 오늘날의 모든 반추동물들(소, 기린 등)이 한 해에 공기 중으로 배출하는 메탄가스의 양과 맞먹는다.

흥미로운 사실은 쥐라기가 끝나고 백악기가 되면서 지구의 평균기온이 많이 올라갔다는 것이다. 목긴공룡의 방귀가 중생대 말에 일어난 지구온난화 현상에 한몫하지는 않았을까? 이것이 사실이라면 브라키오사우루스나 우리는 지구의 환경을 바꾼 동물이라는 점에서 비슷할 것이다. 다만 브라키오사우루스의 방귀는 다른 공룡들이 살기 좋은 따뜻한 세상을 만들었지만, 우리들이 일으킨 환경 변화는 많은 생물들에게 해를 끼치고 있다는 점에서 차이가 있어 보인다.

1. 티라노사우루스류 타르보사우루스의 오른쪽 뒷발. 닭발과 상당히 유사하다.

2. 미국자연사박물관에 전시된 알로사우루스. 티라노사우루스와 달리 머리가 양옆으로 납작하다. © Ryan Somma

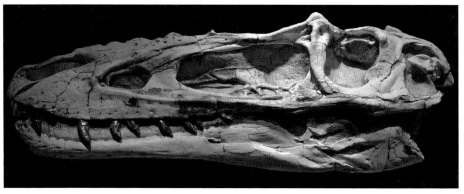

3. 몽골의 티라노사우루스류 알리오라무스의 머리뼈. 특이하게도 이 티라노사우루스 사촌은 길쭉한 주둥이에, 콧등에는 혹들이 나 있었다. © Clément Bardot

4. 캐나다 로열티렐박물관의 티라노사우루스류 알베르토사우루스의 청동 모형. 새끼(앞)와 성체(뒤)를 함께 전시했다. © D'Arcy Norman

A.M.5458

5. 1923년, 미국자연사박물관에 전시될 준비를 하고 있는 티라노사우루스류 고르고사우루스. 상체를 든 구시대의 자세를 취하고 있다.

6. 미국자연사박물관에 전시된 티라노사우루스. 꼬리를 들고 몸을 수평으로 눕힌 현대식 자세를 취하고 있다. © Raul

7. 미국 로키박물관에 전시된 어른 티라노사우루스 머리(왼쪽)와 청소년기의 티라노사우루스 머리(오른쪽). 티라노사우루스는 자라면서 주둥이가 짧아지며 이빨 개수도 줄어든다. © Tim Evanson

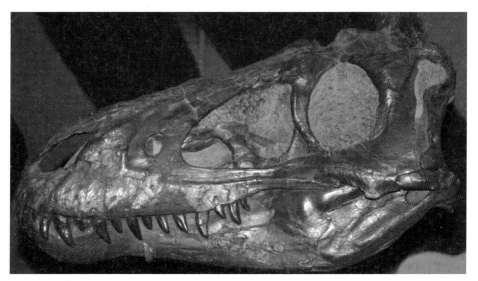

8. "나노티라누스"로 불리는 티라노사우루스류. 그냥 어린 티라노사우루스라고 보는 고생물학자들이 많다. © James St. John

9. 오스트레일리아 빅토리아박물관에 전시된 센트로사우루스의 머리뼈. 콧등의 기다란 뿔이 인상적이다. © Sainterx

10. 독일 젠켄베르크자연사박물관에 전시된 트리케라톱스. 머리가 크고 무거워서 무게 중심이 몸의 앞쪽으로 쏠려 있다.

11. 미국 캘리포니아대학교에 있는 아기와 어른 트리케라톱스의 머리뼈. 아기 트리케라톱스(앞)의 머리는 너무 작아서 어른 트리케라톱스(뒤)의 콧구멍 안에 쏙 들어간다. © EncycloPetey

12. 트리케라톱스와 같은 시
대에 살았던 뿔공룡 토로사우
루스. 긴 프릴에는 둥근 모양
의 구멍이 한 쌍 뚫려 있다.
© Chhe

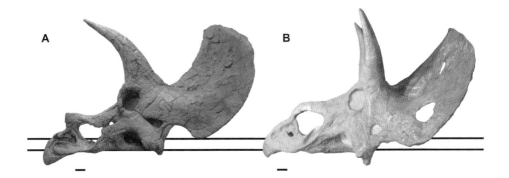

13. 트리케라톱스(A)와 네도케라톱스(B)의 머리뼈 비교. 서로 다른 종이라고 보지만, 네도케라톱스가 그저 늙고 병든 트리케라톱스라고
생각하는 고생물학자도 있다. © John B. Scannella, John R. Horner

14. 성체 파키케팔로사우루스의 머리. 25센티미터 두께의 정수리에는 많은 상처들이 나 있다. 아마도 파키케팔로사우루스는 박치기 선수였을 것이다. © emf1947

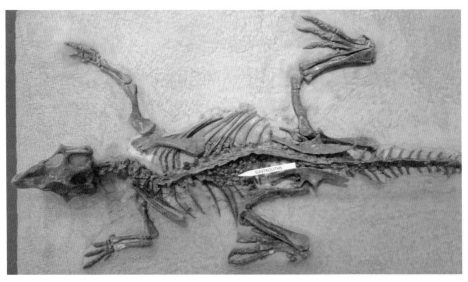

15. 몽골에서 발견된 프시타코사우루스의 골격. 갈비뼈 밑에 작은 위석들이 모여 있는 것을 확인할 수 있다. © Daderot

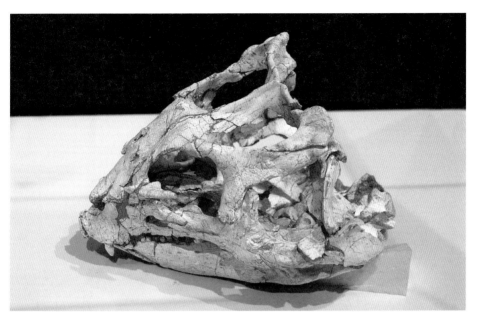

16. 중국에서 발견된 원시 뿔공룡 인롱. 비록 뿔과 프릴은 없지만, 부리뼈가 있어 뿔공룡임을 알 수 있다. © Kabacchi

17. 세상에 보고된 공룡 중 가장 큰 몸집을 가진 목긴공룡 아르겐티노사우루스. 발견된 척추뼈 중에는 높이가 1.6미터나 되는 것도 있다.

© William Irvin Sellers, Lee Margetts, Rodolfo Aníbal Coria, Phillip Lars Manning

18. 미국 피보디박물관에 서 있는 목긴공룡 브론토사우루스. 한때 다른 목긴공룡인 아파토사우루스의 한 종으로 여겨져 한동안 브론토사우루스로 불리지 못했다. ⓒ Matt Wedel

19. 미국 오헤어공항에 전시된 브라키오사우루스의 골격 복제품. 하지만 아직까지 그 어느 누구도 완벽한 브라키오사우루스의 골격을 발견한 적이 없다. © James St. John

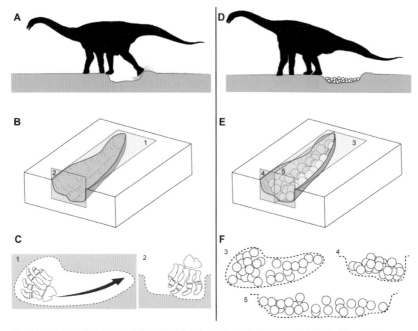

20. 에스파냐 피레네 산맥의 남쪽에서 발견된 둥지 화석을 토대로 재현한 목긴공룡의 둥지 만드는 법(A→E순).
© Bernat Vila, Frankie D. Jackson, Josep Fortuny, Albert G. Sellés, Àngel Galobart

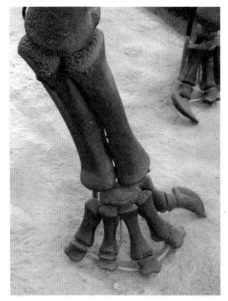

21. 목긴공룡 바로사우루스의 앞발.
무거운 몸을 효과적으로 지탱하기 위해 발 모양이 기둥처럼 변했다.
© Eden, Janine and Jim

22. 미국 페로자연과학박물관에 전시된 목긴공룡 알라모사우루스(왼쪽)와 티라노사우루스(오른쪽). 이 둘은 같은 시기에 살았는데, 아무리 공룡의 왕 티라노사우루스라도 거대한 몸집의 알라모사우루스를 혼자 사냥하는 건 힘에 부쳤을 것이다. © Rodney

23. 캐나다 로열온타리오박물관에 전시된 목긴공룡 푸탈로근코사우루스. 백악기 후기에 살았던 이 공룡은 목긴공룡들이 얼마나 거대해졌는지를 보여주는 좋은 예다. ⓒ Esv

24. 영국 리버풀세계박물관에 전시된 육식공룡 메갈로사우루스. 학계에서 가장 먼저 학명을 붙여준 공룡이다.

ⓒ Rept0n1x

25. 미국자연사박물관의 중앙홀에 두 발로 서 있는 바로사우루스. 실제로 두 발로 설 수 있었는지에 대해서는 아직 말이 많지만, "뼈만 보고는 코끼리의 재주를 알 수 없다"는 말이 있듯이 가능성이 아예 없다고 얘기하고 싶지는 않다. © Greg

26. 미국 드렉설대학교에 있는 하드로사우루스. 최신 자료에 따라 복원된 골격 전시물이다. © Jim, the Photographer

27. 영국 런던자연사박물관의 중앙홀을 지키고 있는 목긴공룡 디플로도쿠스 '디피'. 해처가 제작에 참여했던 이 골격 복제품은 1905년 박물관에 기증되었다. © Loz Pycock

28. 벨기에왕립자연사박물관에 전시된, 구시대 자세를 취하고 있는 이구아노돈. 모두 벨기에의 베르니사르에서 발견된 개체들이다.

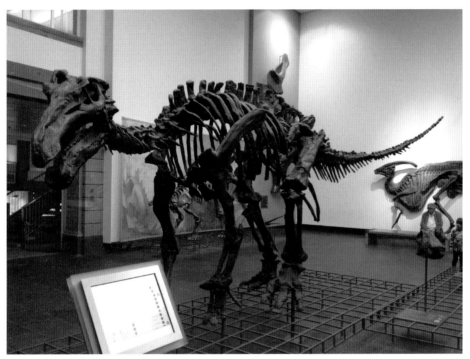

29. 독일 젠켄베르크자연사박물관에 전시된 이구아노돈. 꼬리를 올리고, 네 발로 걷는 올바른 자세를 취하고 있다.

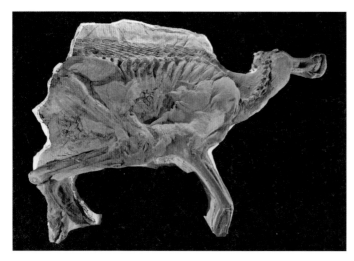

30. 1999년에 미국 다코타 주에서 발견된 브라킬로포사우루스의 미라화된 화석. 피부까지 온전하게 발견된 이 공룡은 현재 '가장 보존율이 좋은 공룡 화석'으로 기네스북에 올라가 있으며, '레오나르도'라는 애칭으로 불린다.

31. 일본 후쿠이현립공룡박물관에 전시된 이구아노돈류 오우라노사우루스. 등에 솟아 있는 척추가 마치 부채를 연상시킨다.

32. 백악기 후기까지 살아
남은 이구아노돈류 라브도
돈. 루마니아에서 발견되
었다.

33. 미국 필드자연사박물관의 데이노니쿠스.
눈에 위치한 뼈(경와륜)는 눈을 지지하는 역할을 한다.

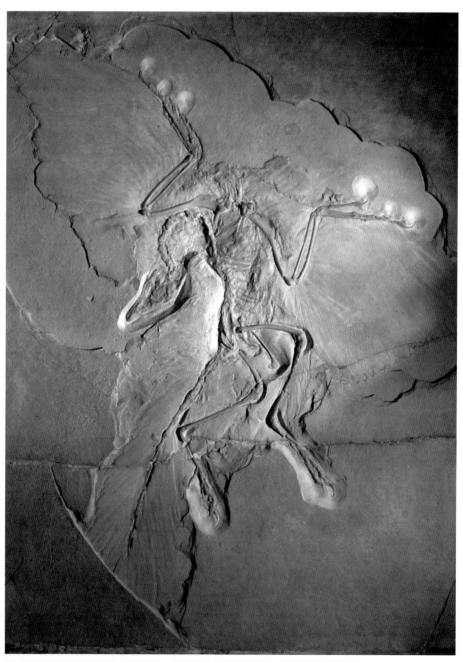

34. 독일 베를린자연사박물관에서 소장하고 있는 시조새 화석. 새도 곧 공룡이라는 사실을 알려준 화석이다. © H. Raab

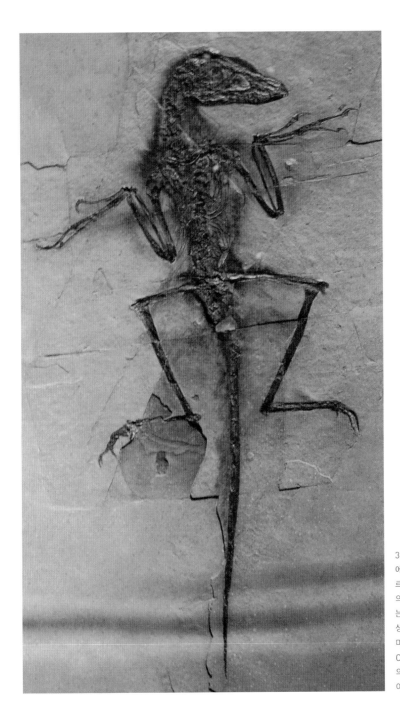

35. 미국자연사박물관에 전시된 깃털공룡 시노르니토사우루스 '데이브'의 복제품. 애칭 '데이브'는 이 화석을 연구한 고생물학자가 좋아하는 코미디 듀오인 '치치와 총 Cheech and Chong'의 상황극에서 따온 이름이다. © Dinoguy2

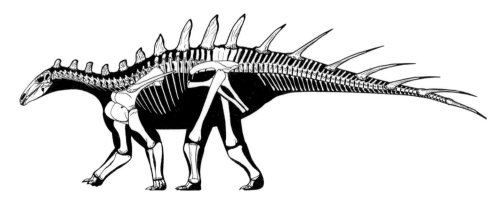

36. 다켄트루루스의 최신 골격 복원도. 특이하게도 이들은 어깨에 뼈로 된 가시를 달고 있다. © Jaime A. Headden

37. 미국 로스앤젤레스자연사박물관에 전시된 알로사우루스(왼쪽)와 스테고사우루스(오른쪽). 포식자와 피식자 관계를 확실하게 보여주는 한 쌍이다. © Gleep!!

오줌과 똥을 누는 방법

오늘날의 아프리카코끼리는 하루에 200리터의 물을 마시고 10리터의 오줌을 눈다. 그럼 아프리카코끼리보다 열 배나 더 무거운 브라키오사우루스는 이보다 많이 마시고 많은 오줌을 누었을까? 둘 다 큰 육상동물이긴 하지만 사실 코끼리와 브라키오사우루스는 오줌을 누는 방법이 전혀 다르다.

포유류인 코끼리는 체내에 생성되는 독성물질인 암모니아를 약한 독성물질인 요소로 바꿔 물과 함께 내보낸다. 그래서 코끼리처럼 많은 양의 오줌을 누는 동물을 가리켜 요소배출ureotelic 동물이라 부른다. 개, 고양이, 그리고 사람을 비롯한 모든 포유류는 요소배출 동물에 포함된다.

반면에 브라키오사우루스, 티라노사우루스, 트리케라톱스 등을 비롯한 모든 공룡과 이들을 포함하는 파충류는 물을 아끼는 방향으로 진화했다. 생활하면서 몸속에 쌓인 암모니아를 요산으로 바꾸어 아주 적은 양의 물과 함께 내보내는 것이다. 이러한 동물들을 가리켜 요산배출uricotelic 동물이라 부른다.

그러면 왜 포유류와 파충류는 서로 다른 방법으로 몸속의 독소를 배출하는 것일까? 그것은 이들의 조상들이 등장했던 시기의 환경과 관련이 크다. 원시파충류들이 처음 등장한 약 3억 년 전 지구는 상당히 건조한 곳이었다. 그래서 이들은 물이 없는 환경에서 물을 최대한 아껴야만 했다. 그래서 적은 양의 물을 이용해 독소를 배출하는 방법을 개발시켰다. 반면에 포유류가 처음 등장한 약 2억 년 전에는 이전보다 먹을 수 있는 물이 풍부했다. 그래서 이들은 물을 많이 사용하는 방향으로 진화하게 된 것이다.

과연 어떤 것이 더 좋은 방법일까? 사실 두 가지 다 장단점이 있다. 포유류처럼 물을 많이 이용하면 몸속의 독소가 잘 희석되어 오줌이 건강에 그리 해가 되지 않는다. 반면에 파충류는 물을 적게 사용하기 때문에 체내의 독소가 덜 희석된다. 그래서 몸속에 오줌이 쌓이게 되면 건강에는 좋지 않을 수 있다. 하지만 물이 거의 없는 불모지에서 오래 생활하려면 파충류처럼 물을 아끼는 것이 더 좋다. 물을 많이 이용하는 포유류는 매번 물을 많이 마셔야 하기 때문에 물 없는 건조한 환경에서 살아가기가 힘들다.

포유류와 파충류의 오줌을 누는 차이는 여기서 그치지 않는다. 포유류는 오줌이 나오는 요도와 똥이 나오는 항문이 분리되어 있다. 그래서 이들은 오줌과 똥을 따로따로 배출하는 경우가 많다. 반면에 파충류는 요도와 항문, 그리고 생식기까지 모두 한 구멍으로 모이는데, 이것을 총배설강cloaca이라 부른다. 그래서 보통은 적은 양의 오줌과 똥을 한꺼번에 배설하는 경우가 많다. 공룡도 파충류이기 때문에 같은 방법을 사용했을 것이다. 오줌과 똥을 한 번에 누다니, 시간도 단축되고 얼마나 편리한 방법인가!

CHAPTER 4

이구아나 이빨, 이구아노돈

이구아노돈, 이구아노돈
왜 사라졌는지 모르오.
그대는 떠나갔지요, 이구아노돈.
우리는 그대가 남기를 바랐소.

이구아노돈, 이구아노돈
방방곡곡 그대를 보았소.
여기서도 저기서도, 이구아노돈
하지만 끝내 찾지 못했소.

이구아노돈, 이구아노돈
그대는 다정한 존재요.
하지만 지금은 사라졌소, 이구아노돈.
뼈만 남긴 채 말이오.

— 잭 프리럿스키의 시 「이구아노돈Iguanodon」

문학에서 공룡이 등장하는 경우는 상당히 드물다. 미국의 시인 잭 프리럿스키의 시에 등장하는 이 공룡은 폭군 도마뱀의 왕 티라노사우루스나 멋쟁이 트리케라톱스가 아닌, 바로 이구아노돈이다. 이구아노돈은 백악기 전기에 속하는 1억 2600만 년 전에서 1억 2500만 년 전 사이에 살았던 초식공룡이다. 뾰족한 부리와 튼튼한 어금니를 이용해 당시의 질긴 식물들을 야금야금 씹어 먹었다. 몸길이는 약 10미터로, 뒷발로 일어서면 오늘날 아프리카에서 가장 키가 큰 기린과 눈을 마주칠 수 있을 정도였다.

사실 이구아노돈의 생김새를 보면 정말 재미없는 공룡이다. 티라노사우루스가 뾰족한 이빨과 거대한 머리를 자랑하고, 트리케라톱스는 멋쟁이 프릴 장식을 달고 있고, 브라키오사우루스는 기다란 목을 지닌 데 비해 이구아노돈에게는 특징이라 할 만한 게 별로 없다. 앞 장에서 소개한 다른 공룡들과 비교하자면 이구아노돈은 진짜로 평범한 공룡이라 할 수 있다.

하지만 이렇게 재미없게 생긴 공룡인데도 이구아노돈은 유명하다. 그것은 아마도 이구아노돈이 지금까지 고생물학계에 기여한 공이 커서 그럴지도 모른다. 이구아노돈이 학계에 처음 보고된 것은 거의

200년 전의 일이다. 학계에 보고된 가장 오래된 공룡 중 하나인데, 이는 우리들이 흔히 알고 있는 티라노사우루스나 브라키오사우루스의 발견보다 100년쯤 전에 있었던 일이다. 이는 공룡에게 공룡이란 이름이 붙여지기 이전의 일이었다. 19세기 초의 첫 발견 이후, 수많은 뼈 화석들이 유럽에서 발견되기 시작하면서 학자들은 이 공룡에 대해 오랫동안 구석구석 연구할 수가 있었다. 그래서 이구아노돈만큼 연구가 많이 이루어진 공룡도 없다.

다만, 널 연구하고 있어

놀랍게도 이구아노돈의 화석을 제일 먼저 발견한 사람은 진지한 고생물학자도 아니고 열혈 화석 수집가도 아니었다. 바로 영국의 어느 시골에 사는 화석 수집가의 아내인 메리 맨텔이었다. 남편인 기드온 맨텔은 의사이기도 했는데, 그녀는 간혹 남편의 왕진을 따라다니며 길가에서 화석들을 주워 남편에게 선물해주고는 했다. 1820년 어느 날, 그녀는 남편의 왕진을 따라 나갔다가 손바닥만 한 크기의 거대한 이빨화석 몇 개를 주웠다. 여느 때와 마찬가지로 그녀는 자신이 주운 이빨화석들을 남편에게 선물했다.

 부인에게서 난생 처음 보는 이빨화석들을 선물받은 맨텔은 기뻐서 어쩔 줄을 몰랐다(보통 부인이 남편에게 이빨을 선물로 주면 이리 좋아하지 않는다). 그는 이것들이 아직 학계에 보고되지 않은 동물의 이빨임을 확신했으며, 이 화석을 연구하면 자신이 학계에서 인정받을 것이라는 생각에 가슴이 부풀었다. 그래서 그는 이때부터 이빨화석을 연구하는 데에 몰두하기 시작했다.

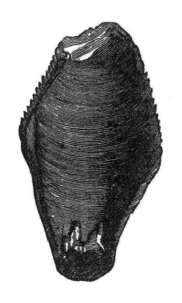

　하지만 맨텔의 연구는 초반부터 삐그덕댔다. 단 한 번도 본 적 없는
동물을 이빨 조각만 가지고 찾아내기란 여간 힘든 일이 아니기 때문
이었다. 그는 오랜 시간과 많은 돈을 들여가며 당시 유명했던 박물학
자들을 찾아다녔다. 하지만 그 당시 어느 누구도 공룡의 존재를 잘 알
지 못했기 때문에 맨텔은 쉽게 도움을 받을 수 없었다. 맨텔의 이빨화
석을 잘못 해석한 사람도 많았는데, 19세기 초 화석 연구의 대가였던
프랑스의 조르주 퀴비에[1]는 맨텔이 가져온 이빨화석을 보더니 "거대
한 코뿔소의 이빨이군요. 뭐 그리 특별한 건 아닙니다"라고 단언하기
까지 했다.

　그러던 어느 날, 영국 왕립외과의대학에서 현생 동물의 뼈들을 구
경하던 맨텔은 뜻밖의 수확을 얻었다. 대학박물관의 큐레이터 새뮤
얼 스터치버리[2]가 맨텔이 가지고 있는 이빨화석들을 보더니 "채식성
도마뱀인 이구아나와 비슷한 것 같은데요?"라며 남미에서 갓 들여

기드온 맨텔
본업은 의사였지만, 열정적인
화석 수집가이자 아마추어 고
생물학자이기도 했다. 자신의
본업보다 화석을 더 사랑했던
것 같다.

온 이구아나의 표본을 그에게 보여주었다. 이구아나의 이빨과 자신이 연구하고 있는 이빨화석이 매우 유사하다는 사실을 알아낸 맨텔은 이 이빨의 주인이 거대한 채식성 파충류일 것이라 생각했다. 그래서 그는 이 거대한 파충류를 '이구아나사우루스Iguanasaurus'라고 불렀다(사실 지금 생각해보면 정말 성의 없는 이름이었다).

하지만 이구아나사우루스라는 성의 없는 이름으로 불리는 것도 잠시였다. 학회에서 만난 동료 학자들이 "이구아나사우루스는 이구아나 도마뱀이란 뜻인데, 그것보다는 이구아나의 이빨이라 부르는 것이 낫지 않겠소?"라고 의견을 냈다. 다른 사람의 말에 특히나 신경을 많이 쓰는 성격의 맨텔은 바로 공룡의 이름을 수정했다. 그리하여 '이구아나의 이빨'이란 뜻의 학명, 이구아노돈Iguanodon이 탄생하게 되었다. 이것은 화석들이 처음 발견된 지 거의 5년 만의 일이었다.

그런데 이빨의 정체를 밝혀낸 기쁨도 잠시, 맨텔은 이 동물의 살아생전 모습을 어떻게 복원해야 할지 전혀 갈피를 잡지 못했다. 이빨 몇 개 가지고는 도저히 동물의 전체 외형을 완벽하게 복원할 수 없었기 때문이다. 그래서 그는 이구아노돈을 그저 덩치가 큰 이구아나처럼 임의로 복원할 수밖에 없었다. 게다가 일반적으로 이구아나는 긴 꼬리를 가졌기 때문에 맨텔은 이구아노돈에게도 긴 꼬리를 붙여주었다. 그리하여 그가 복원한 이구아노돈의 몸길이는 약 18미터였는데, 실제 이구아노돈보다 두 배나 더 컸다.

이구아노돈의 실체에 대한 실마리가 처음 발견된 때는 그로부터 10년 후인 1834년이었다. 영국의 메이드스톤이라는 시골 지역에서 거대한 이구아노돈의 뼈화석들이 발견되었다. 이 소식을 접한 맨텔은 곧장 그곳으로 가 화석들을 수거해왔다. 그것도 당시 영국 돈

25파운드, 현재 우리나라 돈 약 200만 원에 구입했는데, 돈을 그리 많이 벌지 못했던 시골 의사에게 이 정도의 돈은 어마어마한 것이었다. 하지만 화석을 향한 그의 열정 앞에서 돈은 별 문제가 되지 않았을 것이다.

맨텔이 구해온 뼈들은 그가 짐작한 대로 거대했다. 그는 거대한 뼈화석들 사이에서 이구아나의 것과 유사한 이빨화석들을 발견했다. 이 뼈화석이 이구아노돈의 골격임을 확신한 맨텔은 이 뼈들을 한 조각 한 조각 자신의 노트에 그리며 자세히 기록하기 시작했다.[3] 당시에는 뼈화석을 직접 세워서 조립하는 기술이 없었던지라 맨텔은 오로지 머릿속에서만 뼈화석을 조립해야 했다.

그런데 뼈화석들을 자세히 관찰하던 중에 맨텔은 이상한 점을 알아차렸다. 이구아노돈의 뼈가 도마뱀의 것과 비슷하면서도 달랐기 때문이다. 특히 이구아노돈의 다리 구조는 도마뱀과 많이 달랐는데, 일반적으로 몸의 옆으로 뻗는 도마뱀의 다리와는 달리 이구아노돈의 다리는 포유류처럼 아래로 곧게 뻗어 있었다. 그래서 맨텔은 이구아노돈을 소처럼 다리를 아래로 곧게 뻗은 동물로 그려야 했다.

다리 말고도 이상한 점은 한 가지 더 있었다. 흩어진 채로 발견된 이 거대한 파충류의 다리뼈와 척추뼈 사이에서 생뚱맞게 원뿔 모양의 뼛조각이 하나 발견되었기 때문이다. 숙련된 의사로서 해부학 지식이 풍부했던 맨텔에게 뼈들을 조립하는 것은 식은 죽 먹기나 다름없었다. 하지만 이 원뿔 모양의 뼛조각 때문에 맨텔은 머리를 긁적여야 했다. 이러한 뼈는 오늘날 살아 있는 그 어떤 동물에게서도 나오지 않기 때문이다. 그는 얼른 결정을 내려야만 했다. 이 원뿔 모양의 뼈를 꼬리에 붙일지, 아니면 다리에 붙일지….

최고였어!
스릴 만점이던데.

오늘 영화
재미있었지?

이구아노돈에게는 독특한 볏이
나 날카로운 이빨이 없다. 대신
에 다른 공룡들에게는 없는 뾰
족한 엄지가 있다. 하지만 이구
아노돈이 의사소통하는 데에
뾰족한 엄지를 사용하지는 않
았을 것이다. 다른 공룡들과 함
께 영화를 보지도 않았을 테고
말이다.

메이드스톤에서 뼈화석들이 발견되고 얼마
지나지 않아 맨텔은 자신의 연구결과를 학
회에 발표했고, 이구아노돈은 드디어 세
상 밖으로 나올 수 있게 되었다. 그때 사
람들에게 공개된 이구아노돈의 모습은
지금의 모습과는 많이 달랐다. 긴 꼬
리를 바닥에 질질 끌고 있었고, 네 발
바닥은 거대한 곰발바닥 같았다. 어느
곳에 붙여야 할지 맨텔이 고민했던 원뿔형의 뼈는 코에 얹혔는데, 훗
날 이 뼈의 정체가 이구아노돈의 엄지라는 사실이 밝혀진다.

맨텔이 왜 이 원뿔 모양의 엄지를 이구아노돈의 코뿔로 생각하게
되었는지에 대해서는 여러 가지 이야기가 있다. 프랑스의 고생물학
자 퀴비에와 편지로 의견을 교환하던 중에 번역을 잘못했을 것이라
는 이야기도 있지만, 코에 뿔이 달린 코뿔소이구아나*Cyclura cornuta*를
참고해서 이구아노돈을 복원했을 가능성도 있다.

이유야 어찌 됐든 학계에 공개된 이구아노돈은 공룡다운 오늘날의
모습과는 많이 다른, 코뿔소와 이구아나를 적절하게 섞어놓은 모습
이었다. 그런데 이렇게 괴상한 퓨전요리 같은 공룡은 당시에 이구아
노돈만 있었던 것은 아니었다. 이구아노돈보다 5년 먼저 발견된 육식
공룡 메갈로사우루스(컬러도판 24)는 악어와 늑대를 섞어놓은 모습으로 복
원되었으며, 맨텔이 이구아노돈 이후에 발견한 갑옷공룡
힐라이오사우루스*는 등에 긴 볏을 가진 육지이구아나의
모습으로 복원되었다. 세 공룡 모두 뼈화석들이 거의 파
편 수준으로 발견되었기 때문에 괴상한 모습으로 복원됐

힐라이오사우루스Hylaeosaurus
'삼림지대의 도마뱀'이라는 뜻으로,
화석이 영국 남부 서식스의 틸게이
트 숲에서 발견되었기 때문에 붙은
학명이다.

이구아노돈 대 메갈로사우루스
이것은 일본 괴수영화의 한 장면이 아니다. 프랑스의 화가 에두아르 리우가 그린 선사시대의 모습이다. 코에 뿔이 달린 왼쪽 동물은 이구아노돈이고, 악어 머리에 늑대 몸을 한 오른쪽 동물은 메갈로사우루스다. 지금 보면 웃기지만, 19세기 중반까지는 이 그림이 최신의 복원도였다.

지만, 당시에는 나름 최신 연구결과를 반영한 것이었다.

이구아노돈과 메갈로사우루스, 그리고 힐라이오사우루스. 당시 이 세 동물들을 비교하기에는 발견된 화석이 너무 부족했다. 하지만 이들은 모두 골반 부위와 다리뼈가 발견된 상태였기 때문에 하반신만은 서로 비교해서 연구할 수 있었다. 세 동물의 하반신을 유심히 살펴본 영국의 고생물학자이자 비교해부학자 리처드 오언 경은 이 세 동물들이 몇 가지 해부학적 공통점들을 갖고 있다는 사실을 알아냈다. 서로 다르게 생긴 세 종류의 화석파충류들은 모두 다리가 아래로 곧게 뻗어 있었고, 골반에 추가적인 뼈들이 있었다. 이러한 특징들은 다른 파충류들에게서는 찾아볼 수 없는 것들이었다.

오언은 1842년에 이 사실을 학계에 발표했고, 이 세 동물들을 묶어 '무서울 정도로 대단한' 또는 '무서운'이란 뜻의 그리스어 '데이노스deinos'와 '도마뱀'을 뜻하는 '사우로스sauros'를 합친 '디노사우르 dinosaur'란 이름을 붙여주었다. 이 이름이 나중에 일본으로 넘어가면서 恐(두려울-공), 龍(용-용)으로 번역되어 '공룡'이 되었다.

비록 오언이 이름 붙여준 것처럼 이들이 도마뱀은 아니었지만 '디노사우르'란 이름은 당시에 이 공룡들을 잘 묘사한 것이었다. 거대한 몸집을 가진 그들은 분명 살아생전에 무서워 보였을 것이며, 아래로 곧게 뻗은 다리 때문에 다른 파충류들보다 대단한 녀석들이었을 게 분명하기 때문이다. 이로써 우리는 공룡을 공룡이라 부를 수 있게 되었다.

웬만해선 오언을 막을 수 없다

영국 랭커스터 출신인 리처드 오언은 똑똑한 사람이었다. 열여섯 살 어린 나이에 외과 견습생으로 지냈으며, 스무 살에는 에든버러대학교 의대생이 되었다. 스물한 살부터는 세인트바솔로뮤병원에서 일하며 의학과정을 수료했다. 그 후 당시에 유명했던 박물학자 윌리엄 클리프트 밑으로 들어가 해부학을 배웠다. 머리가 뛰어났던 오언은 금세 자신의 스승을 뛰어넘어 서른두 살 젊은 나이에 영국 왕립외과의대 교수로 임명되었다.

오언은 교수로 20년간 재직하면서 단 한 번도 같은 내용으로 강의를 한 적이 없는 걸로도 유명했다. 그만큼 아는 것이 많은 사람이었다. 오언은 85세까지 살았는데, 이는 19세기 사람치고는 꽤나 장수를 한 경우다. 놀라운 것은 세상을 뜨기 직전까지도 논문을 썼는데, 총 600편이 넘는 논문을 남겼다고 한다. 이는 논문 한 편당 10쪽이라고 해도 A4용지 열두 박스 정도의 분량이다.

아는 것이 많고, 의과대학의 교수이자 과학계의 총아였던 오언은 겉모습만 보면 19세기 최고의 엄친아처럼 보인다. 하지만 세상에 완벽한 사람이 없듯이 오언도 완벽한 사람은 아니었다. 그에게는 한 가지 단점이 있었는데, 그것은 바로 성격이었다. 오언은 교만하고 시기심이 강한 사람이었으며, 남을 괴롭히는 가학적 성향을 보였다. 그는 자신의 야망을 위해서라면 무슨 일이든 하는 무서운 사람이었는데, 자기 경쟁자의 논문이 발표되지 못하도록 막기도 했으며, 남의 업적을 자신의 것으로 포장하기도 했다. 게다가 동료에게 빌린 물건이나 화석들을 돌려주지 않은 경우도 많았다고 전해진다.

오언이 세상을 떠난 뒤 동료 학자들은 그를 "악의적이고, 정직하지 못하며, 혐오스러운 인간"이었다고 평가하기까지 했는데, 한마디로 말하자면 인간 말종이었다고 할까. 심지어 당시에 성격 좋기로 유명했던 박물학자 찰스 다윈마저 오언의 친구였는데도 그를 미워했다고 한다.

오언의 이러한 성격 때문에 많은 사람들이 피해를 입었는데, 그중 가장 고통받은 이는 바로 맨텔이었다. 학계에 뛰어든 이 아마추어 고

리처드 오언

리처드 오언이 모아새의 일종인 디노르니스의 거대한 골격 옆에 서 있는 사진이다. 영국의 동물학자 리처드 프리먼은 자신의 책에서 오언을 다음과 같이 소개했다. "그는 가장 저명한 척추동물학자이자 고생물학자이지만, 아주 기만적이고 불쾌한 사람이기도 하다." 이보다 그를 잘 소개하는 문장은 세상 어디에도 없을 것이다.

생물학자를 오언은 눈엣가시처럼 여겼다. 오언은 맨텔의 논문들이 학술지에 게재되지 않도록 로비를 했고, 맨텔이 발견한 화석들을 자기가 발견한 것처럼 행세하고 다녔다. 특히 오언은 맨텔의 이구아노돈에 눈독을 들였는데, 맨텔이 나중에 늙고 병들어 학술활동이 뜸해지자 원래 이구아노돈을 발견한 것은 자신이라며 학명을 바꾸려고까지 했다. 아마도 자신이 직접 발견한 공룡 화석이 없다 보니 욕심이 나서 그랬던 것으로 보인다.

오언의 계속된 괴롭힘으로 맨텔은 몰락의 구렁텅이로 점점 빠져들었다. 맨텔은 자신이 쓴 논문들이 학회지에 게재되지 않자 자신의 연구가 부족하다고 여겨 더욱더 화석 연구에 몰두하기 시작했다. 하지만 이러한 몰두는 집착으로 이어졌고 결국 맨텔로 하여금 자신의 본업까지 등한시하게 만들었는데, 이로 인해 수입이 끊겨버렸고 그동안 모아놓은 재산은 모두 연구비로 탕진했다. 가난뱅이 신세가 된 그에게 엎친 데 덮친 격으로 딸의 건강이 악화되자, 화목했던 그의 가정은 돌덩이가 떨어진 얼음연못처럼 깨지고 말았다.

딸을 누구보다도 아끼고 사랑했던 맨텔은 딸의 치료비를 구하기 위해 이구아노돈을 포함한 자신의 피 같은 화석 수집품들을 팔아야 했다. 결국 수십 년간 모은 화석들은 런던자연사박물관에 헐값으로 넘어갔다. 그런데 이때 런던자연사박물관 관장이 바로 오언이었다. 맨텔은 딸의 목숨을 구하기 위해 악마와 거래를 한 셈이 되어버렸다. 맨텔이 피땀 흘려가며 모아온 화석들을 저렴한 가격에 얻은 오언은 드디어 꿈에 그리던 이구아노돈을 자세히 연구할 수 있게 되었다.

화석들을 팔아 돈은 구했지만, 안타깝게도 맨텔의 딸은 그로부터 1년 후에 세상을 떠나고 말았다. 딸의 죽음 이후에 맨텔의 아내는 아들을 데리고 나가 그를 떠났으며, 맨텔은 비좁은 집에 홀로 남겨졌다. 혼자 남은 그는 다시 화석 연구에 몰두하기 시작했지만 얼마 지나지 않아 대형 마차 사고를 당해 등과 다리를 크게 다치고 만다. 이 사건으로 그는 평생 다리를 절며 살았다.

힘든 나날들을 보내는 맨텔과 달리 오언은 하루하루가 운수 좋은 날들이었다. 그는 박물관에서 구입한 이구아노돈 화석과 다른 화석들을 자세히 연구한 끝에 이들에게 '공룡'이란 이름을 지어줄 수 있었다. 공룡에게 공룡이란 이름을 붙여준 업적 때문에 학계에서 유명해진 오언은 영국에서 가장 잘나가는 과학자가 되었다. 그의 업적이 널리 알려지자 영국 왕실에서는 그에게 고생물학계의 연구결과들을 크리스털팰리스(수정궁) 정원에 전시할 수 있는 기회를 마련해주었다. 하지만 단순히 멸종한 동물의 껍질이나 뼈만 전시하면 재미가 없을 것 같다고 판단한 오언은 대중에게 살아 있는 공룡의 모습을 보여주기로 마음먹는다.

오언은 당시 유명한 조각가였던 벤저민 호킨스와 함께 그 일에 착수했다. 호킨스는 오언의 감수를 받으며 당시 학계에 보고되었던 각종 공룡과 원시포유류들의 모형을 시멘트를 사용해 실물 크기로 제작했다. 이때 제작된 모형들 중에는 오늘날 우리에게 익숙한 동물들도 있었는데, 아일랜드 엘크Irish elk라고도 불리는 메갈로케로스*는 오래전 빙하기 때 멸종한 동물이지만, 오늘날의 사슴과 똑같이 생겼기 때문에 모형을 제작하기가 비교적 쉬웠다. 반면에 오늘날 살아 있는 동물들과는 전혀 다르게 생긴 어룡이나 익룡은 호킨스에게는 어려운 과제였다. 특히 당시에 온전한 전신 골격이 발견되지 않았던 이구아노돈은 더 그랬을 것이다.

> **메갈로케로스**Megaloceros
> '큰 뿔'이란 뜻으로, 머리에 있는 뿔 한 개가 사람만 하기 때문에 붙은 학명이다.

실물 크기의 원시포유류와 익룡, 그리고 공룡 모형들이 제작된다는 소식은 곧 세상에 알려지기 시작했다. 자신들이 오랫동안 연구한 동물들을 실물로 볼 수 있다는 생각에 고생물학자들은 모두 들뜬 마음으로 기다렸다. 특히 누구보다도 열심히 연구한 맨텔이야말로 이구아노돈의 실물 크기 모형을 볼 수 있다는 생각에 남들보다 더욱 기뻤을 것이다.

호킨스가 이구아노돈 모형을 열심히 제작하고 있을 때, 때마침 맨텔은 공룡에 대한 새로운 가설을 학계에 발표한다. 이구아노돈의 뒷다리뼈를 자세히 연구한 맨텔은 이들의 뒷다리뼈가 길었기 때문에 아마도 공룡 중 일부는 두 뒷다리만으로 걸었을 거라고 추정했다. 하지만 오언은 이 생각에 동의하지 않았다. 공룡들은 몸집이 거대하기 때문에 오늘날의 코끼리와 코뿔소처럼 네 다리로 걸었다고 믿었기 때문이다. 게다가 크리스털팰리스의 공룡 모형 제작 총책임자가 오언이었기 때문에 맨텔의 이러한 새로운 주장은 깡그리 무시된 채, 새로운 연구결과가 아닌 옛날에 복원해놓은 모습 그대로 이구아노돈이 제작되었다. 네 발로 기어다니는 굼뜬 도마뱀처럼 말이다.

이구아노돈의 모형이 거의 만들어질 때쯤 호킨스는 그동안 고생물학계의 발전에 커다란 기여를 한 학자들을 초대해 자신의 작업실에서 파티를 열었다. 재미있는 것은 귀빈들이 반쯤 완성된 이구아노돈 모형의 거푸집 안에 차려진 상에서 대접을 받았다는 것이다. 총책임자였던 오언은 이구아노돈의 머리 쪽에 앉고, 양옆으로는 동료 학자들과 호킨스가 앉았다. 그런데 누군가가 빠져 있었다. 정작 이구아노돈을 처음 학계에 보고한 맨텔이 이 자리에 초대받지 못했던 것이다. 파티가 열리기 한 달 전, 오언에게서 받은 엄청난 스트레스를 이겨내

지 못해 결국 자살해버렸기 때문이다.[4] 그는 우뚝 일어선 이구아노돈을 구경도 못해보고 생을 마감해야 했다.

맨텔이 숨을 거두고 얼마 지나지 않아 크리스털팰리스 정원이 개방되자, 대중들은 이구아노돈을 포함한 수십 마리의 화석생물들을 만날 수 있었다. 물론 오늘날 도감에서 볼 수 있는 화석생물들의 모습과는 많이 달랐다. 어떤 모형들은 정말 괴상하기까지 했지만, 당시 대중들을 만족시키기에는 충분했다.

성공적인 크리스털팰리스의 전시 덕분에 공룡은 짧은 시간 안에 유명해졌다. 아마 이때 최초의 공룡 팬들이 생기지 않았을까 싶다. 공룡들이 유명해지면서 전시의 총책임자였던 오언도 자연스럽게 유명해졌다. 높아진 인지도로 인해 오언은 당시 최고의 과학자라는 이미지를 갖게 되었으며, 1858년에는 영국과학진흥협회 회장 자리까지 올랐다.

하지만 끝없는 행운으로만 가득할 것 같았던 오언의 인생은 그 후

크리스털팰리스의 이구아노돈 한 쌍
1936년에 발생한 큰 화재로 인해 영국의 크리스털팰리스는 재로 변해버렸다. 하지만 정원에 남아 있던 호킨스의 이구아노돈들은 아직도 잘 지내고 있다.
© Chris Sampson

어두운 심해 속으로 가라앉기 시작했다. 그의 발목을 잡아당긴 것은 질투심 많은 동료나 성질 고약한 과학자가 아니었다. 그것은 바로 자기 자신, 그의 성격이었다. 날이 갈수록 심해지는 그의 교만함은 동료 학자들을 피곤하게 만들었고, 시기심 많은 성격은 그를 다른 고생물학자들의 새로운 발견들을 인정하지 않는 고집 센 노인으로 만들었다.

어느 해, 오언은 결국 큰일을 저지르고 만다. 평소에는 남의 업적을 자신이 이룬 것처럼 행세만 하고 다니던 오언이 한 아마추어 고생물학자의 논문을 표절한 것이다. 그런데 그것으로도 성이 안 찼는지 그는 로비를 통해 이 표절 논문으로 왕립학회에서 왕실 메달까지 수여받는다. 이 사건으로 그나마 몇 안 되던 추종자들도 그에게 등을 돌렸다. 더 나아가 과거에 그가 맨텔에게 저지른 비인간적인 행위들이 수면 위로 떠오르면서 오언의 명성은 진흙탕에 뒹굴게 되었다.

시간이 흐르면서 이런저런 소문들이 끊이지 않았고, 동료 학자들의 불만이 커져만 가자 결국 오언은 왕립동물학회에서 제명되었다. 수년간 물불 가리지 않고 이룬 그의 업적이 모래로 쌓은 성처럼 무너져내린 순간이었다. 쫓겨난 오언은 그 뒤로 박물관에서 개인 연구만 하며 여생을 조용히 보냈다. 하지만 숨을 거두는 마지막 순간까지도 자신이 일삼은 파렴치한 행위들에 대해 반성하기는커녕 자신을 쫓아낸 동료들을 증오했다. 그는 자신의 부인과 자식보다 오래 살았기 때문에 노년기에는 고독한 삶을 보내야 했고, 결국 쓸쓸하게 세상을 떠났다.

놀랍게도 한때 잘나가던 이 괴짜 학자의 몰락은 이미 오래전에 예언된 일이기도 했다. 오언의 어릴 적 가정교사는 그를 "게으르고 무례한 아이입니다. 말년이 좋지 않을 것 같습니다"라고 평가하기도 했다.

오언의 죽음과 함께 시끌벅적하던 학계가 잠잠해지자 그동안 잊고 있었던 맨텔의 업적들이 다시 빛을 보기 시작했다. 특히 오언이 무시했던 맨텔의 '두 다리로 걸을 수 있는 공룡' 가설이 실제로 증명되면서 그에 대한 평가는 달라졌다.

맨텔의 가설이 증명된 곳은 영국이 아닌 대서양 너머 미국에서였다. 아메리카 대륙에서 발견된 새로운 공룡 화석들은 영국의 것보다 훨씬 상태가 좋았다. 당시 가장 보존율이 높은 표본이었던 공룡 화석은 바로 미국 뉴저지에서 발견된 초식공룡 하드로사우루스*였다. 이구아노돈의 친척뻘 되는 이 공룡은 앞서 발견된 이구아노돈이나 메갈로사우루스와는 달리 앞다리뼈

하드로사우루스_Hadrosaurus_
'부피가 큰 도마뱀'이란 뜻으로, 덩치가 컸기 때문에 붙은 학명이다.

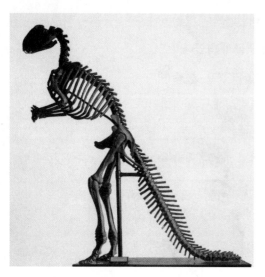

**'최초' 3관왕을 석권한 하드로
사우루스**
미국 최초의 고생물학자 조지
프 레이디가 복원한 오리주둥
이공룡이다. 하드로사우루스는
박물관에서 두 발로 일어선 최
초의 공룡이자 조립된 모습으
로 전시된 최초의 공룡이기도
하다.

와 뒷다리뼈가 모두 발견되었는데, 놀랍
게도 뒷다리뼈가 앞다리뼈보다 훨씬 길
었다. 이것은 이 공룡이 뒷다리로 서 있
을 수 있음을 의미했으며, 동시에 공룡에
대한 오언의 생각이 틀렸음이 증명된 사
건이었다. 결국은 수년 전에 세상을 떠난
맨텔의 주장이 옳았던 것이다.

하지만 그 당시에는 이구아노돈이 진
짜 두 다리로 걸을 수 있었는지를 완벽하
게 검증하기란 어려웠다. 하드로사우루
스는 이구아노돈이 아닌 이구아노돈의 친척이었고, 하드로사우루스
가 두 다리로 걸었다고 해서 이구아노돈까지 두 다리로 걸었다고 볼
수는 없었기 때문이다^(컬러도판 26). 이구아노돈의 모습을 제대로 복원하
기 위해서는 이구아노돈의 완벽한 전신 골격이 필요했다.

이구아노돈의 완벽한 골격이 발견된 것은 1878년이었다. 영국의
한 시골에서 최초로 발견된 이후로 거의 60년 만의 일이었다. 이 새
로운 화석들은 영국이 아닌 벨기에의 베르니사르에서 발견되었는
데, 이것들 또한 최초의 이구아노돈 화석처럼 고생물학자나 화석 수
집가에 의해 발견된 것이 아니었다. 잠자는 이구아노돈을 깨운 사람
들은 석탄 광산에서 일하는 광부들이었는데, 석탄을 채광하던 중 지
하 322미터 지점에서 이구아노돈의 골격을 발견했다.[5] 그것도 한 마
리가 아닌 무려 서른여덟 마리나!

용서받지 못한 자

- -

이구아노돈 서른여덟 마리가 한꺼번에 발견되자 고생물학계는 발칵 뒤집어졌다. 드디어 수수께끼 속의 이구아노돈을 완벽하게 복원할 수 있게 되었기 때문이다. 이구아노돈 서른여덟 마리는 조심스럽게 벨기에왕립자연사박물관으로 옮겨졌다. 박물관에서는 이 이구아노돈 골격들을 연구할 사람이 필요했지만, 이 이구아노돈들을 연구하고 싶어하는 학자들이 많아서 박물관 측은 쉽게 결정을 내리지 못했다. 루뱅대학교의 동물학자 피에르 조제프 반 베네당[6], 벨기에왕립자연사박물관의 조르주 불랑제 등 여러 사람이 이 화석의 연구 소유권을 주장했다. 하지만 이들은 이구아노돈을 두고 서로 대립만 하다가 결국 연구를 포기했다. 게다가 불랑제가 1881년에 영국으로 스카우트되면서 벨기에왕립자연사박물관의 입장은 더욱 난처해졌다.

이구아노돈을 연구할 사람은 그 다음해인 1882년에 정해졌다. 그는 바로 프랑스 출신의 벨기에 고생물학자 루이 돌로였다. 돌로는 이구아노돈과는 전혀 다르게 생긴 동물인 수생파충류 모사사우루스*를 연구하는 사람이었는데, 당시에는 거대한 이구아노돈이나 바다에 사는 도마뱀이나 별다르게 보지 않았기 때문에 이구아노돈 연구를 그에게 맡겨도 아무런 문제가 없어 보였다.

당시의 여느 고생물학자들처럼 돌로는 멸종한 동물의 골격 구조에 관심이 많았다. 하지만 그의 연구는 단순히 오래전에 죽은 파충류의 골격을 관찰하는 데에 그치지 않았다. 그는 화석을 이용해 머나먼 과거에 살았던 동물들의 삶을 복원하려고 노력했다. 하지만 1억 년 전에 멸종한 동물의 생

> **모사사우루스**Mosasaurus
> '뫼즈 강의 도마뱀'이란 뜻으로, 네덜란드의 뫼즈 강가에서 화석이 처음 발견되었기 때문에 붙은 학명이다.

활을 복원하기란 쉬운 일이 아니었다. 뼈화석만으로는 이러한 것들을 알 수 없기 때문이다. 그래서 그는 오늘날 살아 있는 동물들의 생태를 주의 깊게 관찰하여 아이디어들을 내야 했다. 당시에 돌로가 생각해낸 가설 중에는 현재 틀린 것들이 많지만, 그래도 그의 아이디어들은 지금 생각해보면 참신한 것들이 대다수였다.

돌로는 서른여덟 마리나 되는 거대한 공룡들이 한 장소에서 발견되었다는 점을 눈여겨보았다. 여러 마리의 공룡이 한 장소에서 발견된 경우는 이번이 처음이었기 때문이다. 매몰된 이구아노돈들은 320미터와 360미터 깊이의 지층에서 발견되었는데, 이것은 매번 이구아노돈들이 이 장소에서 죽었음을 의미했다. 돌로는 오늘날 살아 있는 동물 중 무리 지어 이동하는 종류들에 대해 공부했다. 그는 아프리카의 얼룩말이나 누 떼가 우기에 불어난 강을 건너다가 많이 빠져 죽는다는 사실을 알아냈다. 그래서 그는 이구아노돈들 또한 오늘날의 얼룩말이나 누처럼 우기에 불어난 강을 건너다가 급류에 휩쓸려 한꺼번에 매몰되었을 것이라고 해석했다.

제법 그럴싸한 해석이었지만 일부 학자들은 돌로의 이러한 주장을 받아들이지 않았다. 모든 이구아노돈들이 한 무리를 이루어 강을 건넜다면 분명히 약하고 어린 이구아노돈들의 뼈도 있어야 할 텐데, 베르니사르의 이구아노돈 화석지에서는 어린 이구아노돈들의 흔적이 단 하나도 발견되지 않았기 때문이다. 그래서 돌로는 그의 주장을 뒷받침해줄 만한 설명이 필요했다. 그는 어린 이구아노돈들은 몸집이 작고 민첩해서 이런 자연재해를 만나도 재빠르게 헤쳐나갔고, 반대로 몸집이 큰 어른 이구아노돈들은 굼떴기 때문에 쉽게 빠져 죽었을 것이라고 주장했다. 당시에는 나름 신선한 아이디어였지만 현재는 서로 다른 시기에 강을 건너다 빠져 죽은 이구아노돈들이 차례로 강의 한 지점에 쌓인 것으로 추정하고 있다.

돌로의 신선한 아이디어는 여기서 그치지 않았다. 그는 이구아노돈의 아래턱 앞부분에 구멍이 뚫려 있었을 것으로 추정했는데, 이구아노돈이 이 구멍으로 긴 혀를 내밀어 기린처럼 높은 나뭇가지를 끌어당겨 먹었을 것이라고 생각했다.[7] 또한 그는 이구아노돈의 턱뼈 사이에서 혀를 유연하게 움직이게 해주는 뼈들, 즉 목아가미뼈 ceratobranchial bone를 찾아냈다. 이 뼈는 이름에서 알 수 있듯이 물고기의 아가미를 움직이게 해주는 역할을 하지만, 우리처럼 아가미가 없는 동물들의 경우에 혀를 자유자재로 움직일 수 있게끔 해주는 고마운 근육들이 붙어 있는 부위다. 이 뼈가 발달되었다는 것은 이구아노돈이 꽤나 유연한 혀를 가졌다는 것을 의미했다. 그래서 돌로는 이구아노돈이 유연한 혀를 가졌기 때문에 턱 앞에 혀가 드나드는 큰 구멍도 있었을 것이라고 장담했다. 심지어 그는 아랫입술이 뚫려 있는 이구아노돈의 모습을 그림으로 그리기까지 했다. 하지만 이구아노돈의 머리뼈를 완벽하게 조립한 그는 실망할 수밖에 없었다. 혀가 드나들 수 있는 그런 구멍은 애초에 존재하지 않았기 때문이다.

이구아노돈의 화석처리가 완벽하게 끝나자 돌로는 슬슬 이 거대한 초식공룡의 골격을 한 조각 한 조각 조립하기 시작했다. 하지만 돌로는 처음부터 숨이 턱 막힐 수밖에 없었다. 발견된 이구아노돈의 골격들을 보면 뒷다리뼈가 앞다리뼈보다 길었는데, 이는 이구아노돈이 두 발로 설 수 있다는 것을 의미했다. 하지만 돌로가 아무리 이구아노돈을 세워봐도 멋진 자세가 나오지 않았다.

그래서 그는 오늘날 살아 있는 동물들의 뼈 구조를 참고하기로 했다. 우선 두 뒷다리로 서면서 꼬리가 긴 동물을 찾아보았는데, 그가 결국 찾은 것은 캥거루과의 왈라비였다. 왈라비는 긴 뒷다리와 긴 꼬리를 이용해 마치 카메라의 삼각대처럼 서 있을 수 있다. 돌로는 이구아노돈 또한 긴 뒷다리와 긴 꼬리를 이용해 삼각대처럼 서 있었을 것으로 추정했다. 그런데 왈라비와 이구아노돈은 다리 구조가 서로 달랐다. 왈라비는 긴 발바닥을 가졌지만, 이구아노돈은 뒤꿈치를 들고 있었다. 결국 그는 왈라비의 골격에만 의존해서는 이구아노돈을 복원할 수가 없었다.

다리 구조를 자세히 관찰한 돌로는 이구아노돈의 다리가 새와 비슷하다는 사실을 알아냈다. 그래서 그는 당시 박물관에 있던 가장 큰 새의 골격 표본을 꺼내왔다. 바로 오스트레일리아산 화식조*Casuarius*였다. 그는 화식조와 왈라비를 적절하게 섞으면 이구아노돈의 모습이 나올 것이라고 장담했다. 그래서 이구아노돈의 다리는 화식조처럼, 그리고 자세는 왈라비처럼 만들어버렸다.

그런데 또다시 문제가 생겼다. 돌로는 왈라비처럼 꼬리를 땅에 대고 있는 모습으로 이구아노돈을 복원하려 했는데, 이구아노돈의 꼬리가 구부러지지 않는 것이었다. 이구아노돈의 꼬리뼈 위에는 뼈로 된 힘줄들이 존재했는데, 이는 이구아노돈의 꼬리가 위로 휘어질 정도로 유연하지 않다는 것을 뜻했다. 돌로의 모든 노력들이 수포로 돌아가는 순간이었다.

하지만 그는 자신의 연구를 다시 처음부터 시작하지 않았다. 대신에 과학자로서 절대 하지 말아야 할 일을 해버리고 말았다. 연구결과를 조작한 것이다. 그는 자신이 원하는 자세로 이구아노돈들을 일으켜 세우기 위해 꼬리뼈들을 억지로 꺾거나 부러뜨렸다. 이미 1억

2500만 년 전에 세상을 떠난 이구아노돈은 아파도 소리를 지를 수가 없었다.

이리하여 완벽한 이구아노돈 골격은 1892년에 최초로 공개되었다. 아픈 꼬리를 단 채 말이다. 그런데 사람들은 꼬리가 휘어진 이구아노돈의 모습을 마음에 들어했다. 그것은 학자들도 마찬가지였다. 어느 누구도 돌로가 이구아노돈의 꼬리를 부러뜨렸다고는 의심하지 않았다. 왜냐하면 이구아노돈을 자세히 관찰한 사람들이 거의 없었기 때문이다.

그 뒤로 모든 이구아노돈들은 하나 둘씩 꼬리가 부러졌고, 차례로 박물관에

고생물학자 루이 돌로의 작업실
두 다리로 서 있는 이구아노돈의 갈비뼈 밑에 자리한 사람이 바로 루이 돌로다.

세워졌다. 서른여덟 마리 중 아홉 마리가 벨기에왕립자연사박물관에 전시되었는데, 이들의 모습은 마치 진료실 밖에서 대기번호를 받고 기다리는 환자들 같아 보인다. 나머지 이구아노돈들은 현재까지 박물관의 지하 수장고에 특수 보관되어 있다.

비록 꼬리는 부러졌지만 거대한 공룡들이 행진하는 것 같은 이 전시는 세계에서 가장 유명한 공룡 전시 중 하나가 되었다. 재미있는 사실은 돌로의 이구아노돈들이 꼬리를 끌며 일어서자, 다른 학자들도 돌로가 복원한 이구아노돈을 참고해 다른 공룡들을 일으켜 세우기 시작했다는 것이다. 그 결과 19세기 말에 조립된 모든 공룡들은 꼬리를 무리하게 꺾은 자세로 전시되었다. 그러니 당시 화가들이 그린 고생태 복원도에서도 공룡들은 모두 꼬리를 끌어야만 했다. 한 사람이

벨기에왕립자연사박물관에 전시된 이구아노돈의 골격
1914년에 촬영한 사진이다. 꼬리가 꺾인 채 전시된 이구아노돈들의 모습이 안쓰럽기까지 하다.
© L. Van Bollé in Gilson

엉터리로 복원했더니 마치 도미노처럼 너도나도 전부 엉터리로 복원하게 된 것이다. 이러한 현상은 20세기 중반까지 이어졌다. 그 후 공룡들이 꼬리를 끌지 않고 뻣뻣하게 세워서 들고 다녔음이 밝혀지기는 했지만, 이는 돌로가 이구아노돈의 꼬리를 꺾은 지 약 100년이 지난 후에 일어난 일이었다.

돌로가 당시에 이구아노돈의 꼬리를 부러뜨렸던 이유에 대해서는 정확하게 알 길이 없다. 돌아가신 분을 직접 깨워서 물어볼 수도 없고 말이다. 개인적으로는 당시 파충류에 대한 고정관념 때문에 이런 일이 일어나지 않았을까 싶다. 악어나 도마뱀 같은 파충류에 익숙했던 당시 사람들은 파충류라 하면 반드시 꼬리를 끌어야 한다고 생각했을지도 모른다. 돌로 자신도 도마뱀을 연구하던 사람이다 보니 그런 고정관념의 유혹을 뿌리치기 힘들었을 것이다. 이러한 고정관념은 계속 이어져서 오늘날에도 꼬리 끄는 공룡을 그리는 이들이 많다.

미국 고생물학연구소의 로버트 로스와 그의 동료들은 2013년에 재미있는 실험결과를 내놓았다. 대학생 111명을 대상으로 티라노사우루스를 그리게 했는데, 학생들의 72퍼센트가 몸을 수직으로 세우고 꼬리를 끌고 있는 공룡을 그렸다고 한다. 꼬리를 끄는 굼뜬 공룡의 이미지에 우리는 너무나도 익숙해져버린 것이다.

다행스러운 것은 요즘 박물관의 공룡들이 꼬리를 들어올리고, 몸을 수평에 가까운 자세로 두기 시작했다는 것이다. 미국자연사박물관의 오즈번이 100년쯤 전에 조립한 티라노사우루스는 1992년에, 런던자연사박물관의 마스코트인 디플로도쿠스 '디피'는 그 다음해인 1993년에 꼬리를 들어올렸다(컬러도판 27). 고정관념을 바꾸기 위한 고생물학자들의 오랜 노력이 조금씩 빛을 보고 있는 셈이다. 다행히 국내 박물관에서는 공룡의 자세를 바꿀 필요가 없었다. 박물관들이 생겨난 지 그리 오래되지 않았기 때문이다.

반면에 벨기에왕립자연사박물관의 이구아노돈 아홉 마리는 현재도 꼬리가 부러진 채 우뚝 서 있다(컬러도판 28). 그 옆에는 꼬리를 들고 몸을 수평에 가까운 자세로 눕힌 이구아노돈 한 마리가 추가로 설치되었다. 과거와 현재의 복원 모습을 비교하고, 한때 고생물학자들이 저지른 실수를 기억하기 위한 취지다. 그 모습은 마치 진시황릉의 병마용들을 연상시킨다. 동시에 돌로의 사과를 받기 위해 줄을 선 화가 난 공룡들처럼 보이기도 한다. 오늘날 고생물학자들이 돌로가 엎지른 물을 많이 닦아내긴 했지만, 그가 이구아노돈들에게 용서를 받기는 아무래도 힘들 것 같아 보인다.

석고붕대를 한 이구아노돈

1878년에 벨기에 베르니사르의 석탄 광산에서 발견된 이구아노돈 서른여덟 마리를 곧바로 꺼낸 건 광산 일꾼들이었다. 이들은 맨텔과 과거 고생물학자들이 한 방식 그대로 뼈를 발굴하기 시작했다. 뼈들이 박힌 암석을 통째로 꺼내는 방식이었다. 암석과 함께 발굴된 뼈화석은 실험실로 옮겨졌고, 갖가지 도구와 섬세한 손놀림에 의해 깨끗하게 분리되었다. 그런데 여기에는 문제가 있었다. 베르니사르의 뼈화석들과 암석이 생각보다 잘 부서진다는 것이었다. 대책이 필요했다. 그래서 그들은 그동안 아무도 생각하지 못했던 방법으로 화석들을 포장해서 발굴하기 시작했다. 바로 석고를 이용한 포장이었다.

벨기에 일꾼들이 사용한 석고포장 방법은 의료용 깁스를 제작하는 과정과 똑같았다. 얇은 천조각들을 석고가루를 푼 걸쭉한 죽에다 적셔 그것을 뼈와 암석에 통째로 감아서 건조하는 방법이었다. 건조된 석고포장은 단단한 보호막이 되어 안에 있는 뼈화석을 보호했고, 뼈를 두르고 있는 암석은 외부에서 가해지는 충격을 마치 쿠션처럼 흡수했다.

이구아노돈 한 마리는 코끼리 한 마리와 맞먹는 크기였기 때문에 한꺼번에 포장할 수는 없었다. 그래서 일꾼들은 이구아노돈 한 마리를 약 15등분으로 나누어 포장했는데, 포장된 골격 부위 하나당 최소 3톤의 무게가 나갔다고 한다. 벨기에 사람들이 이때 처음 시도한 석고포장은 성공적이었고, 그 후로 오늘날까지 석고포장 방법은 고생물학자들 사이에서 계속 애용되고 있다.

광산에서 꺼내진 이구아노돈 서른여덟 마리는 모두 벨기에왕립자연사박물관으로 옮겨졌고, 당시 벨기에의 수준 높은 화석처리기사들이 뼈화석들을 조금씩 암석에서 분리했다. 분리된 뼈들은 모두 짙은 검은빛을 띠었는데, 이것은 이구아노돈이 살아 있었을 때의 뼈 색깔과는 전혀 다른 것이었다. 이구아노돈이나 다른 모든 공룡들의 뼈는 오늘날의 모든 동물들과 마찬가지로 하얗다. 하지만 땅속에 매몰되고 화석화 작용을 거치면서 색이 변한다. 특히 다른 광물질로 치환될 때 색깔이 변하는 경우가 많은데, 보통은 뼈 주변의 암석이 생성될 때의 성분에 따라 다른 광물질로 치환되어 색깔이 변한다. 벨기에산 이구아노돈의 뼈들은 황철석으로 치환되어서 짙은 빛을 띠는 것이었다.

하지만 황철석으로 치환된 이구아노돈의 뼈화석들에는 문제점이 있었다. 암석에서 분리되어 공기와 접촉하자 산화되어 부스러졌기 때문이다. 이러한 현상을 '황철석 병'이라고 부른다. 그래서 박물관의 화석처리기사들은 화석이 산화되는 것을 막기 위해 석고에서 갓 꺼낸 뼈들에 끓는 젤라틴과 정향기름을 섞은 물질을 칠했다. 그리고 화석처리를 끝낸 뼈화석들은 알코올로 소독한 후, 셸락이라 불리는 인도산 락깍지벌레에서 분비되는 천연수지와 알코올을 섞어서 칠했다. 이러한 방법들은 황철석의 산화작용을 최대한 억제하긴 했지만 완벽하게 막아내지는 못했다. 그래서 이 화석들은 현재 온도와 습도가 일정하게 유지되는 특수한 방 안에서 보관되고 있다.

비긴 어게인

맨텔과 돌로는 이구아노돈의 생태를 밝히기 위해 많은 노력을 했다. 하지만 맨텔은 불완전한 화석기록 때문에, 그리고 돌로는 잘못된 선택 때문에 이구아노돈의 생태를 그리 많이 밝혀내지는 못했다. 이들이 알아낸 사실이라고는 이구아노돈이 거대했으며 식물을 섭취했다는 사실뿐이었다.

맨텔이 세상을 떠나고 돌로가 은퇴한 이후에 이구아노돈 연구는 한동안 제대로 이루어지지 않았다. 오히려 엉뚱한 가설들이 등장했다. 독일의 고생물학자 마르틴 빌파르트

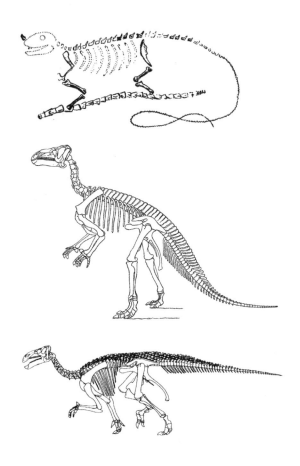

이구아노돈의 변화무쌍한 골격 변천사
이구아노돈의 골격 복원도는 160여 년의 세월이 흐르면서 계속 바뀌어왔다. 위는 1834년 기드온 맨텔의 복원도이고, 가운데는 1896년 오스니엘 마시의 복원도이며, 아래는 1990년대 그레고리 폴의 복원도다. 제대로 복원하는 데에 이렇게 오랜 시간이 걸린 공룡은 또 없을 것이다.

는 이구아노돈이 몸이 무거운 동물이었기 때문에 물속에 살았을 것으로 추정했다. 그는 심지어 이구아노돈뿐만 아니라 다른 모든 공룡들도 수생동물로 보았으며, 각 종류마다 서로 다른 수심에서 살았을 것이라고 주장했다. 다리가 짧고 머리가 큰 트리케라톱스는 얕은 물에, 뒷다리가 긴 이구아노돈은 좀 더 깊은 물속에, 그리고 목긴공룡들은 깊은 물속에서 살았다고 말이다. 하지만 빌파르트의 이러한 가설은 그 어느 누구도 진지하게 받아들이지 않았다. 심지어 빌파르트의 가설을 소개한 책을 읽은 일반인들도 비웃을 정도였다.

이구아노돈에 대한 제대로 된 연구가 시작된 것은 1970년대부터였다. 미국 브리지포트대학교의 피터 갤턴은 이구아노돈의 골격 구조를 자세히 연구한 끝에 이 공룡이 두 뒷다리로 뛰기 위해서는 돌로가 제안했던, 몸을 수직으로 세운 자세보다는 수평으로 눕힌 자세가 더 적합했을 것이라는 사실을 밝혀냈다. 영국 케임브리지대학교의 데이비드 노먼은 갤턴의 바통을 이어받아 이구아노돈이 평소에도 수평 자세를 유지했을 것이라는 연구결과를 발표했다.

더 나아가 노먼은 이구아노돈이 두 다리뿐만 아니라 네 다리로도 걸어다녔다는 사실을 발표했다. 이구아노돈의 앞다리는 다른 두 발로 걷는 공룡들의 것보다 상대적으로 조금 더 길었는데, 몸을 수평으로 눕히면 이구아노돈의 긴 앞다리가 지면에 딱 알맞게 닿았다. 결국은 맨텔과 맨텔을 괴롭혔던 오언, 둘의 주장이 모두 옳았던 것이다(물론 저승에 있는 오언은 이것도 마음에 들지 않아할지도 모른다)(컬러도판 29).

그런데 과연 이구아노돈은 뒷다리보다 가는 앞다리로 무거운 몸을 들어올릴 수 있었을까? 노먼은 이구아노돈의 손뼈들이 서로 단단하게 융합되어 있다는 사실을 알아냈다. 튼튼하게 만들어진 손은 약 5톤 정도 나가는 이구아노돈의 몸무게를 쉽게 지탱할 수 있었을 것이다.

사실 이구아노돈의 손은 단순히 무거운 몸을 들어올리는 데에만 쓰이지는 않았다. 이구아노돈은 공룡시대를 통틀어 가장 독특하게 생긴 손의 소유자였다. 이구아노돈은 두 손에 손가락이 다섯 개씩 달려 있다. 첫째 손가락인 엄지는 앞에서도 언급했듯이 거대한 원뿔형의 가시다. 이 가시엄지에는 손가락 마디가 없으며 거의 움직일 수가 없다. 둘째 셋째 넷째 손가락, 곧 가운데에 위치한 세 개의 손가락은 길쭉하며 서로 강인한 인대로 묶여 있다. 마지막으로 다섯째 새끼손가락은 길고 가늘며 상당히 유연하다.

노먼은 이구아노돈의 재미있게 생긴 손 모양을 자세히 연구했는데, 그는 각 손가락마다 모양이 서로 달랐기 때문에 각기 다른 용도로 쓰였을 것이라고 주장했다. 우선 첫째 가시엄지는 몸을 방어하는 데에 필요한 무기로, 둘째 셋째 넷째 손가락은 단단하게 융합된 손뼈와 연결되어 있기 때문에 몸을 지탱하는 용도로, 마지막으로 유연한 새끼손가락은 물체를 잡는 용도로 썼을 것이라고 추정했다. 마치 다양한 종류의 도구들이

이구아노돈의 맥가이버 손
벨기에왕립자연사박물관에 전시된 이구아노돈의 왼손이다. 사람처럼 다섯 개의 손가락을 가지고 있기 때문에 마치 외계 종족의 장갑 같기도 하다. 하얀 화살표로 표시된 것이 바로 엄지다.

여러 개 달려 있는 '맥가이버 칼(스위스 군용 칼)'을 떠올렸을지도 모른다. 개인적으로 이구아노돈의 손을 '맥가이버 손'이라고 부르고 싶다.

노먼의 이러한 아이디어는 오늘날까지도 대체로 잘 받아들여지고 있다. 하지만 유일하게 다른 학자들이 동의하지 않는 부분은 바로 가시엄지의 용도다. 노먼의 주장처럼 이구아노돈이 엄지를 이용해 육식공룡을 무찔렀다고 하기에는 앞다리가 조금 짧았기 때문이다. 이구아노돈이 자신의 가시엄지를 무기로 사용하기 위해서는 육식공룡이 이구아노돈의 목을 물어버릴 수 있는 거리까지 다가와야만 한다. 하지만 아무리 생각해봐도 이구아노돈이 목이 물리는 위험까지 감수해가면서 엄지를 무기로 사용하지는 않았을 것이다. 육식공룡으로부터 자신을 방어하기 위한 무기로 사용하지 않았다면, 다른 이구아노

돈들과 싸울 때 사용했거나 혹은 열매껍질을 까거나 식물의 뿌리를 땅속에서 파내는 데에 사용했을 것으로 추정되지만 아직까지는 확실하게 밝혀진 것이 없다.[8] 그나마 확실한 것은 이구아노돈의 손이 티라노사우루스가 부러워할 만한 손이었다는 것이다.

이구아노돈의 손만큼이나 특수한 구조를 보이는 부위는 바로 이구아노돈의 입이다. 이구아노돈에게는 앞니가 없다. 대신에 뾰족한 각질의 부리를 가지고 있어서 질긴 식물들을 쉽게 자를 수가 있었는데, 이 부리는 단단한 턱뼈로 지지되었다. 특히 전하악골predentary이라고 불리는 이들의 아랫입술뼈는 아래턱의 부리를 조금 움직일 수 있게 만들어주었는데, 아마도 나뭇가지나 줄기에 붙어 있는 잎사귀들을 섬세하게 따먹을 때 유용하게 쓰였을 것으로 추정된다. 이 특수한 아랫입술뼈는 이구아노돈과 이들의 후손인 오리주둥이공룡(하드로사우루스), 이들의 친척들인 뿔공룡(트리케라톱스), 골판공룡(스테고사우루스)과 갑옷공룡(안킬로사우루스) 그리고 돔머리공룡(파키케팔로사우루스)에게서만 발견되며, 다른 척추동물에게서는 이 뼈가 발견되지 않는다.

날카로운 부리 뒤로는 나뭇잎 모양의 어금니들이 줄지어 있다. 노먼은 이구아노돈의 이빨과 턱의 움직임에 대해서도 자세히 연구했는데, 그 결과 이들이 일종의 '씹는 행위'를 통해 음식물을 갈아먹었음을 알아냈다. 물론 이구아노돈은 다른 파충류들처럼 턱을 위아래로만 움직일 수가 있어서 사람처럼 턱을 좌우로 자유롭게 움직여 음식을 씹을 수가 없었다. 대신에 이들은 이들만의 씹는 방법으로 식사를 즐겼다. 이구아노돈의 이빨은 모두 턱의 안쪽으로 배치되어 있는데, 이구아노돈이 턱을 닫으면 아래턱의 이빨들이 위턱의 이빨들을 밀어 올린다. 이 과정에서 위턱의 일부가 들어올려지면서 바깥쪽으로 움

**이구아노돈의 특별한
아랫입술뼈**
영국 옥스퍼드대학교 자연사박
물관에 전시된 이구아노돈 머
리뼈. 하얀 화살표가 가리키는
것이 바로 아랫입술뼈다.
© Wikipedia

직이고, 아랫이빨과 윗이빨이 서로 교차되어 그 사이로 들어온 음식
물을 마치 맷돌처럼 갈아버린다. 이렇게 갈린 음식물은 그냥 뜯어 삼
켰을 때보다 더 쉽게 소화되었을 게 당연하다. 사람과는 전혀 다른 방
법이지만 결과물은 같았다.

이구아노돈은 한마디로 음식 좀 씹을 줄 아는 공룡이었다. 그렇다
면 우리 인간처럼 볼도 가지고 있었을까? 이 궁금증은 1970년대에
처음 등장했다. 당시 브리지포트대학교의 갈턴은 이구아노돈처럼 음
식을 씹는 공룡들에게 볼이 없다면 정말 보기 역겨웠을 것이라고 말
했다. 볼이 없는 상태에서 어금니로 음식을 씹는다면 얼굴 양옆으로
잘게 갈린 음식물들이 쏟아져 나오기 때문이다. 볼 없는 이구아노돈
은 계속해서 자신이 씹다가 흘린 음식물을 주워먹어야 했을 것이다.
그래서 당시 많은 학자들은 이구아노돈처럼 풀 좀 씹는 공룡들이 당

나도 건빵
한 개만 줘!

혀 치워요!
이 건빵은 내 거예요.

이구아노돈은 잘 발달된 유연한 혀를 가지고 있었을 것이다. 다만 위 그림처럼 기다랗지는 않았을 것이다.

연히 볼을 가졌을 것으로 생각했다.

요즘은 탱탱한 볼을 가진 이구아노돈의 모습을 의심하고 있는 추세다. 미국 오하이오대학교의 래리 위트머는 이구아노돈과 이들의 친척 공룡들의 머리뼈를 자세히 연구했는데, 그 결과 볼을 가진 증거는 어디에도 없다고 밝혔다. 그래서 현재는 이구아노돈처럼 음식물을 씹는 공룡들이 두툼한 입술을 가졌을 것으로 추정하기도 하며, 입가를 따라 각질의 부리가 길게 발달했을 것으로 보기도 한다. 그렇지만 계속해서 볼의 존재를 주장하는 학자들도 있다. 뼈의 구조만 가지고 볼이 없었다고 볼 수는 없다는 것이 이들의 주장이다.

하지만 먹이를 씹기 위해서 꼭 살집이 있는 볼이 필요할까? "현재는 과거의 열쇠다"라는 말이 있다. 오늘날 식물을 뜯어먹고 사는 초식성 파충류들은 볼을 갖고 있지 않다. 하지만 이들은 음식을 흘리며 먹지는 않는다. 턱의 섬세한 움직임과 유연한 혀를 이용해 입속의 음식물을 놀랍도록 자유자재로 이리저리 움직이며 식사를 한다. 이구아노돈 또한 유연한 혀를 이용해 맷돌처럼 간 음식물을 입안에서 자유자재로 다루지 않았을까? 그렇다면 이들에게 볼은 없어도 되는 구조일 수도 있다. 현재 공룡의 볼에 대한 연구는 계속 진행 중이다.

이구아노돈의 최신 연구결과는 2012년에 나왔다. 벨기에왕립자연사박물관의 파스칼린 라우테르스와 연구팀은 베르니사르의 이구아노돈 머리뼈를 CT로 찍어 이구아노돈의 뇌를 3차원 입체로 복원하는 데에 성공했다. 연구결과에 따르면 이구아노돈은 후각을 담당하는 후각신경구가 매우 발달했는데, 이는 이구아노돈들이 냄새에 민감했음을 말해준다. 그러니까 이구아노돈과 대화를 하려면 꼭 그전에 양치질을 해야 했을지도 모른다. 또한 이구아노돈은 공룡치고는 상당히 뇌가 컸음이 밝혀졌다. 같은 시기에 살았던 뿔공룡이나 이들보다 이후에 등장하는 오리주둥이공룡보다도 뇌가 컸는데, 초식공룡치고는 똑똑한 편에 속했던 것으로 여겨진다. 하지만 이구아노돈이 다른 초식공룡들에 비해 똑똑했다 하더라도 집고양이만큼 영리하지는 못했다. 참고로 개인적인 경험에 따르면 집고양이는 그리 영리하지 않다(고양이 애호가님들, 농담입니다!).

공룡은 프라다를 입는다

"우와! 이구아노돈들이 행진을 하는 것 같아요!"

다섯 살짜리 꼬마는 벨기에왕립자연사박물관에 전시되어 있는 이구아노돈 아홉 마리를 보고 감탄했다. 꼬리를 끌고 고개를 높게 들어올린 이 거대한 파충류들을 보자마자 이 어린 소년은 나중에 커서 공룡을 연구하는 고생물학자가 되리라 마음먹었다. 그로부터 45년 후, 고생물학자의 꿈을 이룬 소년은 자신의 꿈이 시작된 벨기에왕립자연사박물관에서 근무하며 공룡 화석을 연구하고 있다. 이 소년은 바로 파스칼 고데프로이트다.

고데프로이트는 박물관에서 이구아노돈과 이들의 친척 공룡들을 수십 년 동안 자세히 연구해왔다. 간혹 러시아와 중국을 오가며 해외 학자들과 공동연구를 하기도 했지만 일 년 중 대부분의 시간은 박물관 2층에 위치한 연구실에서 보냈다.

박물관에서 평범한 하루를 보내던 그에게 어느 날 러시아에서 연락이 왔다.

"이보게 파스칼 선생, 잘 지냈는가? 이번에 화석지에서 새랑 악어랑 프시타코사우루스(작은 뿔공룡)가 한꺼번에 나왔다네! 이곳으로 와서 구경하지 않겠나?"

때마침 큰 연구거리가 없던 고데프로이트는 비행기를 타고 러시아로 향했다. 하지만 러시아 연구소에 도착한 그는 깜짝 놀랄 수밖에 없었다. 각각 새, 악어, 작은 뿔공룡의 화석인 줄 알았던 것이 사실은 한 동물이었기 때문이다!

이 동물은 몸이 새처럼 깃털로 덮여 있었고, 꼬리는 악어처럼 큰 골편으로 덮여 있었으며, 골반과 다리는 러시아와 중국에서 흔하게 발견되는 프시타코사우루스와 비슷했다. 그럼 이 동물의 정체는 무엇일까? 큰 새일까? 두 발로 걷는 악어일까? 아니면 변종 프시타코사우루스일까? 이 동물의 골격 구조를 자세히 연구한 끝에 고데프로이트는 이 동물이 원시 형태의 초식공룡임을 알아냈다. 그리고 독특한 생김새 때문에 이 공룡이 지금까지 보고되지 않은 새로운 종이라 확신했다. 그래서 그는 이 공룡이 발견된 지역의 이름인 쿨린다[9]를 따서 쿨린다드로메우스*라는 학명을 붙여주었고, 2014년에 학계에 공식적으로 보고했다. 하지만 놀라움은 쿨린다드로메우스의 괴상하게 생긴 외모에서 끝나지 않았다. 이 공룡이 가지고 있는 특징들이 기존의 공룡에 대한 학설을 완전히 뒤집어놓았기 때문이다.

고데프로이트는 이 새로운 초식공룡의 뼈 사이사이에 보존된 깃털 흔적들을 자세히 관찰했다. 이 공룡은 마치 닭처럼 온몸이 촘촘하게 깃털로 덮여 있었다. 하지만 이

쿨린다드로메우스_Kulindadromeus_
'쿨린다의 달리기 선수'란 뜻으로, 러시아의 쿨린다에서 발견된, 두 발로 달리는 공룡이기 때문에 붙은 학명이다.

깃털들은 오늘날의 닭이나 비둘기에게서 볼 수 있는 그런 깃털과는 조금 달랐다. 구조가 매우 단순한 섬유질의 원시깃털이 었다. 사실 공룡에게서 깃털이 발견된 건 꽤 오래전의 일이다. 1995년, 중국에서 발견된 토이푸들(작은 애완용 푸들)만 한 작은

육식공룡 시노사우롭테릭스*에게서 원시 형태의 깃털이 처음 발견된 이후로 깃털로 덮인 다양한 육식공룡의 화석들이 보고되기 시작했다. 그래서 학자들은 깃털이란 것이 작은 육식공룡이 남겨놓은 유산이라고만 생각해왔다. 그런데 초식공룡 쿨린다드로메우스에게서 원시깃털의 흔적이 발견되면서 기존의 학설이 완전히 뒤바뀌게 된 것이다.

사실 초식공룡에게서 깃털의 흔적이 발견된 것 또한 이번이 처음은 아니었다. 쿨린다드로메우스를 발견하기 전에는 중국의 원시 초식공룡 티안유롱*과 원시 뿔공룡 프시타코사우루스에게서 털처럼 생긴 원시 깃 구조가 발견된 적이 있었다. 하지만 이 깃들은 형태적으로 너무나 단순해서 그저 변형된 비늘로만 인식되었고, 육식공룡의 깃털과는 아무런 상관이 없는 것으로 치부되었다. 그런데 쿨린다드로메우스는 티안유롱과 프시타코사우루스에게서 볼 수 있는 단순한 깃 구조보다는 복잡하지만, 육식공룡에게서 볼 수 있는 복잡한 깃털 구조보다는 단순한 깃털을 소유하고 있었다. 결국은 이들 초식공룡들도 육식공룡처럼 깃털을 보유하고 있었음이 밝혀진 것이다.

그럼 깃털은 언제부터 존재했던 걸까? 육식공룡과 초

시노사우롭테릭스Sinosauropteryx
'중국의 도마뱀 날개'란 뜻으로, 원시깃털로 덮여 있는 모습 때문에 붙은 학명이다. 하지만 이름의 뜻과 달리 날개는 없다.

티안유롱Tianyulong
天(하늘-천), 宇(집-우), 그리고 龍(용-용)이 합쳐진 '천하의 용'이란 뜻의 한자어를 라틴어 발음으로 옮긴 학명이다.

식공룡은 약 2억 3000만 년 전인 중생대 트라이아스기 후기에 하나의 공통조상에서 분리되었다. 육식공룡과 초식공룡 모두에게서 깃털의 흔적이 확인되었다는 것은 이들의 공통조상이 깃털을 가지고 있었다는 것을 의미하는데, 육식공룡과 초식공룡들의 공통조상은 지구상에 등장한 최초의 공룡이기도 하다. 그렇다면 공룡은 등장할 때부터 깃털을 달고 나타난 것일까? 아직 트라이아스기 지층에서 깃털의 화석이 발견되지 않았기 때문에 100퍼센트 확신할 수는 없다. 하지만 진화사적 관점에서 보면 분명히 트라이아스기에 그것도 최초의 공룡, 혹은 공룡의 조상 때부터 깃털이 존재했을 가능성이 크다.

그렇다면 우리의 초식공룡 이구아노돈 또한 원시 형태의 깃털로 덮여 있지 않았을까? 쿨린다드로메우스는 이구아노돈을 포함하는 두발 초식공룡(조각류)과 뿔공룡의 공통조상뻘 되는 공룡이다. 게다가 뿔공룡 중 피부가 보존된 프시타코사우루스는 꼬리 위에 단순한 깃 구조를 가지고 있다. 그럼 비슷한 공룡에서 기원한 이구아노돈 또한 깃털을 가지고 있지 않았을까?

아쉽게도 아직 이구아노돈에게서는 원시 깃의 흔적이 발견되지 않았다. 하지만 이구아노돈을 덮고 있던 피부의 흔적은 오래전에 돌로가 보고한 적이 있다. 돌로는 베르니사르의 이구아노돈들을 연구할 때 뼈화석 주변에 보존된 피부 인상화석들을 보고했는데, 그가 보고한 이구아노돈의 피부는 악어처럼 울퉁불퉁한 비늘로 덮여 있었다. 그렇다면 이구아노돈은 자신의 조상들이 가지고 있던 깃털들을 모두 퇴화시킨 것일까?

베르니사르의 이구아노돈들은 피부의 일부만이 화석으로 보존되었기 때문에 확실하게 이야기할 수 없다. 하지만 이들의 조카뻘 되는

오리주둥이공룡들의 화석 덕분에 어느 정도 추측할 수 있
다. 1999년에 미국 다코다 주의 한 개인 사유지에서 오리
주둥이공룡 브라킬로포사우루스*의 미라화된 화석이 발
견되었는데, 이 공룡 화석의 꼬리와 다리, 옆구리 일부에
피부가 3차원적으로 보존되어 있었다(컬러도판 30). 10) 하지만 이 피부화석
에는 깃털의 흔적이 없었다. 이구아노돈과 가까운 오리주둥이공룡들
에게는 쿨린다드로메우스와 달리 깃털이 없었던 것이다.

그럼 이구아노돈 또한 오리주둥이공룡처럼 깃털 없는 비늘로 덮인
피부를 가지고 있었을까? 이구아노돈의 미라화한 화석이 발견되지
않는 한 우리는 정확히 알 길이 없다. 하지만 거대한 초식공룡들의 피
부화석에는 깃의 흔적이 발견되지 않기 때문에 없었을 확률이 커 보
인다. 다시 말하면 이들은 조상들이 가지고 있던 단순한 깃이나 복잡
한 깃털을 퇴화시켰을 가능성이 크다.

그런데 아기 이구아노돈에게는 솜털 같은 깃털이 있었을 가능성이
충분하다. 아직까지는 갓 태어난 아기 이구아노돈이나 이구아노돈의
알화석이 발견된 적은 없다. 하지만 확실한 것은 아기 이구아노돈이
처음 세상에 나왔을 때 다른 아기 공룡들과 마찬가지로 몸집이 매우
작았다는 것이다. 아마 새끼 고양이만 한 크기였을 것이다.

코끼리만 한 어른 이구아노돈들과는 달리 아기 이구아노돈들은
체온을 유지하기가 어려웠다. 몸집이 작았기 때문이다. 몸집이 작으
면 작을수록 몸의 부피에 비해 표면적이 넓다. 바깥 공기와 접촉하
는 표면적이 넓다 보니 그만큼 체온을 쉽게 잃어버린다. 반면에 몸
집이 크면 클수록 몸의 부피에 비해 표면적이 작아서 체온을 쉽게
잃지 않는다.

브라킬로포사우루스
Brachylophosaurus
'짧은 볏을 가진 도마뱀'이란 뜻으
로, 정수리에 있는 볏이 정말 작았
기 때문에 붙은 학명이다.

아기 마이아사우라의 골격
마이아사우라는 이구아노돈의 친척뻘 되는 공룡이다. 갓 태어난 아기 공룡은 멜론보다도 크기가 작았기 때문에 추위를 잘 탔을 것이다.

상상이 안 된다면 집에서 간단하게 실험해볼 수 있다. 따뜻한 아메리카노 한 잔과 욕조에 받아놓은 따뜻한 목욕물을 비교해보라. 머그잔에 들어 있는 아메리카노와 욕조의 물이 미지근해지는 데에 걸리는 시간을 각각 측정해보자. 아무리 따뜻한 아메리카노라도 목욕물의 따뜻함을 이길 수가 없다. 손에 들고 있는 머그잔은 표면적이 부피에 비해 상대적으로 크지만, 욕조는 그 반대이기 때문이다.

이렇듯 작은 몸집 탓에 체온을 조절하기 힘들었을 아기 이구아노돈은 따뜻한 하루를 보내기 위해 온몸이 깃털로 뒤덮여 있었을 가능성이 있다.

반면에 덩치가 큰 어른 이구아노돈은 거대한 몸집 때문에 굳이 깃털이 없어도 체온을 유지하는 데에 어려움이 없었을 것이다. 오히려 보온용 깃털로 온몸이 덮여 있으면 몸의 열을 식히는 데에 힘이 든다. 그래서 이들은 어릴 적의 깃털을 벗어버리고 비늘로만 이루어진 피부를 가졌는지도 모른다. 오늘날 살아 있는 동물 중에서도 이와 비슷한 동물이 있는데, 그것은 바로 코끼리다. 아기 코끼리는 피부에 듬성듬성 긴 털들이 나 있는 반면, 어른 코끼리들은 털이 거의 없다.

필자는 고데프로이트가 괴상하게 생긴 쿨린다드로메우스를 한창 연구 중일 때 찾아간 적이 있다. 필자 또한 이 공룡의 화석을 처음 보고는 놀라움을 감출 수가 없었다. 이구아노돈 앞에 선 필자는 "이제는 깃털로 덮인 아기 이구아노돈의 모습을 상상해도 될까요?"라고 물어봤다. 팔짱을 낀 고데프로이트는 미소를 지으며 입을 열었다. "글쎄요. 듣고 보니 깃털로 덮여 있는 아기 이구아노돈의 모습도 멋있을 것 같네요. 앞으로 얼마나 더 괴상하게 변할지 기대되긴 합니다, 낄낄낄." 마치 어린 시절의 고데프로이트와 대화하는 것 같았다. 물론 어릴 적 그를 만나본 적은 없지만….

공룡들의 수다

공룡시대에는 이구아노돈처럼 생긴 초식공룡들이 많았다. 그래서 학자들은 이구아노돈처럼 생긴 공룡들을 묶어서 이구아노돈류Iguanodontia라고 부른다. 이구아노돈류는 세계 곳곳에서 발견된다. 영국의 칼로보사우루스*, 루마니아의 잘목세스*, 미국의 테논토사우루스*, 아프리카의 오우라노사우루스(컬러도판 31)*, 그리고 오스트레일리아의 무

칼로보사우루스Callovosaurus
'칼로비안의 도마뱀'이란 뜻으로, 쥐라기의 한 시기인 칼로비안Callovian(1억 6400만 년 전~1억 6100만 년 전)에 살았기 때문에 붙은 학명이다.

잘목세스Zalmoxes
유럽의 트라키아 지방에서 일어났던 고대 민족인 게테족이 섬겼던 잘목시스 신에서 학명을 따왔다.

테논토사우루스Tenontosaurus
'힘줄 도마뱀'이란 뜻으로, 등과 꼬리에 발달한 뼈로 된 힘줄 구조 때문에 붙은 학명이다.

오우라노사우루스Ouranosaurus
'용감한 도마뱀'이란 뜻이다. '용감하다' 또는 '왕도마뱀'을 의미하는 사하라 지역의 투아레그어인 '오우라네ourane'에서 따온 학명이다.

무타부라사우루스
Muttaburrasaurus
'무타부라의 도마뱀'이란 뜻으로, 오스트레일리아 퀸즐랜드의 무타부라 지역 근처에서 발견되었기 때문에 붙은 학명이다.

타부라사우루스*까지 이들은 모든 대륙에서 발견된다. 아직 뼈화석은 발견되지 않았지만 우리나라 남해안 지역에서는 이구아노돈류 공룡들이 남긴 것으로 추정되는 발자국들이 무더기로 발견되었다.

　이구아노돈류가 이렇게 성공적으로 번성할 수 있었던 이유는 바로 이들의 걸음걸이와도 관련이 있다. 앞에서도 언급했듯이 이구아노돈류는 네 발로도, 두 발로도 걸어다닐 수 있다. 그래서 이들은 네 발로 걷는 키 작은 초식공룡이 하는 짓과 두 발로 걷는 키 큰 초식공룡이 하는 짓을 모두 할 수 있었다. 나무가 별로 없고 키 작은 고사리들이 많은 환경에서는 네 발로 걸으며 바닥을 훑을 수가 있고, 키 큰 나무들만 있는 환경에서는 뒷다리로 서서 나무 위의 잎사귀들을 따먹을 수가 있었다. 결국 이 다재다능한 공룡들은 그 어떤 초식공룡보다도 다양한 환경에서 살아갈 수가 있었으며, 더욱더 넓게 퍼져나갈 수 있었던 것이다. 게다가 이구아노돈류가 살았던 당시에는 대륙들이 서로 이어져 있어서 이 대륙 저 대륙을 옮겨다닐 수 있었다. 이구아노돈류는 여러 종류의 초식공룡들이 할 수 있는 일들을 혼자서 다 해치울 수 있는 '종합선물세트' 같은 초식공룡이었던 셈이다(컬러도판 32).

　백악기 전기가 끝날 무렵이 되자 이구아노돈류 중 일부는 새로운 종류의 초식공룡으로 탈바꿈했다. 이들은 바로 하드로사우루스형태류Hadrosauroidea, 쉽게 표현하자면 오리주둥이공룡이다. 이들의 겉모습은 이구아노돈과 유사하다. 심지어 어떤 오리주둥이공룡은 이구아노돈과 분간하기 어려울 정도로 닮았다. 하지만 이들에게는 눈에 쉽게 띄지 않는 차이점들이 있는데, 대표적인 것이 바로 이빨 모양이다.

　이구아노돈의 이빨은 앞에서 언급했듯이 이구아나의 이빨과 유사하다. 이빨의 양옆이 넓으며 가장자리를 따라 작은 돌기들이 발달해 있다. 반면에 오리주둥이공룡은 이러한 이빨 돌기들이 작거나 아예 없으며, 전체적인 모양이 마치 다이아몬드와 비슷하다.

왜 오리주둥이공룡은 이구아노돈 시절에 갖고 있던 이빨 돌기들을 없앴을까? 아마도 이빨 돌기가 차지하는 공간이 많아서 그럴 수도 있다. 이구아노돈의 턱을 보면 뾰족뾰족 튀어나와 있는 이빨 돌기들 때문에 이빨들 사이에 약간씩 틈이 있다. 하지만 이빨 돌기가 거의 없는 오리주둥이공룡은 이빨들이 촘촘하게 붙어 있어서 턱에 이빨이 더 많이 날 수 있다. 왜 굳이 이빨을 많이 나게 하는 방향으로 진화했는지에 대해서는 아직 알려진 바가 없지만, 아마도 날이 갈수록 질겨지는 식물들을 잘 씹기 위해 이빨들이 많아진 게 아닐까 추정된다.

식물은 얼핏 보면 살아 있지 않은 것처럼 보이겠지만, 사실 이들도 생명체이기 때문에 다른 생명체들과 경쟁도 하고, 번식도 하며, 천적으로부터 몸을 보호하기도 한다. 식물들에게는 놀라울 정도로 다양한 방어능력들이 있다. 감나무는 아직 준비되지 않은 열매들이 따먹힐까봐 떫은맛을 내며, 라즈베리나무는 가지에 가시를 만들어 자신을 방어한다. 줄기와 잎을 좀 더 질기게 만들어 초식동물들이 먹기 힘들게끔 하는 식물들도 많은데, 이렇게 질겨지는 식물들 때문에 코끼리나 바다소 같은 채식주의자들은 닳아 없어지는 이빨들을 대신해서 새로운 이빨들이 끊임없이 생겨나는 일종의 이빨 컨베이어벨트를 구축했다. 오리주둥이공룡 또한 비슷한 경우였던 것으로 보인다.

오리주둥이공룡은 이빨 구조뿐만 아니라 머리 형태도 이구아노돈과 다르게 변해갔다. 오리주둥이공룡 일부는 백악기 후기로 가면서 머리에 뼈로 이루어진 볏 장식물을 발달시키기 시작했다. 때밀이장갑처럼 생긴 친타오사우루스*의 볏,

친타오사우루스_Tsintaosaurus_
'칭다오의 도마뱀'이란 뜻으로, 중국의 항구도시 칭다오青島에서 학명을 따왔다.

람베오사우루스Lambeosaurus
'램의 도마뱀'이란 뜻으로, 캐나다의 고생물학자인 로렌스 램이 학계에 세운 공을 기리기 위해 붙은 학명이다.

파라사우롤로푸스Parasaurolophus
'볏이 있는 도마뱀과 가깝다'라는 뜻으로, '볏이 있는 도마뱀'이란 뜻의 초식공룡 사우롤로푸스Saurolophus와 비슷하게 생겨서 붙은 학명이다.

코리토사우루스Corythosaurus
'헬멧 도마뱀'이란 뜻으로, 머리에 있는 볏이 마치 헬멧과 유사하기 때문에 붙은 학명이다.

벙어리장갑처럼 생긴 람베오사우루스*의 볏, 긴 튜브 모양의 파라사우롤로푸스*의 볏, 그리고 탱크에 눌린 방탄 헬멧처럼 생긴 코리토사우루스*의 볏 등 종류에 따라 모양이 천차만별이다. 놀랍게도 이 볏 구조물들은 단순한 뼈 장식품들이 아니었는데, 대부분의 오리주둥이공룡은 볏 속이 비어 있었다. 볏 속의 빈 공간은 비강, 곧 콧구멍에서 출발해 호흡기까지 연결해주는 구간이었다. 그렇다면 왜 오리주둥이공룡은 이렇게 복잡한 콧속 구조를 발달시켰을까?

오리주둥이공룡의 볏에 대한 해석은 1930년대부터 나오기 시작했다. 오리처럼 생긴 주둥이와 앞발가락 사이에 발달한 물갈퀴 같은 피부 때문에 20세기 초 학자들은 오리주둥이공룡이 수중동물이었을 것으로 착각하기도 했다. 당시 최고의 척추고생물학자 앨프리드 로머는 오리주둥이공룡이 볏을 마치 잠수장비인 스노클처럼 사용했을 것이라고 보았으며, 노던애리조나박물관의 에드윈 콜버트는 오리주둥이공룡이 잠수를 할 때 볏에 공기를 저장했을 것이라 해석하기도 했다. 하지만 몸 구조가 육상생활에 적합하다는 사실과 앞발가락의 피부가 물갈퀴가 아니었음이 밝혀지면서 이러한 해석들은 거침없이 쓰레기통으로 던져졌다. 그 후 볏이 수컷들끼리 힘을 겨룰 때 사용되었다는 의견, 숲속의 나뭇가지 사이를 헤쳐나가는 데에 사용되었다는 의견, 몸의 소금기를 조절하는 기관이 볏 속에 있었다는 의견 등 다양한 주장들이 나왔지만, 그 어떤 것도 제대로 된 증거 없이 발표된 가설들이라서 진지하게 받아들여지지 않았다.

볏의 용도는 이렇게 오리무중에 빠지는 듯싶다가 1990년대에 들어서면서부터 진지한 해석이 나오기 시작했다. 이것은 컴퓨터를 이용한 모델링 작업 덕분에 가능한 일이었다. 뉴멕시코자연사박물관의 톰 윌리엄슨은 오리주둥이공룡이 볏의 빈 공간을 이용해 소리를 냈을 것으로 추정했다. 오리주둥이공룡의 머리뼈에 직접 공기를 불어넣을 수 없었던 그는 컴퓨터 3D 모델링 전문가인 칼 다이저트를 찾아가 오리주둥이공룡 파라사우롤로푸스의 튜브 모양 볏을 컴퓨터상에서 만들었다. 그들은 이 속 빈 튜브 모양의 3차원 볏에 공기를 통과시켰는데, 놀랍게도 컴퓨터상의 파라사우롤로푸스가

독특한 머리 모양을 고수한 파라사우롤로푸스
독일 젠켄베르크자연사박물관에 전시된 오리주둥이공룡 파라사우롤로푸스. 독특하게 생긴 볏 구조물 때문에 학자들이 한동안 골머리를 앓았다.

괴상한 소리를 내기 시작했다. 그 소리는 마치 낮은 트럼펫 소리 같기도 했다. 처음으로 공룡의 소리를 재현한 사례였다.

컴퓨터 시뮬레이션으로 재현된 오리주둥이공룡의 소리는 보통 30헤르츠$_{Hz}$를 맴도는 주파수가 낮은 음파였다. 그렇다면 왜 이들은 이런 소리를 냈을까? 주파수가 낮으면 파장이 길다. 파장이 길면 소리가 먼 곳까지 퍼져나갈 수 있다. 파라사우롤로푸스와 다른 오리주둥이공룡들은 아마도 저음파를 이용해 멀리 있는 동료들과 의사소통을 했을지도 모른다. 오리주둥이공룡을 포함하는 이구아노돈류가 성공적으로 넓은 지역에 퍼져나가다 보니 녀석들만의 의사소통

오리주둥이공룡들은 친구들끼리만 대화하기 위해 볏을 진화시켰는지도 모른다.

방법이 필요했나 보다. 게다가 전화기도 없던 시절이었으니 이러한 저음파 의사소통은 대단히 유용했을 것이다. 어미 오리주둥이공룡은 새끼들을 부르고, 멀리 떨어져 있는 동료가 육식공룡을 발견하면 주위 동료들에게 위험을 알려줄 수 있었는지도 모른다. 어쩌면 이구아노돈류는 우리처럼 꽤나 수다스러운 동물이었는지도 모른다.

재미있는 사실은 오리주둥이공룡을 즐겨 먹던 티라노사우루스가 저음파를 잘 들었을 것이라는 연구결과가 나왔다는 것이다.[11] 혹시 육식공룡들은 오리주둥이공룡의 대화를 몰래 엿듣기 위해 낮은 주파수의 소리를 잘 들을 수 있도록 진화한 것은 아닐까?

조용한 포효

오리주둥이공룡이 다양한 볏 구조물을 진화시킨 이유가 바로 목소리를 내는 성대가 없었기 때문이라고 보는 학자들도 있다. 사실 성대가 없었던 것은 오리주둥이공룡만이 아니었다. 이들의 선조인 이구아노돈과 머나먼 친척인 티라노사우루스까지 모든 공룡에게 해당되는 이야기다. 공룡에게 사람과 같은 성대가 없었다고 볼 수 있는 이유는 바로 오늘날 유일하게 '살아 있는 공룡'인 새들에게서 성대를 찾아볼 수 없기 때문이다(새가 왜 공룡인지에 대해서는 다음 장에서 다룬다). 그렇다면 성대가 없는 공룡은 꿀 먹은 벙어리였을까? 그렇지는 않았을 것이다. 오늘날 살아 있는 동물들은 성대 없이도 다양한 소리를 낼 수 있다. 대표적인 동물이 바로 새다.

새는 성대가 없어도 다양한 소리를 낸다. 폐와 기도가 연결되는 부위에 있는 명관syrinx이라는 기관을 통해 소리를 내기 때문이다. '그렇다면 과거의 공룡들도 이 명관이란 구조를 통해 소리를 내지 않았을까?'라고 생각해볼 수도 있지만, 사실 공룡은 명관 대신에 다른 기관을 통해 소리를 냈을 가능성이 크다. 그 이유는 바로 명관이란 구조가 진화된 새 종류들에게만 있는 기관이기 때문이다. 원시적인 새인 에뮤나 화식조에게는 명관이 없다. 그러니 에뮤나 화식조보다 더 원시적인 티라노사우루스나 이구아노돈에게 명관이 있었을 가능성은 더욱 희박하다.

그렇다면 에뮤나 화식조 같은 원시 새들은 어떻게 소리를 낼까? 이들은 명관 대신에 목이나 다른 내부 기관에 공기주머니들이 발달해 있다. 이 공기주머니에 공기를 넣었다 뺐다 하면서 "붐붐"거리는 소리, 혹은 북 치는 소리를 낸다. 이런 원시 새들이 내는 소리는 대체로 저음파인데, 특히 에뮤는 이런 저음파를 이용해 2킬로미터 밖에 있는 동료와 의사소통을 한다. 공룡은 에뮤와 비슷한 소리나 방법으로 소리를 냈을 것이다. 결국은 차를 뒤집으며 멋있게 포효하는 영화 속 티라노사우루스의 모습은 허구인 셈이다.

오리주둥이공룡은 볏 속의 빈 공간을 마치 에뮤의 공기주머니처럼 사용했을 가능성이 크다. 빈 공간 속으로 공기를 이리저리 통과시키며 저음파를 냈을지도 모른다. 이러한 볏 속 구조는 오리주둥이공룡 종류에 따라 다르다. 종류마다 서로 다르게 생긴 빈 공간을 갖고 있다 보니 아마 제각각 다른 소리를 만들어냈을 것이다. 게다가 이들은 연령대 별로 볏의 크기나 모양이 많이 다르다. 따라서 같은 종류 내에서도 나이에 따라 다른 소리를 냈을 가능성이 크다.

CHAPTER 5

무서운 발톱, 데이노니쿠스

철컥…. 철컥….

문고리가 슬쩍 돌아가면서 조금씩 부엌문이 열렸다. 문고리에는 가느다란 세 개의 손
가락이 걸려 있었다. 사람의 손은 아니었다. 손가락 끝에는 길게 휘어진 손톱이 달려 있
었다. 갑자기 거대한 도마뱀 같은 머리가 문틈 사이로 불쑥 들어왔다. 이 동물은 차가운
눈으로 부엌 안을 들여다보았다. 그러고는 긴 주둥이로 힘껏 부엌문을 밀어젖힌 후, 코
를 이리저리 움직이며 부엌 공기를 들이마셨다. 피부는 악어처럼 비늘로 덮여 있었고
뱀처럼 '쉿쉿'거리는 소리를 냈다.

"팀, 뭐야…?"

렉스는 조심스럽게 동생에게 물었다.

"세상에…. 벨로키랍토르야…."

팀은 그대로 얼어붙었다. 어느새 부엌 안에는 사람만 한 공룡 두 마리가 들어와 있었다.
이들은 아이들이 있는 쪽으로 사뿐사뿐 걸어 들어왔다.

— 영화 〈쥬라기 공원〉 중에서

앞의 영화 속 장면에는 세 가지 오류가 있다.

첫째는 육식공룡 벨로키랍토르의 무시무시한 외모다. 물론 이들이 과연 차가운 눈을 가졌는지에 대해서는 알 길이 없지만, 적어도 악어나 도마뱀처럼 피부가 단순히 비늘로만 덮여 있지는 않았다. 벨로키랍토르는 온몸이 깃털로 덮여 있었다. 아직 벨로키랍토르 화석에서 깃털이 발견된 것은 아니지만, 벨로키랍토르의 아래팔뼈에서 깃돌기 quill knob들이 발견된 걸로 봐서 이 사실을 알 수 있다. 깃돌기란 칠면조와 같이 크고 무거운 날개깃털을 가진 새들한테서 볼 수 있는, 크고 무거운 깃털을 지탱해주는 구조다. 비록 깃털화석은 발견되지 않았지만 잘 발달된 깃돌기들을 가지고 있는 걸로 봐서 벨로키랍토르 또한 칠면조처럼 깃털로 덮여 있었음을 짐작할 수 있다. 더 나아가 벨로키랍토르의 친척뻘 되는 수많은 육식공룡들에게서도 깃털의 흔적이 발견되고 있다. 그러므로 벨로키랍토르만 혼자 깃털 없이 살았을 것이라고는 보기 어렵다.

둘째는 벨로키랍토르가 문을 열었다는 것이다. 벨로키랍토르가 문을 열기 위해서는 문고리를 움켜잡은 다음, 손바닥을 아래로 돌리면서 문고리를 힘껏 내리눌러야 한다. 하지만 벨로키랍토르의 앞다리

벨로키랍토르 모형 장난감
1993년에 영화 〈쥬라기 공원〉
이 개봉했을 때 아이들 사이에
서 인기를 누렸던 벨로키랍토
르 장난감이다. 그때는 도마뱀
같이 비늘을 두르고 있었지만,
실제로 벨로키랍토르는 깃털로
덮인 공룡이다.
© Tomi Lattu

로는 이러한 동작을 할 수 없다. 벨로키랍토르는 마치 날개를 접은 새처럼 앞다리를 접고 있다. 게다가 평소에는 앞다리를 옆구리에 바짝 붙이고 있다. 아마 실제로 벨로키랍토르를 보게 된다면 그저 손가락이 달린 새처럼 보일지도 모른다. 이러한 구조와 몸짓 때문에 벨로키랍토르는 앞다리를 마치 날갯짓하듯이 움직인다. 이런 앞다리 구조로는 절대로 문을 열 수 없다. 마치 닭 날개로 방문을 열지 못하는 것과 같다.

마지막으로 영화 속 장면의 셋째 오류는 바로 벨로키랍토르 그 자체다. 영화 속 벨로키랍토르는 사람만 한 덩치의 무시무시한 사냥꾼으로 등장한다. 하지만 실제 벨로키랍토르는 큰 거위만 한 몸집에 고개를 높이 들어올린다 하더라도 성인의 허리까지밖에 닿지 않는다. 그래서일까, 영화를 보고 박물관을 찾은 사람들은 실제 벨로키랍토르를 보고 그 크기에 실망하는 경우가 적지 않다. 게다가 영화 속에 등장하는 이 빠릿빠릿한 육식공룡은 이름만 벨로키랍토르일 뿐, 사실은 벨로키랍토르와 비슷하게 생긴 데이노니쿠스라는 육식공룡이다. 영화 속 팀은 전혀 다른 공룡에게 벨로키랍토르라고 부르고 있었던 셈이다(자칭 공룡 마니아인 영화 속 팀은 공부를 더 해야 할 것이다). 그럼 어쩌다가 데이노니쿠스는 영화 속에서 벨로키랍토르가 되어버린 것일까(컬러도판 33)?

데이노니쿠스가 벨로키랍토르가 되어버린 사연은 1980년대로 거슬러 올라간다. 다재다능한 고생물학자 그레고리 폴은 박물관에서 데이노니쿠스의 골격을 자세히 관찰하던 중에 이 공룡이 몽골에서 발견된 다른 육식공룡인 벨로키랍토르와 상당히 유사하다는 점을 발견했다. 그래서 데이노니쿠스와 벨로키랍토르가 같은 종류의 공룡일 것이라고 생각했다. 때마침 폴은 자신의 책『세계의 포식공룡들 Predatory Dinosaurs of the World』을 쓰던 중이었고, 자신의 발견을 대중에게 알리고 싶었다. 그래서 그는 자신의 책에서 데이노니쿠스를 벨로키랍토르의 한 종류로 소개했다. 벨로키랍토르라는 학명은 1924년, 데이노니쿠스라는 학명은 1969년에 부여된 것이었기 때문에, 선취권의 법칙에 따라 폴은 데이노니쿠스라는 학명을 지우고 벨로키랍토르라는 이름을 사용했다.

몇 년간의 산통 끝에 1988년에 폴의 책이 출판되었다. 멋있는 육식공룡들만 모아놓은 이 공룡 책은 일반인들의 호응을 얻으며 불티나게 팔려나갔다. 당시에 이 책을 구입한 사람 중에는 소설가 마이클 크라이튼도 있었다. 마침 크라이튼은 소설『쥬라기 공원』을 쓰고 있었는데, 폴의 책이 공룡의 최신 연구결과를 담고 있다고 생각해 그 책 내용을 토대로 자신의 소설을 써내려갔다.

하지만 데이노니쿠스와 벨로키랍토르는 엄연히 서로 다른 공룡이었다. 이 둘 사이에는 여러 가지 해부학적 차이들이 존재했기 때문이다. 현재는 다재다능한 고생물학자로 알려져 있을지 몰라도, 1980년대 당시의 폴은 공룡 연구에 갓 뛰어든 미숙한 과학자였다. 그래서 그는 당시에 이러한 사실을 전혀 알지 못했다. 동료 고생물학자들이 폴의 실수를 지적했지만 그때는 이미 폴의 책과 크라이튼의 소설이 많이 팔려나간 뒤였다. 게다가 크라이튼은 이미 영화〈쥬라기 공원〉의 대본 작업을 끝마친 상황이었다. 한발 늦은 동료 고생물학자들 때문에 베스트셀러 소설의 오류는 미처 수정되지 못했고, 결국 영화 제작자들은 소설의 설정을 따른 대본 그대로 데이노니쿠스를 벨로키랍토르로 포장해야 했다. 불쌍한 데이노니쿠스는 자신의 이름이 제대로 불리지도 못한 채 남의 이름으로 영화에 출연하게 된 것이다.

더욱 슬픈 것은 이름이 바뀐 것도 모자라 영화에 출연하기 위해 데이노니쿠스는 몸의 크기까지 바뀌어야 했다. 데이노니쿠스는 몸집이 아무리 커봤자 시베리안허스키와 비슷하다. 하지만 영화감독 스티븐 스필버그는 "이 공룡의 몸집이 작아서 관객들이 별로 무서워할 것 같지 않다"며 몸집을 거의 두 배로 부풀렸다. 이리하여 탄생된 것이 바로 벨로키랍토르의 탈을 쓴 사람만 한 거대 데이노니쿠스였다.

오늘날의 유명인사들과 마찬가지로, 데이노니쿠스의 거짓 프로필은 사람들의 공격 대상이 되었다. 말도 안 되는 갖가지 상황과 이름이 바뀐 것은 그렇다 치더라도, 영화 속 데이노니쿠스의 몸집이 너무 크다는 게 당시 공룡 마니아들의 눈에 거슬렸다. 데이노니쿠스는 벨로키랍토르와 다른 작고 민첩한 육식공룡들과 함께 드로마이오사우루스류Dromaeosauridae라는 그룹에 포함되는데, 이 영화가 개봉할 당시까지만 해도 학계에 보고된 모든 드로마이오사우루스류는 사람보다 작은 몸집이었다. 그래서 유난히 과학적 오류에 민감한 하드코어 마니아들은 영화 속에 등장하는, 사람만 한 드로마이오사우루스류 공룡을 싫어할 수밖에 없었다.

그런데 〈쥐라기 공원〉이 개봉하던 1993년에 웃기는 해프닝이 일어났다. 미국 유타 주에서 새로운 드로마이오사우루스류가 보고되었는데, 그 크기가 사람보다 더 컸기 때문이다. 드로마이오사우루스류의 몸집에 대한 고정관념이 하루아침에 뒤집어진 것이다. 이 새로운 육식공룡에게는 발견된 지명을 따 우타랍토르Utahraptor라는 멋진 학명

**미국 유타 주 고대사박물관에
전시된 우타랍토르**
우타랍토르를 연구한 미국 유
타대학교의 제임스 커클랜드는
〈쥐라기 공원〉을 한창 촬영 중
인 스필버그에게 연락해 "연구
비를 지원해주면 이 새로운 공
룡의 이름에 당신의 이름을 넣
어서 '우타랍토르 스피엘베르
기Utahraptor spielbergi'라고 보
고하겠다"고 제안했다. 하지만
영화 촬영에 몰두해 있던 스필
버그는 커클랜드의 제의를 거
절했다.
© Zach Tirrell

을 지어주었고, 현재까지도 많은 수의 거대한 드로마이오사우루스류
가 이 지역에서 발견되고 있다. 오늘날 할리우드의 영화 제작자들 사
이에서는 우타랍토르를 두고 "아니, 우리가 상상한 녀석인데 과학자
들이 발견해버렸다"는 우스갯소리가 나돈다. 그리고 고생물학자들
사이에서는 영화 관계자가 한 이 말을 듣고 말 많던 어느 공룡 마니아
가 조용해졌다는 믿거나 말거나 한 이야기가 전해진다.

　뭐, 어찌 됐든 스필버그의 영화가 흥행한 덕분에 우리의 복면달호
데이노니쿠스는 티라노사우루스와 트리케라톱스 같은 연예인급 공
룡들과 어깨를 나란히 할 수 있게 되었다. 하지만 사람들은 이 유명해
진 공룡의 영화 속 이미지만 기억할 뿐, 데이노니쿠스가 공룡 연구에
얼마나 막대한 기여를 했는지에 대해서는 잘 알지 못한다. 사실 데이
노니쿠스의 발견은 19세기 초 이구아노돈의 발견만큼이나 중요한 것
이었다. 왜냐하면 데이노니쿠스 덕택에 공룡에 대한 모든 고정관념

들이 깨져버렸기 때문이다.

방황하는 칼날

데이노니쿠스의 발견은 공룡 연구에서 가장 중요한 발견 중 하나다. 하지만 고생물학자들이 항상 한발 늦었던 것처럼, 이 공룡의 중요성을 알아차리는 데에도 약 40년이란 긴 세월이 걸렸다. 데이노니쿠스의 골격화석을 처음 발견한 사람은 놀랍게도 티라노사우루스를 발견했던 미국자연사박물관의 큐레이터 바넘 브라운이었다.

1931년, 브라운은 여느 때와 마찬가지로 미국 몬태나 주의 불모지에서 공룡 화석들을 찾고 있었다. 환갑에 가까운 나이였지만 그는 매의 눈으로 넓게 퍼져 있는 지층을 훑으며 작은 화석 조각까지 모조리 찾아냈다. 그러던 중에 작은 뼈화석 조각들 사이에서 아주 큰 조각을 발견했는데, 이구아노돈처럼 생긴 거대한 초식공룡의 뼈였다. 그는 신중하게 붓과 끌을 이용해 이 골격을 천천히 발굴하기 시작했다. 그런데 얼마 지나지 않아 브라운은 이 초식공룡 주변으로 더 많은 공룡의 뼈들이 숨어 있다는 것을 알아차렸다. 이 공룡 주변으로 육식공룡의 화석들이 널브러져 있었던 것이다. 그는 40년 이상 갈고 닦은 화석 발굴 노하우로 이 공룡 화석들을 하나 둘씩 땅속에서 꺼냈다. 화석들은 여러 조각으로 나뉘어졌고, 즉석에서 석고포장된 채 온전하게 박물관으로 운반되었다.

하지만 박물관으로 운반되어 온 화석들은 생각보다 암석에서 분리해내기가 어려웠다. 많은 뼈들이 뒤엉켜 있었으며, 암석 군데군데가 매우 단단했기 때문이다. 당시 화석처리의 달인이었던 브라운도 두 손 두 발 들 정도였다. 그래서 그는 보고서를 통해 "화석처리가 아주 힘들다"라고만 박물관에 보고한 채 이 화석들을 그냥 박물관에 모셔다놓았다. 비록 제대로 된 연구는 하지 않았지만, 그는 수년간의 경험 덕분에 이 새로 발견된 초식공룡이 새로운 종류임을 한눈에 알아볼 수 있었다.

새롭게 발견된 초식공룡의 꼬리뼈에는 이구아노돈처럼 뼈로 변한 힘줄들이 빽빽하게 나열되어 있었다. 그래서 브라운은 이 초식공룡에게 임시적으로 '힘줄 도마뱀'이란 뜻의 "테난토사우루스*Tenantosaurus*"라는 이름을 붙여주었는데, 30년 후 다른 학자에 의해 중간에 알파벳 하나만 바뀐 채 테논토사우루스라고 개명되었다. 이 테논토사우루스와 함께 발견된 육식공룡 한 마리는 작고 날렵하게 생긴 녀석이었는데, 브라운은 이 공룡에게 '활동적인 도마뱀'이란 뜻의 "다프토사우루스*Daptosaurus*"라는 이름을 임시적으로 지어주었다.

하지만 이로부터 수년이 지나도 브라운은 다프토사우루스를 연구하지 않았다. 아니, 할 수가 없었다. 미국과 유럽을 중심으로 일어난 경기침체가 대공황으로 번지면서 자연사박물관에 지원되던 연구비가 끊겨버렸기 때문이다. 브라운은 박물관 사람들을 위해 지원금을 외부에서 끌어와야 했고, 결국 연구 대신에 평소에 하지 않던 각종 일들을 맡아야 했다. 이때 그는 어린이용 공룡 책들을 감수하거나, 실물 공룡 모형 제작에 참여하고, 또는 공룡만화 제작에 참여하기도 했다.

화석을 발굴하고 연구하는 것을 더 선호했던 브라운은 이런 일거리를 그다지 즐거워하지 않았다. 하지만 아이러니컬하게도 시간이 지나자, 연구비를 벌기 위해 시작한 일들이 공룡을 대중에게 널리 알리는 계기가 되었다. 19세기에 오언이 크리스털팰리스에 공룡 모형을 전시한 이후로 또 한 번의 공룡 붐이 일어나게 된 것이다. 하는 일마다 족족 잘 풀리자 그에게는 훨씬 다양한 일거리들이 생겨났고, 그렇게 벌어들인 돈은 연구비로 사용할 수 있게 되었다. 이제 연구비도 벌었겠다 드디어 박물관에서 기다리고 기다리던 공룡들이 다시 포효할 수 있게 되는 듯했다.

하지만 연구비를 벌어 돌아온 브라운을 기다리고 있던 것은 환호하는 박물관 직원들과 연구되길 소망하는 화석들이 아니었다. 다시 돌아온 브라운은 이제 박물관에서 은퇴할 나이가 되어버렸다. 결국 그는 자신이 발굴한 화석들을 뒤로한 채 집으로 돌아가야 했다. 1942년에 브라운이 은퇴하면서 다프토사우루스에 대한 연구는 흐지부지해졌다. 이로부터 21년 후인 1963년에 브라운은 세상을 떠났고, 그가 30년 전에 발견했던 다프토사우루스는 박물관 직원들 사이에 서조차도 잊혀졌다.

브라운이 세상을 떠난 지 1년 후에, 미국 예일대학교에 새로운 고생물학 교수가 취임했다. 바로 존 오스트롬이었다. 새 직장에서 새롭게 연구를 시작하기 위해 그는 과거에 브라운이 탐사했던 곳 근처로 화석 사냥을 나섰다. 오스트롬 또한 선배 고생물학자인 브라운처럼 매의 눈을 가진 사람이었다. 그는 이 화석지에서 1000개가 넘는 뼈화석들을 발견했으며, 그중에는 작은 육식공룡의 뼈들도 있었다.

오스트롬이 발굴한 이 새로운 육식공룡은 재미있게 생긴 뒷발을 가지고 있었다. 여느 육식공룡과 마찬가지로 이 공룡의 뒷발에는 각각 네 개의 발톱이 있었는데, 특이한 것은 네 개의 발톱 중 둘째 발톱이었다. 이 둘째 발톱은 다른 발톱보다도 두 배나 길었으며, 마치 낫처럼 커다랗게 휘어져 있었다. 게다가 이 발톱이 붙어 있는 둘째 발가락의 관절은 아래로 구부러져 있는 다른 발가락뼈 관절과는 달리 위로 구부러져 있었다. 이는 이 공룡이 둘째 발가락을 항상 들고 다녔음을 뜻했다. 이러한 해부학적 특징들을 통해 오스트롬은 이 공룡을 마치 고양이처럼 발톱을 들어올리고 걸어다니는 모습으로 복원했으며, 이 육식공룡이 발차기를 하며 무시무시한 둘째 발톱으로 먹잇감을 공격했을 것이라고 추정했다. 마치 공룡시대의 킥복싱 선수처럼 말이다.

발굴을 마치고 실험실로 돌아온 오스트롬은 자신이 발견한 육식공룡이 혹시나 과거에 다른 누군가가 발견했던 종류는 아닌지 확인해 보고 싶었다. 그래서 도서관을 돌아다니며 과거 고생물학자들이 기록한 문헌들을 찾아보았다. 자신이 발견한 육식공룡이 새로운 종류임을 거의 확신할 때쯤, 그는 미국자연사박물관의 한 보고서를 발견했다. 그 보고서는 바로 30여 년 전 브라운이 쓴 것이었다. 브라운의 보고서를 읽어본 오스트롬은 깜짝 놀랐다. 브라운이 이미 자기보다 30여 년 전에 비슷한 육식공룡인 다프토사우루스를 발견했기 때문이다. 오스트롬은 이 보고서에 나와 있는 육식공룡과 자신이 최근에 발견한 새로운 육식공룡이 얼마나 유사한지 확인하고 싶었다. 그래서 그는 곧장 미국자연사박물관으로 향했다.

박물관에 도착한 오스트롬은 다프토사우루스를 구석구석 자세히 관찰했다. 놀랍게도 다프토사우루스와 자신이 발견한 새로운 육식공룡이 너무나 비슷했다. 아니, 자세히 보니 아예 똑같았다. 그의 새로운 육식공룡은 다프토사우루스와 같은 종류의 공룡이었던 것이다. 하지만 오스트롬이 이 새로운 육식공룡을 다프토사우루스라고 부를 필요는 없었다. 왜냐하면 이 이름이 정식 논문으로 발표된 것이 아니었

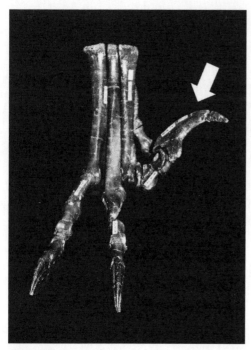

데이노니쿠스의 무시무시한 뒷발

하얀 화살표로 표시된 둘째 발톱은 데이노니쿠스를 포함한 드로마이오사우루스류의 트레이드마크다.

© Tim Evanson

기 때문이다. 그래서 오스트롬은 이 공룡에게 지어줄 새로운 학명을 생각해야만 했다.

그에게는 이 육식공룡의 무섭게 생긴 둘째 발톱이 인상 깊었다. 그래서 그는 이 새로운 육식공룡에게 '무서운 발톱'이란 뜻의 데이노니쿠스*Deinonychus*라는 학명을 붙여주었다.[1] 오스트롬은 이 데이노니쿠스를 꼼꼼하게 연구했다. 그는 이 공룡의 골격을 이루는 모든 뼈 부위를 정밀하게 기록했는데, 티라노사우루스와 같은 거대한 몸집을 가진 다른 육식공룡들보다 몸집이 훨씬 작은 종류였는데도 그가 이 작업을 마무리하는 데에는 무려 9년이란 시간이 걸렸다.

오스트롬에 의해 다시 두 다리로 서게 된 데이노니쿠스는 당시에 알려져 있던 공룡의 이미지와는 차원이 달랐다. 데이노니쿠스의 발견이 있기 전까지는 '파충류는 굼뜬 동물'이라는 고정관념 때문에 공룡은 그저 몸집이 크고 둔한 동물로 그려졌었다. 하지만 데이노니쿠스는 가볍고 날렵한 몸, 그리고 길고 가느다란 팔과 다리를 가지고 있었다. 이러한 특징들 때문에 오스트롬은 이 공룡이 분명히 재빠르게 움직이는 날쌘 사냥꾼이었을 것이라고 생각했다.

데이노니쿠스는 외모만 별난 것이 아니었다. 이 공룡의 외모만큼이나 오스트롬을 놀래켰던 것은 바로 이들의 생활방식이었다. 데이노니쿠스는 일부 육식공룡들이 무리를 지어 사냥했음을 보여준 최초의 공룡이었기 때문이다. 이구아노돈을 닮은 초식공룡 테논토사우루

스와 함께 여러 마리의 데이노니쿠스가 한 장소에서 발견되었는데, 오스트롬은 이것이 데이노니쿠스가 집단사냥을 한 증거라고 믿었다. 물론 여러 마리의 육식공룡이 초식공룡과 함께 발견되었다고 해서 이 육식공룡들이 늑대처럼 집단으로 사냥했으리라고 확신할 수는 없다. 서로 다른 시기에 죽은 공룡들이 홍수로 인해 쓸려와 함께 매몰되었을 수도 있기 때문이다. 하지만 테논토사우루스 주변에 수많은 데이노니쿠스의 이빨들이 어지럽게 널려 있었다는 점, 그리고 테논토사우루스의 뼈에 데이노니쿠스의 이빨 자국들이 나 있었다는 점을 볼 때, 현재로서는 데이노니쿠스가 집단사냥을 했을 가능성이 아주 커 보인다.

게다가 데이노니쿠스는 아무 초식공룡이나 공격하지는 않았던 것으로 보인다. 데이노니쿠스와 같은 지역, 같은 시기에 살았던 초식공룡 중에 사우로펠타*가 있다. 사

사우로펠타_Sauropelta_
'도마뱀 방패'라는 뜻으로, 엉덩이 부위에 발달한 넓은 방패 같은 방어 구조물 때문에 붙은 학명이다.

데이노니쿠스는 늑대처럼 무리를 지어 사냥하는 육식공룡이었다. 하지만 모여서 머리를 맞대고 작전을 짜진 않았을 것이다.

우로펠타는 갑옷공룡의 한 종류이며 목부터 꼬리 끝까지 뼈로 이루어진 피부 돌기와 가시로 덮여 있다. 재미있는 사실은 이 사우로펠타 근처에서는 여러 마리의 데이노니쿠스들이 발견된 적이 없다는 것이다. 데이노니쿠스는 갑옷으로 무장한 단단한 사우로펠타보다는 부드러운 살과 지방이 푸짐한 테논토사우루스를 식사 메뉴로 더 선호했던 것은 아닐까?

그런데 여기에서 의문점 하나. 집단사냥을 한 데이노니쿠스들은 왜 자신의 사냥감인 테논토사우루스 주변에서 죽음을 맞이한 것일까? 오늘날 살아 있는 육식동물들을 보면 그 답을 알 수 있다. 텔레비전에서 방송되는 다큐멘터리를 보면 사자나 호랑이가 매번 사냥에 성공하는 것처럼 나온다. 하지만 실제 육식동물이 사냥에 성공하는 경우는 굉장히 드물다. 이들이 사냥하는 초식동물들은 재빠를 뿐만 아니라 어떤 녀석들은 뿔과 상아 그리고 거대한 몸집으로 무장하고 있기 때문에 만만한 상대가 아니다. 심지어는 초식동물을 사냥하려다가 오히려 초식동물에게 공격당해 죽는 육식동물도 많다. 치타가 물소나 얼룩말의 발굽에 치여 즉사하는가 하면, 사자가 물소에게 밟히거나 기린의 발차기에 맞아 죽기도 한다. 데이노니쿠스도 오늘날의 사자나 치타의 경우와 마찬가지였을 것이다. 아니, 어쩌면 사자나 치타보다 힘든 삶을 살았을지도 모르는 일이다. 시베리안허스키만 한 데이노니쿠스가 버스만 한 길이의 테논토사우루스를 사냥해야 했으니 말이다.

사냥감인 테논토사우루스는 자신보다 몸집이 훨씬 작은 데이노니쿠스를 쉽게 죽일 수 있었을 것이다. 데이노니쿠스가 테논토사우루스의 등에 매달렸을 때, 테논토사우루스가 한 바퀴 구르기라도 하면 그 데이노니쿠스는 즉사했을 테니 말이다. 매번 먹을거리를 찾아 집단사냥을 하러 나갈 때마다 많은 수가 목숨을 잃었을 데이노니쿠스는 식사를 할 때마다 가족이 남아나지 않았을 수 있다. 하지만 걱정할 필요는 없었을 것이다. 왜냐하면 데이노니쿠스는 새끼를 많이 낳았을 테니 말이다.

오늘날 집단사냥을 하는 포유류들은 최대한 조심스럽게 사냥을 한다. 사냥을 하다가 무리에서 한 마리라도 잃으면 이후의 사냥 성공률이 크게 떨어지기 때문이다. 게다가 이들은 한 해에 그리 많은 새끼들을 낳지 않는 탓에 개체수가 줄어들면 바로 늘리기는 힘들다. 반면에 공룡은 수많은 알(최소 열두 개씩)을 한 번에 낳으며, 한 해에 여러 번 알을 낳았을 가능성도 크다. 데이노니쿠스가 수많은 동료들을 잃어도 계속해서 사냥을 할 수 있었던 것은 가족 수가 기하급수적으로 계속 늘어났기 때문일지도 모른다.

그렇다면 데이노니쿠스는 얼마나 많은 알을 낳았을까? 아직은 아무도 모른다. 2000년에 어느 데이노니쿠스 밑에서 깨진 알들이 발견된 적이 있긴 하지만, 이들이 과연 데이노니쿠스의 알인지 또는 데이노니쿠스가 죽기 전에 먹은 다른 공룡의 알인지 확실하지 않은 상황이다. 설령 이것들이 데이노니쿠스의 알이라 할지라도 이 알화석들의 보존 상태가 매우 좋지 않기 때문에 정확히 몇 개인지도 파악하기

중국 저장자연사박물관에 있는 육식공룡 트로오돈류의 둥지 화석

비록 드로마이오사우루스류의 둥지 화석은 제대로 발견된 적이 없지만, 이들의 가까운 친척인 트로오돈류의 둥지 화석은 많이 발견된다. 데이노니쿠스도 이와 비슷한 둥지를 만들었을 것이다.

힘들다. 하지만 데이노니쿠스의 친척뻘 되는 공룡들이 한 둥지에 보통 20개의 알을 낳는 걸로 봐서 이들 또한 많은 양의 알을 낳았을 가능성이 크다.

데이노니쿠스가 집단사냥을 했을 것이라는 사실이 학계에 보고된 이후, 데이노니쿠스와 비슷하게 생긴 다른 드로마이오사우루스류 공룡들도 마치 늑대처럼 집단사냥을 하는 것으로 복원되기 시작했다. 친척인 데이노니쿠스가 집단사냥을 했으니까 다른 드로마이오사우루스류 공룡들 또한 마찬가지일 것이라고 추정해볼 수 있기 때문이다. 하지만 과연 이러한 추정은 옳은 것일까? 오늘날의 육식동물인 사자는 무리를 지으며 생활한다. 반면에 이들의 가까운 친척인 표범은 고독한 생활을 즐긴다. 심지어 사자와 교배할 수 있을 정도로 가까운 동물인 호랑이 또한 사자와는 정반대로 단독생활을 추구한다. 그러니 데이노니쿠스가 집단사냥을 했다고 해서 반드시 다른 드로마이오사우루스류 공룡들도 집단사냥을 했다고 볼 수는 없지 않을까?

데이노니쿠스와 간혹 혼동되는 공룡인 몽골산 벨로키랍토르의 경우, 영화나 다큐멘터리에서 보이는 모습과는 달리 단독생활을 했을 가능성이 크다. 이들은 데이노니쿠스와 달리 따로따로 발견되었기 때문이다. 하지만 아무리 단독생활을 즐기는 동물이라도 살다 보면 같은 종류의 동료를 만나기도 했을 것이다. 2001년에 보고된 한 벨로키랍토르의 머리뼈에는 다른 벨로키랍토르한테 물려서 생긴 이빨 자국들이 있었다. 아마 이때 동료에게 물린 상처 때문에 뇌를 다쳤을 것으로 보고 있다. 벨로키랍토르가 간혹 다른 동료와 만나는 일이 있긴 있었던 모양이다. 하지만 서로 그리 친하게 지내지는 않았던 것 같다.

데이노니쿠스가 학계에 보고된 지도 어느덧 50년이 다 되어가고 있다. 그동안 데이노니쿠스에 대한 다양한 연구결과들이 나오면서 이들의 이미지는 오스트롬이 발견했을 당시와는 차원이 다르게 변했다. 하지만 아직까지도 학자들이 머리를 긁적이는 어려운 문제가 하나 있는데, 그것은 바로 데이노니쿠스의 가장 큰 특징인 날카로운 둘째 발톱의 용도다. 데이노니쿠스는 과연 이 기다란 발톱을 어디에 사용했던 것일까? 정말로 오스트롬이 추정한 것처럼 먹잇감을 공격하는 데에 사용했었을까?

데이노니쿠스가 처음 학계에 보고되고 약 30년 동안은 모두들 오스트롬이 추정한 대로 데이노니쿠스가 둘째 발톱을 이용해 먹잇감에게 상처를 입혔을 것이라고 생각했다. 하지만 21세기가 시작될 무렵부터 오랫동안 이어져온 이 가설에 대해 몇몇 학자들이 의문을 품기 시작했다. 과연 데이노니쿠스의 둘째 발톱은 초식공룡의 살을 가를 수 있을 정도로 날카로웠을까?

2005년, 영국 맨체스터대학교의 필립 매닝과 연구팀은 실물 크기

우리 중에 스파이가 있는 것 같아.

데이노니쿠스와 같은 드로마이오사우루스류들은 발달된 발톱을 이용해 수월하게 나무를 탔을 수도 있다. 같은 나무에 있었던 새들에게는 불청객이었을지도 모른다.

의 데이노니쿠스 뒷다리 로봇을 만들어 돼지고기를 찔러보는 실험을 했다. 실험 결과에 따르면 데이노니쿠스의 둘째 발톱은 돼지의 피부에 겨우 구멍을 낼 정도였으며, 오스트롬의 의견처럼 살을 자르고 가르는 것은 할 수 없었다. 그래서 매닝은 데이노니쿠스가 이 큰 발톱을, 먹잇감을 자르는 데에 사용하는 대신, 나무 위로 올라갈 때 사용했을 것이라고 추정했다.

하지만 데이노니쿠스가 살아 있을 당시에는 발톱뼈 위에 화석으로 보존되지 않은 각질의 덮개가 씌어 있었다. 우리는 이 각질의 덮개가 얼마나 컸는지, 또는 날 부분이 얼마나 날카로웠는지 알 수 없기 때문에 과연 발톱으로 살을 자르고 갈랐는지에 대해서는 정확하게 알 길이 없다. 어쩌면 이 발톱을 이용해 나무 위로 오르기도 하고, 먹잇감을 사냥했을지도 모른다. 나무 위에서 발톱을 세우고 뛰어내리는 데이노니쿠스의 모습은 당시 초식공룡들에게는 최악의 악몽이었을지도 모르겠다.

데이노니쿠스의 발톱만큼이나 무서운 부위가 또 하나 있었는데, 그것은 바로 입이었다. 데이노니쿠스의 입에는 뒤로 휘어진 약 60개의 뾰족한 이빨들이 채워져 있었으며, 이 이빨들은 다른 모든 공룡처럼 평생 교체되기 때문에 치과의사를 찾아갈 필요도 없었다. 그리고 이빨만큼이나 놀라운 것은 이들의 턱 힘이었다.

모두들 데이노니쿠스의 둘째 발가락에만 신경쓰고 있을 때, 미국 오클라호마주립대학교의 폴 지냑과 연구팀은 어느 누구도 별로 신경

**날카로운 이빨들이 솟아 있는
데이노니쿠스의 머리뼈**
이들의 이빨은 뒤로 휘어진 낚싯
바늘같이 생겨서 한번 물리면 빠
져나오기 힘들었을 것이다.
© Author Didier Descouens

쓰지 않던 데이노니쿠스의 입에 대해 자세히 연구했다. 이들은 데이
노니쿠스의 머리뼈 구조와 이들의 먹이인 테논토사우루스의 뼈에 남
아 있는 이빨 자국들을 자세히 연구했는데, 그 결과 데이노니쿠스의
무는 힘은 최대 840킬로그램 정도였다. 그러니까 데이노니쿠스의 무
는 힘은 오늘날의 하이에나보다 세며, 사자 두 마리가 무는 힘과 비슷
했다는 것이다. 만약에 데이노니쿠스가 여러분의 다리를 문다면 다
리 위로 작은 김치냉장고 열두 대가 떨어졌다고 생각하면 될 것이다.

오스트롬은 데이노니쿠스를 연구하면서 이 공룡이 대단한 사냥꾼
이었다는 사실만 알아낸 것은 아니었다. 그는 데이노니쿠스를 학계
에 발표하고 얼마 지나지 않아 더욱 놀라운 사실을 알아냈다. 바로 오
늘날의 새가 데이노니쿠스와 아주 비슷하다는 사실이었다. 공룡이
새와 비슷하다는 것을 확인한 오스트롬은 이 사실이 신기할 수밖에
없었다. 도대체 새와 데이노니쿠스는 서로 어떤 관계이기에 이리도
비슷한 것일까? 그때 오스트롬의 머릿속에서 엄청난 생각이 떠오르

기 시작했다. 설마…. 그럴 리가….

뜨거운 것이 좋아

사실 데이노니쿠스의 모든 뼈를 기재할 때까지만 해도 오스트롬은 데이노니쿠스가 그저 새와 비슷하게 생긴 동물이라고만 생각했다. 데이노니쿠스와 새가 공통점이 많다는 사실을 알게 된 것은 학계에 데이노니쿠스를 보고하고 나서 1년 후인 1970년이었는데, 그것도 우연이었다.

데이노니쿠스의 연구를 끝마친 오스트롬은 새로운 연구거리를 찾고 있던 참에 마침 네덜란드의 테일러박물관에 들렀다. 온갖 예술품과 함께 다양한 화석들이 전시되어 있는 그곳에서 오스트롬의 눈에 쏙 들어온 전시물이 하나 있었다. 바로 프테로닥틸루스*라고 표시된 작은 익룡 화석이었다. 하지만 이 익룡 화석을 자세히 보니 놀랍게도 익룡이 아닌 시조새였다. 오스트롬이 테일러박물관에 가기 전까지만 해도 학계에 보고된 시조새 화석은 겨우 네 개뿐이었다(컬러도판 34). 다섯 번째 시조새 화석이 학자들의 코밑에 숨어 있었다는 사실을 알아낸 그는 바로 이 사실을 최고의 과학저널 중 하나인 『사이언스』를 통해 보고했다.[2]

하지만 시조새보다 더 놀라운 것이 그를 기다리고 있었으니…. 오스트롬은 시조새에 관한 논문을 쓰면서 새의 뼈 구조를 자세히 연구하고 있었다. 그런데 시조새와 새에 대한 연구를 진행할수록 바로 이전에 그가 연구했던 데이노니쿠스와 새가 해부학적으로 상당히 비슷하다는 생각을 떨칠

프테로닥틸루스Pterodactylus
'날개 달린 손가락'이란 뜻이다. 프테로닥틸루스는 공룡과 가까운 친척인 익룡이었으며, 길게 늘어난 넷째 손가락으로 날개의 질긴 피부막을 지탱해 하늘을 날았다.

수가 없었다.

　오스트롬이 가장 주의 깊게 관찰한 부위는 바로 데이노니쿠스와 시조새, 그리고 새의 손목이었다. 티라노사우루스, 알로사우루스 등 당시에 알려져 있던 대부분의 육식공룡들은 손이 앞으로 뻗어 있었으며, 마치 해병대 박수를 치는 군인들처럼 손바닥이 서로 마주보고 있었다(물론 이 육식공룡들은 대부분 팔이 짧아서 시원스럽게 군인 박수를 칠 수는 없었지만 말이다). 하지만 데이노니쿠스와 시조새, 그리고 새들은 반달 모양의 특수한 손목뼈를 가지고 있어서 손목을 좌우로 움직여 손을 옆으로 접을 수가 있었다. 손을 옆으로 접을 수가 있으니 긴 팔을 몸에 가까이 붙일 수 있

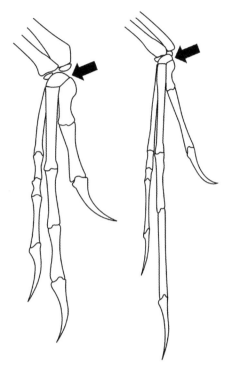

데이노니쿠스의 손(왼쪽)과 시조새의 손(오른쪽) 화살표로 표시된 것은 반달 모양의 손목뼈다. 이들은 이 특수한 모양의 손목뼈를 이용해 손을 몸 쪽으로 접을 수 있었다.
© John.Conway

었고, 덕분에 달리거나 방방 뛸 때 긴 팔이 걸리적거리지 않았다.

　오스트롬은 데이노니쿠스와 새의 유사한 손목뼈 구조를 보며 생각했다. 혹시 새가 공룡에서 진화한 것이 아닐까? 얼마 지나지 않아 오스트롬은 자신의 이러한 생각을 논문에 언급했다. 새가 공룡에서 진화한 동물이라니. 다른 학자들은 이 가설에 황당해했다. "아이고, 그럼 어제 저녁에 먹은 치킨이 사실은 공룡이었네?"라며 비아냥거리는 이들도 있었다. 물론 이러한 반응은 오스트롬도 예상하고 있었다. 어느 누구도 티라노사우루스, 트리케라톱스, 브라키오사우루스 같은 공룡들이 새와 관련있을 거라고는 쉽게 생각하지 못할 테니 말이다.

　하지만 모든 이들이 오스트롬의 이러한 생각을 비웃은 것은 아니었다. 예일대학교의 동료 교수이자 동물학자인 자크 고티에르는 그

의 생각에 적극 찬성했다. 더 나아가 고티에르는 오스트롬이 보고한 데이노니쿠스 말고도 반달 모양의 손목뼈를 가진 다른 공룡들을 발견했다. 그래서 그는 이 특별한 손목뼈를 가진 공룡들과 새들을 묶어 '손 날치기꾼'이란 뜻의 마니랍토라류Maniraptora라는 그룹을 1986년에 학계에 보고했다.

이제 오스트롬은 자신의 생각을 더욱 자신 있게 주장할 수 있었다. 하지만 생각할수록 그의 머릿속에는 더 많은 질문들이 떠오르기 시작했다. 새가 공룡에서 진화한 것이라면 공룡은 새와 어느 정도 비슷하게 생활하지 않았을까? 비슷하다면 얼마나 비슷했을까? 수많은 질문들이 그의 머릿속에서 쏟아져 나왔지만, 이 모든 문제들을 혼자서 해결하기란 역부족이었다. 그는 이러한 연구거리를 그의 제자들에게 넘겼다. 스승의 영향을 많이 받아서 그런지 오스트롬의 제자들도 이 연구과제에 관심이 많았다. 그중 유난히 큰 관심을 보인 학생이 한 명 있었는데, 바로 로버트 바커였다.

바커는 공룡의 진화와 과거의 생태 변화에 대해 관심이 많은 학생이었다. 게다가 명철하고 언변이 뛰어나 당시 오스트롬의 애제자이기도 했다. 그는 단순히 새와 공룡의 공통점을 찾는 데에서 연구를 그치지 않았다. 그는 새뿐만 아니라 포유류와 파충류, 그리고 오늘날의 환경 등을 공룡과 공룡이 살았던 생태계와 비교하는 어마어마한 스케일의 연구를 진행했다. 그 결과 바커는 놀라운 결론에 다다르게 되었다. 바로 공룡이 재빠르고 활발한 온혈동물warm-blooded animal이었다는 것이다.

온혈동물이란 말 그대로 피가 따뜻한 동물, 곧 체온을 유지시킬 수 있는 동물을 의미한다. 바커가 젊은 시절이었던 1970년대에는 체온체계에 따라 동물을 크게 두 종류로 분류했다. 한 종류가 바로 온혈동물, 다른 하나는 냉혈동물cold-blooded animal이었다. 냉혈동물은 피가 차가운, 곧 몸의 체온을 유지시킬 수 없는 동물들을 의미했다. 그래서 그때 당시에는 코끼리와 인간을 포함한 포유류, 닭, 공작, 펠리컨, 그리고 펭귄과 같은 조류를 체온을 스스로 유지시키는 온혈동물로, 악어나 개구리, 거북, 뱀처럼 주변 환경조건에 따라 체온이 오르락내리락하는 양서류와 파충류를 냉혈동물로 분류했다.

공룡이 오늘날의 악어, 도마뱀과 같은 파충류인데도 포유류와 조류처럼 온혈동물이었다고 주장한 바커는 다음과 같은 증거들을 학계에 발표했다.

첫째, 모든 공룡은 오늘날 살아 있는 모든 온혈동물처럼 다리가 아래로 뻗어 있다. 다리가 아래로 뻗어 있으면 다리가 몸체 바로 밑에 위치하여 몸을 효과적으로 들어올릴 수가 있다. 게다가 다리가 곧게 뻗어 있다 보니 다리만 들었다 놓았다 하며 재빠르게 움직일 수 있어 먼 거리를 쉽고 간편하게 이동할 수 있다. 반면에 도마뱀이나 거북과 같은 냉혈동물은 다리가 모두 몸의 옆으로 뻗어 있다. 그래서 이들은 움직일 때 몸을 좌우로 뒤틀면서 다리를 움직여야 한다. 이러한 이동 방법으로는 재빠르게 움직일 수 없다. 19세기에 오언이 정의내린 것처럼 모든 공룡은 몸통 아래로 뻗은 다리를 가진다. 이러한 다리 구조는 재빠르게 움직이고 먼 거리를 이동할 수 있는 온혈동물의 다리 구조이므로 공룡 또한 온혈동물이라는 것이다.

둘째, 공룡은 피를 효과적으로 펌프질할 수 있는 기능성 좋은 심장을 가졌을 가능성이 높다. 온혈동물은 재빠르게 움직이고 활동적이기 때문에 산소와 영양분을 온몸으로 제때 원활하게 공급시켜야 한다. 그래서 이들은 기능성이 좋은 심장을 가진다. 반면에 냉혈동물은 재빠르게 움직이지 못하기 때문에 산소와 영양분이 온몸으로 그리 활발하게 공급될 필요가 없다. 데이노니쿠스와 같이 빠른 속도로 이동하는 공룡은 분명히 기능성이 좋은 심장을 가졌을 것이다. 게다가 목이 기다란 목긴공룡은 수 미터 길이의 목을 통해 심장으로부터 멀리 떨어져 있는 뇌까지 피를 빠르게 펌프질해야 하기 때문에 분명히 기능성이 좋은 심장을 가졌을 것이다. 이렇듯 많은 공룡들이 온혈동물처럼 기능성 좋은 심장을 가졌을 가능성이 크기 때문에 공룡은 온혈동물이라는 해석이다.

셋째, 공룡은 추운 지역에서도 살 수 있었다. 온혈동물은 체온을 따뜻하게 유지시킬 수 있기 때문에 추운 지역에서도 활동적으로 생활할 수 있다. 반면에 냉혈동물은 체온을 따뜻하게 유지시키기가 힘들기 때문에 추운 지역에서 살 수 없다. 공룡의 화석은 추운 알래스카 지역뿐만 아니라 남극 대륙에서도 발견되었다. 공룡이 극지방까지 진출해 서식했던 것이다. 물론 공룡시대 당시의 극지방은 오늘날과 많이 달랐다. 날씨가 오늘날보다는 따뜻해서 빙하가 없었기 때문이다. 그래도 간혹 눈이 내리는 겨울이 극지방에 찾아오기는 했을 것으로 추정된다. 이러한 눈 오는 극지방에 공룡들이 살았다는 것은 이들이 온혈동물이었음을 보여준다는 해석이다.

넷째, 공룡은 빠르게 성장했다. 온혈동물은 몸속에 영양분이 원활하게 공급되어 빠른 속도로 자란다. 반면에 냉혈동물은 온혈동물에 비해 영양분이 원활하게 공급되지 않다 보니 천천히 자란다. 앞 장에서 수없이 언급했듯이 공룡은 초고속으로 성장한다. 시내버스만 한 오리주둥이공룡이 어른이 되기까지는 약 7년이 걸리며, 농구공만 한 아기 아파토사우루스가 30톤짜리 어른이 되기까지는 약 12년이 걸린다. 이 정도의 성장속도라면 공룡이 온혈동물일 수밖에 없다는 게 바커의 해석이다.

다섯째, 육식공룡의 수가 초식공룡에 비해 월등하게 적다. 대부분의 온혈동물은 초식성이며, 전체의 4퍼센트 정도만 육식성으로, 육식동물의 수가 매우 적은 편이다. 육식성 온혈동물은 몸속의 원활한 영양 공급을 위해 많이 먹어야 하는데, 그들이 속해 있는 환경에서 이리 많이 먹다가는 살아남을 확률이 낮아질 것은 당연하다. 반면에 육식성 냉혈동물은 적은 양의 먹이만 먹고도 살아갈 수 있기 때문에 개체수가 많아도 잘 살아갈 수 있다. 바커의 조사결과에 따르면 쥐라기와 백악기의 육식공룡은 전체 공룡 수의 2~3퍼센트밖에 차지하지 않았다. 이 수치는 냉혈동물보다는 오히려 온혈동물의 육식동물 비율과 비슷하기 때문에 공룡 또한 온혈동물이라 볼 수 있다는 의미다.

마지막으로, 새의 조상이 공룡이라면 새가 온혈동물이기 때문에 이들의 조상인 공룡 또한 온혈동물이다. 조상인 공룡이 온혈동물이었기 때문에 이들로부터 기원한 새들도 온혈동물이라는 해석이다. 그렇다면 공룡의 조상도 온혈동물이었을까? 바커의 의견에 따르면 그렇지는 않다. 공룡의 조상은 악어처럼 생긴 다리가 몸의 옆으로 뻗어 있는 동물이었고, 다리가 옆으로 뻗어 있었기 때문에 냉혈동물일 가능성이 높다. 다리가 옆으로 뻗어 있는 냉혈동물이었던 조상이 온혈동물인 공룡으로 진화했고, 훗날 새로 진화했다는 것이 바커의 주장이었다.

바커의 이러한 주장은 곧 젊은 동료들로부터 열렬한 지지를 받았다. 아니, 당시로서는 정말 획기적인 연구결과였다. 굼뜬 파충류처럼 그려지던 공룡의 이미지는 이제 구시대의 유물이 되어버렸고, 덕분

공룡 르네상스의 주연이었던 로버트 바커
바커가 미국 휴스턴자연사박물관에서 관람객들에게 어룡 화석에 대해 설명해주고 있다. 그는 1970년대부터 시작된 공룡 르네상스의 주역이었다. 고령의 나이에도 여전히 과학의 대중화에 힘쓰고 있다.
© Ed Schipul

에 새가 공룡에서 기원했을 것이라는 가설도 더욱더 힘을 받기 시작했다. 화가들은 바커의 연구결과를 토대로 새나 포유류처럼 활동적인 공룡의 그림을 그리기 시작했고, 새가 공룡에서 진화했다는 이야기는 어린이들의 공룡 책에 실리게 되었다. 그리고 이러한 공룡의 이미지 탈바꿈은 결국 공룡 르네상스로 이어졌다. 하지만 정말로 공룡은 바커의 주장대로 온혈동물이었을까?

추운 겨울 중생대 아침 따뜻한 율무차 한 잔

바커가 자신의 책 『공룡 이단』을 통해 대중에게 '공룡 온혈설'을 소개한 지도 벌써 30여 년이 흘렀다. 당시에 바커를 지지하던 젊은 고생물학자들은 어느덧 원로 학자들이 되었다. 세월이 흐르다 보면 과거에 지지받던 학설들이 새로운 아이돌 학자에 의해 뒤집히는 경우가 많다. 바커의 '공룡 온혈설'도 예외는 아니었다.

온혈성과 냉혈성이란 용어는 현재 잘못된 표현으로 여겨지고 있다. 특히 '냉혈_{冷血}'이란 표현은 '피가 차갑다'는 뜻인데, 상황에 따라 '냉혈동물'의 피가 '온혈동물'의 피보다 더 따뜻해질 때도 있기 때문에 온혈성과 대응하는 성질을 냉혈성이라 표현하는 것은 매우 부적절하다(일광욕을 하는 냉혈동물인 도마뱀은 체온을 40도 이상으로 올릴 수 있다). 그래서 현재는 체온을 일정하게 유지시키는 온혈동물 시스템을

'항온성homeotherm', 체온을 유지시키지 못하는 냉혈동물 시스템을 '변온성poikilotherm'이라 바꿔서 표현하고 있다.

　더 나아가 오늘날 생물학자들은 동물의 체온체계를, 체온을 공급하는 방식에 따라서도 분류한다. 바로 몸의 내부에서 열을 공급해 체온을 조절하는 내온성endothermic, 그리고 외부의 열원을 통해 체온을 조절하는 외온성ectothermic이다. 결국 자연계에는 몸에서 직접 열을 내 체온을 유지시키는 내온성 항온동물, 몸에서 직접 열은 내지만 체온을 유지하기 어려운 내온성 변온동물, 외부에서 열에너지를 받되 체온을 유지시키는 외온성 항온동물, 그리고 외부에서 열에너지를 받고 체온도 유지하기 어려운 외온성 변온동물, 총 네 종류가 존재하는 것이다.[3] 그래서 이제는 공룡의 체온체계에 대해 물어볼 때, "공룡이 온혈동물이냐, 냉혈동물이냐"가 아닌 "공룡이 내온성 항온동물이냐, 외온성 항온동물이냐, 내온성 변온동물이냐, 또는 외온성 변온동물이냐"라는 복잡한 질문을 던져야 하는 상황이 되어버렸다. 확실히 과거보다 더 골때리는 상황이 되었다. 그렇다면 공룡은 과연 어떤 체온체계를 가졌던 것일까?

　바커가 30년 전에 주장한 '공룡 온혈설'을 현대식 표현으로 바꾼다면 '공룡 내온성 항온동물설'이다. 그가 『공룡 이단』에서 표현한 '온혈동물'이란 존재는 많은 양의 음식을 먹고, 몸속에서 열을 생산해내며 체온을 유지시키는 동물이었기 때문이다. 그렇다면 바커의 주장대로 공룡은 내온성 항온동물이었을까? 앞서 소개한 그의 여섯 가지 증거들은 마치 공룡이 반드시 내온성 항온동물이어야 할 것처럼 들리기도 한다. 하지만 공룡이 정말 내온성 항온동물이었다면 몇 가지 문제점에 직면하게 된다.

내온성이냐 외온성이냐. 그것이 문제로다. 공룡의 체온체계에 대한 논쟁은 공룡 르네상스의 출발과 함께 시작되었다. 하지만 거의 40년이 지난 지금도 학자들은 공룡의 체온체계에 대한 결론을 내리지 못한 상황이다.

우선 내온성 동물은 대사량이 매우 높다. 그렇기 때문에 이들은 외온성 동물보다 10배에서 최대 30배나 많은 에너지를 소모한다. 사용하는 에너지가 많다 보니 이들은 음식을 꾸준히 많이 먹어야만 하며, 몸집이 크면 클수록 더 많은 양의 음식을 먹어야 그 큰 몸을 유지할 수 있다. 크고 무거운 차가 더 많은 양의 기름을 먹는 것과 비슷한 셈이다. 내온성 동물 중 가장 큰 육상 포식동물인 사자를 예로 들어보자. 사자는 보통 하루에 고기 9킬로그램, 그러니까 안심 스테이크 45인분 정도의 분량을 먹어야 정상적으로 생활할 수 있다. 이 정도 식량이면 대사량이 낮은 외온성 동물인 바다악어 *Crocodylus porosus*가 90일 동안 섭취할 수 있는 분량이다.

자, 그렇다면 몸무게가 9톤이나 나가는 티라노사우루스가 내온성이었다면 무슨 일이 벌어질까? 티라노사우루스는 사자 45마리의 무게와 맞먹는 덩치를 갖고 있다. 이 정도 몸집을 유지하려면 티라노사우루스는 하루에 400킬로그램 정도의 고기를 먹어야 한다. 게다가 사자 한 종을 먹여 살리기 위해서는 대륙 규모의 지리적 범위가 필요한데, 티라노사우루스 한 종을 부양하려면 25개 대륙에 맞먹는 땅이 필요하다는 말도 안 되는 값이 나온다.

　더 나아가 이것은 육식동물보다 더 많은 양을 먹어야 하는 초식동물의 경우를 상상해보면 비교도 안 될 노릇이다. 내온성 동물인 코끼리는 몸을 유지하기 위해 약 150킬로그램의 식물을 매일매일 먹어주어야만 하며, 이 많은 양의 식물을 먹기 위해 코끼리는 하루 중 최대 18시간을 먹는 데에 사용한다. 코끼리보다 열 배 이상 거대한 목긴공룡이 내온성이었다고 가정하면 이제 상상도 못하겠다. 목긴공룡은 몸에 비해 머리가 워낙 작기 때문에 하루 종일 식사를 해도 필요한 양만큼을 섭취하지 못할지도 모른다. 게다가 필요한 양의 음식을 매일매일 먹는다 치더라도 공룡시대의 푸른 숲이 남아나지 못했을 것이다.

　먹는 양도 문제지만, 이들이 먹이를 먹고 만들어낸 열에너지 또한 문제다. 앞에서 몇 번이나 언급했지만, 몸집이 큰 동물은 몸의 부피에 비해 표면적이 작다. 몸의 표면적이 작으면 외부의 시원한 공기와 만나는 면적이 작아서 몸의 열이 잘 식지 않는다. 그래서 오늘날 헤비급 내온성 동물들은 몸이 과열되는 것을 막기 위해 몸속에 축적된 많은 양의 열을 식히는 데에 다양한 방법을 이용한다. 아프리카코끼리는 열을 발산시키는 표면적을 늘리기 위해 큰 귀를 진화시켰으며, 열을 빨리 식히기 위해 귀를 시도 때도 없이 펄럭거린다. 코뿔소는 차가운 진흙목욕을 하며, 하마는 피부에서 점액질의 핑크색 액체를 흘려보내 피부를 보호함과 동시에 몸의 열을 식힌다. 하지만 이들보다 수십 배 더 큰 공룡이라면 끓어오르는 체온을 식히기란 정말 힘든 일이었을 것이다.[4] 티라노사우루스, 트리케라톱스, 브라키오사우루스와 같이 덩치가 큰 공룡들이 만약 내온성이었다면, 이들은 식사 후 휴식

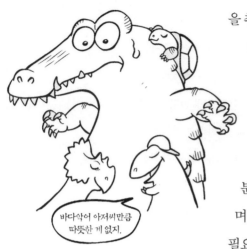

바다악어 아저씨만큼
따뜻한 게 없지.

바다악어는 외온성이지만 몸집이 워낙 커서 항온동물처럼 체온이 유지된다. 게다가 이들은 피부 속에 박혀 있는 뼛조각들을 마치 태양열 집열판처럼 이용해 몸을 데운다. 다른 파충류들이 부러워할 만한 특징이다.

을 취하다가 열사병으로 즉사했을지도 모른다.

체내의 과도한 열 생산 때문에 공룡이 죽을 수 있다면, 그럼 이들이 외온성 동물은 아니었을까? 거대한 공룡이 외온성이었다면 이들은 앞서 언급한 문제점들을 모두 해결할 수 있다. 공룡이 외온성 동물이라면 낮은 대사량 덕분에 극히 적은 양의 음식만 먹고 살아갈 수 있으며, 먹는 양이 적기 때문에 그리 넓은 활동범위가 필요하지도 않다. 게다가 체온을 외부의 열원에서 주로 얻으므로 몸속에 열에너지가 과잉 축적되는 일도 없고, 과열로 인해 즉사하는 경우도 없다.

오스트레일리아 애들레이드대학교의 동물학자 로저 시모어는 공룡이 외온성이었다고 강하게 주장하는 사람 중 하나다. 그는 과거의 대형 공룡들이 오늘날 살아 있는 대형 파충류들과 유사한 체온체계를 가졌을 것이라고 추정했는데, 그가 특히 관심 있게 관찰한 동물은 바로 오늘날 가장 큰 파충류인 바다악어였다. 바다악어는 높은 대사량보다는 큰 몸집 덕분에 외온성인데도 체온을 일정하게 유지하면서 활동성이 좋다. 이처럼 몸집 때문에 항온동물처럼 체온이 유지되는 것을 거대항온성giganthothermy이라고 부른다. 브라키오사우루스나 티라노사우루스와 같이 덩치가 큰 공룡들이 적게 먹으면서도 활동적일 수 있었던 이유가 거대항온성 덕분일 가능성이 크다는 것이 시모어의 설명이다.

공룡의 체온체계에 대한 최근의 논문은 2014년도에 나왔다. 뉴멕시코대학교의 존 그래디와 연구팀은 공룡 21종과 현생 동물 360종의 성장속도를 이용해 이들의 상대적인 에너지 사용량을 계산했다. 그 결과 공룡은 에너지를 많이 사용하는 내온성 동물과 에너지를 별로 사용하지 않는 외온성 동물 사이를 오갔는데, 공룡과 함께 이 두 영역을 오간 동물로는 외온성 항온동물인 다랑어와 장수거북*Dermochelys coriacea*, 그리고 내온성 변온동물인 바늘두더지*Tachyglossus aculeatus*[5]였다. 결국 공룡은 다랑어와 장수거북처럼 외온성 항온동물이었거나, 바늘두더지처럼 내온성 변온동물이었거나, 혹은 종류에 따라 외온성 항온동물 또는 내온성 변온동물이었을 가능성이 크다는 애기다.

그런데 공룡의 체온체계가 오늘날의 동물들과는 전혀 달랐을 것이라고 보는 학자도 있다. 내온성도 외온성도 아닌, 제3의 조절방식이 공룡에게 있었다는 의견이다. 2009년, 미국 유타대학교의 스콧 샘슨은 자신의 책『공룡 오디세이*Dinosaur Odyssey*』를 통해 이 새로운 공룡 체온체계에 대한 가설을 소개했다. 공룡은 내온성과 외온성이 아닌 그 중간에 해당하는 중온성mesotherm이었다는 것, 바로 '골디락스 가설 Goldilocks hypothesis'[6]이다.

비록 내온성과 외온성의 중간에 해당하는 어중간한 체온체계이긴 하겠지만, 중온성은 이 두 가지 전략의 장점을 모두 갖출 수 있기 때문에 공룡에게 딱 좋다는 게 샘슨의 의견이다. 중온성은 상대적으로 내온성보다 몸의 유지비용을 낮추면서 외온성보다 효율성이 높다. 어찌 보면 가격 대비 효능이 좋은 체온체계인 셈이다. 저렴한 비용으로 에너지의 효율이 높아지자 공룡들은 남아도는 에너지를 성장과 번식에 사용할 수 있게 되었을 것이다. 샘슨은 공룡들이 빠른 속도로 성장할 수 있었고, 현란한 과시용 벗 구조물들을 가질 수 있었던 것은 이 때문이라고 설명한다.

또한 중온성은 덩치가 큰 공룡들이 겪을 수 있는 열 발산 문제도 개선시켜줄 수 있다. 내온성 동물만큼 많은 양의 열에너지를 몸속에서 만들어내지 않기 때문이다. 게다가 열에너지를 적게 만들어내기 때문에 식사도 비교적 많이 할 필요가 없다. 그래서 중온성은 티라노사우루스나 브라키오사우루스가 큰 몸집을 수월하게 유지하면서 열사병에 걸리지 않게끔 해준다. 또한 먹이를 많이 먹지 않아도 되기 때문에 정해진 영역 안에서 많은 공룡들이 옹기종기 모여서 식사를 해도 별 문제가 되지 않는다.

공룡이 중온성이라면 정말 모든 문제들이 해결되는 것 같다. 그런데 정말 중온성이란 것이 존재할 수 있을까? 오늘날 살아 있는 동물 중에 중온성이 없다 보니 샘슨의 이러한 의견에 반대하는 학자들도 적지 않다. 하지만 오늘날 살아 있는 새들은 모두 내온성이다. 그리고 이들은 분명 외온성인 조상에서 진화했다. 외온성 조상에서 내온성 새가 나오기까지의 진화과정 중 그 중간단계에 해당하는 체온체계가 과거에 한 번쯤은 나타나지 않았을까?

샘슨의 '골디락스 가설'은 "왜 중생대에는 물속에 사는 공룡이 없었을까?"에 대한 의문점을 풀어주는 가장 합당한 가설이기도 하다. 오늘날과는 달리 공룡시대에는 다양한 파충류들이 물속에서 생활했다. 목이 긴 플레시오사우루스*와 머리가 큰 플리오사우루스*, 그리고 도마뱀의 일종인 모사사우루스까지, 그 크기와 형태는 다양했다. 하지만 공룡 중에는 물속에서 살았던 종류가 지금까지 발견된 적이 없다. 육상에서는 그리도 다양하게 진화를 했는데, 왜 물속으로 들어가지는 않았던 것일까?

플레시오사우루스_Plesiosaurus_
'도마뱀에 가깝다'는 뜻으로, 도마뱀과 닮아서 붙은 학명이지만, 오늘날 고생물학자들은 이들이 도마뱀보다는 악어나 공룡과 더 가까웠을 것으로 보고 있다.

플리오사우루스_Pliosaurus_
'더 도마뱀 같다'는 뜻으로, 짧은 목 때문에 플레시오사우루스보다 더 도마뱀과 닮았다고 해서 붙은 학명이다.

물은 뛰어난 열전도체다. 물속에 있다 보면 몸의 열을 빨리 뺏긴다. 공룡이 내온성이었다면 많은 양의 먹이를 먹고 사는 수생공룡이 나왔을 것이다. 그리고 만약 외온성이었다면 원래 빼앗길 만한 체온이 별로 없기 때문에 걱정 없이 물속에서 살았을 것이다. 하지만 충분히 열을 낼 수 있는 내온성도 아니고, 잃을 열이 별로 없는 외온성도 아닌 중온성이었다면 물속에서 살기가 힘들다. 아니, 살 수 없다. 공룡들이 물속으로 진출하지 않았던 이유가 이들이 중온성이었다는 증거는 아닐까?

뭐해? 어서 들어오지 않고!

중온성 입수금지

공룡이 만약 중온성이었다면 물속에 들어가는 게 위험할 수 있다. 수생파충류 중에 공룡이 없다는 점을 생각하면 충분히 그럴 법하다.

시간을 달리는 소녀

일부 학자들이 공룡의 체온에 대해 머리를 끙끙 싸매고 있을 때, 다른 한편에서는 오스트롬의 '공룡-새 진화설'에 대한 열띤 논쟁이 진행되고 있었다. 오스트롬과 고티에르가 마니랍토라류의 반달 모양 손목뼈를 학계에 보고한 이후, 그들의 가설을 지지하는 다른 학자들이 새로운 증거들을 찾아 나섰다. 이들이 가장 먼저 찾아 나선 것 중 하나는 바로 창사골暢思骨, furcula 또는 차골叉骨이라 불리는 V자 모양의 가슴뼈였다.

오늘날 새한테서만 찾아볼 수 있는 이 창사골은 새의 어깨뼈를 비롯한 나머지 가슴뼈들과 인접해 있으며, 위팔뼈와 가슴을 이어주는

잠자는 숲속의 공룡

공룡이 중온성이었다 해도 과연 모든 공룡이 중온성이긴 했을까? 개인적인 생각이지만 다른 공룡은 몰라도 데이노니쿠스를 포함한 마니랍토라류 공룡만은 내온성 범위에 진입했을 것으로 보인다. 일부 거대한 종류들을 제외하면 거의 모든 마니랍토라류 공룡은 몸집이 작으며 깃털로 수북하게 덮여 있다. 게다가 많은 마니랍토라류들은 육식성에서 잡식성, 또는 초식성으로 진화했는데, 아마도 몸속에서 충분한 열에너지를 만들어야 했기 때문에 더 다양하고 많은 양의 먹이를 먹기 위해 식성이 변한 것이 아닐까 추정된다.

마니랍토라류들이 내온성이었을 것이라고 보는 또 다른 이유는 이를 뒷받침할 만한 화석증거가 중국에서 발견되었기 때문이다. 놀랍게도 이 공룡 화석은 데이노니쿠스의 가까운 친척이었다. 2004년, 중국 베이징고생물고인류연구소의 쉬싱徐星은 우리나라와 가까운 중국 랴오닝성 지역에서 발견된, 스마트폰만 한 육식공룡을 학계에 보고했다. 길고 뻣뻣한 꼬리와 날씬한 다리, 그리고 뾰족한 발톱을 가진 이 작은 육식공룡은 누가 봐도 데이노니쿠스의 축소판이었다. 하지만 학자들이 이 작은 육식공룡에 대해 주목한 점은 작고 귀여운 외모가 아니었다. 바로 이 공룡이 보존된 모습이었다. 이 공룡은 특이하게도 몸을 납작한 럭비공처럼 웅크렸는데, 꼬리로 몸을 두르고 목을 접어 머리를 오른쪽 앞다리 밑으로 넣은 자세를 취하고 있었다. 왜 작고 귀여운 이 육식공룡은 이렇게 특이한 자세를 취했던 것일까?

오늘날 유연한 목을 접어서 머리를 앞다리 밑으로 넣는 동물은 새뿐이다. 새가 이러한 자세를 취하는 경우는 쉬거나 잠을 잘 때다. 사실 새가 이렇게 재미있는 자세를 취하는 이유는 새의 체온체계와 연관이 있다. 새는 내온성 동물이다. 이들은 포유류처럼 많은 양의 먹이를 먹고 몸속에서 열에너지를 만들어내기 때문에 몸이 따뜻하다. 하지만 몸과 조금 떨어져 있는 날개(앞다리)와 다리, 그리고 머리의 경우에는 열이 끓어오르는 몸보다는 덜 따뜻할 수 있다. 그래서 이들은 찬바람이 불거나 조금 추우면 팔과 다리를 따뜻한 몸 쪽으로 최대한 밀착시키고, 머리는 따뜻한 겨드랑이 밑으로 넣는다. "저런 자세를 한다고 뭐가 따뜻하겠어?"라고 의심이 든다면 지금 책을 쥐고 있는 손을 겨드랑이 밑으로 넣어보기 바란다. 겨드랑이의 따스함을 느낄 수 있을 것이다.

마찬가지로 랴오닝성의 이 작은 육식공룡도 그랬던 것일까? 머리를 겨드랑이로 밀어넣어 따뜻한 체온을 느끼면서 휴식이나 낮잠을 취한 게 아니었을까? 그리고 몸이 따뜻했으니 이 작은 육식공룡 또한 새처럼 내온성이지 않았을까?

쉬는 이 공룡이 과연 낮잠을 자다가 화석이 되었는지를 알아보기 위해 이 공룡 화석이 발견된 암석층을 자세히 살펴보았다. 이 공룡 화석은 오래된 화산재로 만들어진 층으로 덮여 있었다. 이는 당시 주변에 화산이 있었음을 의미했고, 화산에서 뿜어져 나온 화산재가 공룡 위로 쌓여서 화석이 보존된 것으로 보였다. 그럼 이 작은 공룡이 낮잠을 즐기다가 봉변을 당한 것일까? 요란한 화산폭발에도 일어나지 않았을 정도로 피곤했던 걸까? 그럴 가능성은 적어 보인다. 쉬는 이 작은 공룡이 화산이 폭발하기 직전에 땅속에서 뿜어져 나온 독가스에 질식해

**주둥이를 왼쪽 겨드랑이에
끼우고 잠자는 미국홍학**
Phoenicopterus ruber
새는 땀구멍이 없기 때문에 우
리처럼 겨드랑이에서 지독한
냄새가 나지는 않는다.
© Darren Swim

죽었을 것이라고 보았다. 몸을 웅크리고 달콤한 낮잠을 자던 이 공룡이 독가스에 질식해 세상을 떠난 후, 나중에
떨어진 화산재에 덮여 매몰되었다는 얘기다. 그래서 그는 자다 죽은 이 공룡에게 잔다는 뜻의 한자 寐(잘-매)를
라틴어 발음으로 옮긴 메이*Mei*⁷⁾라는 학명을 붙여주었다.

메이가 세상에 공개된 후, 많은 고생물학자들은 이 작은 육식공룡이 내온성이라는 쉬의 의견을 받아들였다.
하지만 모두가 이를 받아들인 것은 아니었다. 어쩌다 보니 머리가 겨드랑이에 껴서 화석으로 보존되었다고 보는
이들도 있었다. 하지만 이 논란은 2012년에 발견된 또 다른 잠자는 메이의 화석이 발견되면서 종결되었다. 어쩌
다 머리가 낀 것치고는 자세가 서로 너무나 비슷했기 때문이다.

재미있는 것은 두 공룡의 머리가 서로 다른 겨드랑이에 껴 있었다는 사실이다. 오늘날의 새들 역시 같은 종류
인데도 서로 다른 쪽 겨드랑이에 머리를 끼우는 게 발견된다. 이유는 확실하지 않지만 아마 각자 선호하는 겨드
랑이가 달라서 그런 것은 아닐까? 킁킁.

강한 힘줄이 붙어 있다. 이 강한 힘줄은 새가 힘차게 날개를 아래로 내렸을 때 힘들이지 않고 날개를 올리도록 도와준다. 결국 이 창사골 덕분에 새는 힘찬 날갯짓을 할 수 있는 것이다.

그럼 공룡에게도 이 창사골이 존재했을까? 사실 공룡의 창사골은 1924년에 진작 발견되었다. 하지만 (언제나 그랬듯이) 고생물학자들은 눈앞에 있는 뼈를 보고도 알아차리지 못했던 것이다. 과거에 저지른 실수를 뒤늦게 알아차린 그들은 이미 연구된 공룡 골격들을 다시 자세히 보기 시작했다. 그랬더니 데이노니쿠스를 포함한 다양한 드로마이오사우루스류 공룡부터 닭을 닮은 오비랍토로사우루스류, 그리고 가장 오래된 육식공룡 중 하나인 코일로피시스*까지 다양한 육식공룡한테서 창사골이 발견되었다. 심지어 티라노사우루스에게도 이 뼈가 있다는 것을 확인한 고생물학자들은 깜짝 놀랐다.

육식공룡들은 왜 이러한 창사골을 가지고 있었을까? 거대한 몸집의 티라노사우루스가 조그마한 팔을 이용해 날갯짓이라도 했단 말인가? 아마도 공룡이 가지고 있던 창사골은 오늘날의 새처럼 날갯짓을 위한 용도가 아니었을 것이다. 팔을 움직이는 데에 사용되는 힘줄이 있는 뼈였다가 새로 진화하는 과정에서 이 뼈와 뼈에 붙은 힘줄의 용도가 바뀐 것으로 추정된다.

그렇다면 이 창사골은 언제부터 존재했을까? 2013년, 포르투갈 신리스본대학교의 이마누엘 초프는 육식공룡(수각류)과 공통조상에서 갈라져 나온 목긴공룡한테도 창사골이 있음을 보고했다. 하지만 육식공룡과 목긴공룡 이외의 공룡 그룹에서는 이 창사골이 발견되지 않았다. 그래서 창사골은 목긴공룡과 육식공룡의 공통조상에게서 처음 나타났을 가능성이 큰데, 적어도

코일로피시스Coelophysis
'속이 빈 형태'란 뜻으로, 말 그대로 속이 비어 있는 척추뼈 때문에 붙은 학명이다.

약 2억 3000만 년 전인 트라이아스기 후기 때 첫 창사골이 등장했을 것으로 여겨지고 있다(그러니까 닭과 브라키오사우루스는 같은 종류의 뼈를 가지고 있었던 셈이다).

공룡의 창사골을 발견한 후에 학자들은 이제 또 하나 남은, 새의 특징을 공룡에게서 찾기 시작했다. 바로 깃털이었다. 하지만 깃털화석을 찾기란 생각보다 쉽지 않았다. 단단한 뼈화석과는 달리 섬세한 깃털은 매우 부드러운 모래나 진흙에 매몰되지 않는 이상 잘 보존되기가 힘들기 때문이다.

데이노니쿠스가 보고되고 20년이 넘도록 공룡의 깃털화석은 발견되지 않았다. 많은 학자들이 오스트롬의 가설을 점차 의심하기 시작했다. 하지만 끝까지 그를 믿어준 열혈 지지자들 덕분에 오스트롬은 인내심을 가지고 깃털화석이 발견되기를 기다릴 수 있었다. 마치 오스트롬의 오랜 기다림에 보답이라도 하듯, 깃털 달린 공룡 화석이 아무런 예고도 없이 떨어지는 운석 덩어리처럼 마침내 세상에 드러났다. 화석이 발견된 곳은 미국도 캐나다도 아닌, 바다 건너 중국이었다. 그리고 다른 대부분의 중요한 발견들처럼 이 화석도 고생물학자나 화석 수집가가 아닌 사람에 의해 발견되었다. 그 화석을 발견한 사람은 중국 랴오닝성에 살고 있던 한 농부였다.

랴오닝성 지역에서는 농부가 화석을 찾는 사례가 많다. 랴오닝성의 농부들은 농삿일을 하면서 때때로 밭 아래 땅굴을 파서 그 속에서 채집한 곤충과 물고기의 화석들을 관광객에게 판매한다. 랴오닝성

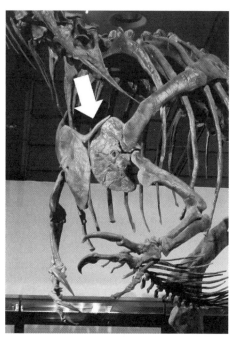

거대한 육식공룡 알로사우루스의 가슴 골격

자세히 보면 V자 모양의 창사골이 보인다(하얀 화살표). 미국에서는 추수감사절 때 칠면조의 창사골을 두 사람이 한 쪽씩 붙잡고 잡아당겨 부러뜨리기도 한다. 부러졌을 때 더 긴 쪽을 잡은 사람이 소원을 빌 수 있는데, 이 풍습은 기원전 300년경 이탈리아에서 유래한 것으로 전해진다. 하지만 당시의 에트루리아 사람들(이탈리아 반도에 살던 사람들)은 이 창사골이 어떤 뼈인지 전혀 몰랐다.

© The_Wookies

농부들이 이처럼 투 잡을 뛸 수 있는 이유는 바로 이 지역에 화석이 풍부하게 묻혀 있는 백악기 전기 지층인 이시안층Yixian Formation이 넓게 분포되어 있기 때문이다.

1996년 8월, 여느 때와 마찬가지로 이 농부는 땅굴 속에서 화석을 발견했다. 하지만 새로 발견한 화석은 기존에 그가 발견했던 것들과는 전혀 달랐다. 그것은 작은 고양이만 한 육식공룡이었는데, 놀랍게도 목과 등을 따라 꼬리 끝까지 원시깃털로 덮여 있었다. 농부는 최초의 깃털공룡 화석을 자신의 밭 아래에서 발견한 것이다. 그는 이 화석의 중요성을 단번에 알아보았다. 하지만 돈이 절실했던 농부는 이 작은 공룡 화석을 당장 팔기로 마음먹었다. 이 작은 육식공룡 화석은 발굴하는 과정에서 두 조각으로 쪼개졌는데, 농부는 한 조각은 베이징의 중국지질박물관으로, 다른 한 조각은 난징지질고생물연구소로 팔아넘겼다. 이리하여 농부는 화석 하나를 두 개의 값어치로 팔아넘길 수 있었는데, 이 때문에 학자들은 이 공룡 한 마리를 연구하기 위해 지질박물관과 고생물연구소를 오가야 하는 번거로움을 감수해야 했다. 그렇지만 최초의 깃털공룡 화석을 한 조각씩이나마 나누어 가진 두 곳은 만족스러워했다.

비록 두 곳에서 한 마리의 공룡을 나누어 갖긴 했지만, 이 공룡을 학계에 먼저 보고한 것은 중국지질박물관 쪽이었다. 이 박물관의 지치앙季强과 지수안姬書安은 이 육식공룡에게 '중국의 도마뱀 날개'라는 뜻의 시노사우롭테릭스라는 학명을 붙여주었는데, 이 공룡은 학계에 최초로 보고된 깃털공룡 화석으로 기록되었다. 물론 같은 공룡을 가지고 있던 난징지질고생물연구소에서야 비싼 돈 주고 구입한 화석에 제대로 이름도 못 지어주게 되었으니 그리 좋아하지 않았겠지만….

최초로 학계에 보고된 깃털공룡 시노사우롭테릭스
몸집이 작고 보송보송한 공룡이다. 이보다 더 귀여운 공룡은 없을 것이다. © Sam, Olai Ose, Skjaervoy

하지만 깃털공룡 화석의 발견은 시노사우롭테릭스로 끝나지 않았다. 시노사우롭테릭스가 발견된 그 다음해에는 긴 손가락을 가진 깃털공룡 프로타르카이옵테릭스*, 1997년에는 닭처럼 생긴 카우딥테릭스*가 연달아 보고되었다. 1999년에는 데이노니쿠스의 가까운 친척인 시노르니토사우루스(컬러도판 35)*가 보고되면서 데이노니쿠스를 포함하는 드로마이오사우루스류 공룡 또한 깃털을 가졌다는 사실이 알려졌다. 2004년에는 티라노사우루스의 할아버지뻘 되는 공룡인 딜롱에게서 원시깃털의 흔적이 발견되면서 새의 공룡 기원설은 비로소 정설로 자리잡을 수 있었다. 오스트롬의 가설을 증명하는 데에 약 40년이란 세월이 걸린 것이다. 자신의 가설이 증명되는 것을 확인하지도 못한 채 세상을 떠난 기드온 맨텔과 달리, 오스트롬은 보송보송한 딜롱이 보고된 1년 후에 세상을 떠났다. 비록 말년에 치매로 고생하긴 했지만, 아마도 웃으면서 눈을 감으셨을 게다.

프로타르카이옵테릭스
Protarchaeopteryx
'고대 날개의 이전'이란 뜻으로, 시조새보다 원시적인 모습을 한 깃털 달린 동물이라 붙은 학명이다.

카우딥테릭스*Caudipteryx*
'꼬리깃털'이란 뜻으로, 꼬리 끝에 깃털들이 붙어 있어서 붙은 학명이다. 이 깃털들은 마치 큰 부채처럼 펼 수 있었다.

시노르니토사우루스
Sinornithosaurus
'중국의 새 도마뱀'이란 뜻으로, 중국에서 발견되었으며 새와 공룡을 반반씩 섞어놓은 듯한 외모 때문에 붙은 학명이다.

중국 이시안층에서는 고양이만 한 시노사우롭테릭스
부터 양만 한 잡식공룡 베이피아오사우루스*까지 다양한
깃털공룡들이 현재까지 꾸준히 보고되고 있다. 앞서 소
개한 잠자는 메이도 이시안층 출신이다. 이곳에서 발견되는 다양한
깃털공룡들 덕분에 오스트롬의 '공룡-새 기원설'은 날이 갈수록 완벽
한 가설처럼 변해갔다. 하지만 여기에는 작은 문제점이 하나 있었다.
가장 오래된 새의 화석인 시조새는 쥐라기 후기, 즉 약 1억 5000만 년
전에 생존했던 동물이다. 새가 공룡에서 진화한 동물이 맞다면 깃털
공룡의 화석이 1억 5000만 년 전보다 이전에 쌓인 지층 속에서 나와
야 한다. 하지만 깃털공룡의 화석들이 발견되는 이시안층은 백악기
전기, 즉 약 1억 2000만 년 전에 쌓인 지층이다. 이곳에서 발견된 깃
털공룡들은 모두 백악기 전기에 살았던 녀석들로, 모두 시조새 이후
에 등장한 녀석들인 셈이다. 어떻게 할아버지가 손자보다 젊을 수 있
단 말인가?

이러한 문제점을 처음 지적한 사람은 바로 미국 노스캐롤라이나대
학교의 앨런 페두치아였다. 그는 시조새 이전에 살았던 깃털공룡의
화석이 발견되지 않는 이 현상을 가리켜 시간역설temporal paradox이라
고 표현했으며, 이 시간역설 문제 때문에 새가 절대로 공룡에서 진화
하지 않았다고 확신했다. 그리고 무슨 이유 때문인지는 몰라도 그는
오스트롬의 가설을 증오하다시피 싫어했는데, 한번은 "새가 공룡에
서 진화했다는 가설은 고생물학계를 통틀어 가장 치욕적인 일"이라
며 오스트롬의 주장을 짓밟아버리기도 했다.

하지만 허무하게도 그의 주장은 오래가지 못했다. 2009년에 시조
새가 나오는 지층보다 오래된 지층에서 깃털공룡의 화석이 발견되었

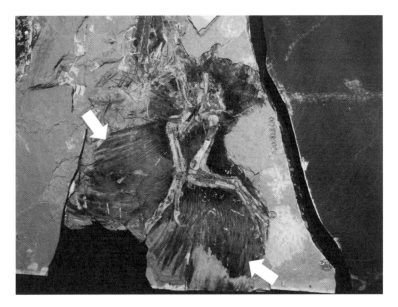

기 때문이다. 이 새로운 깃털공룡은 시노사우롭테릭스와 다른 대부분
의 깃털공룡들과 마찬가지로 중국에서 발견되었다. '새와 가깝다'라
는 뜻의 안키오르니스Anchiornis라는 학명으로 불리는 이 공룡은 약 1억
6000만 년 전에 해당하는 지층인 티아오지산층Tiaojishan Formation에서
발견되었는데, 이는 시조새가 살았던 시기보다 약 1000만 년이나 앞
선다. 드디어 손자보다 나이가 많은 할아버지를 찾아낸 것이다. 게다
가 이 공룡은 데이노니쿠스의 친척이었다. 입장이 난처해진 페두치아
는 이제 "모든 깃털 달린 존재들을 공룡이 아닌 조류로 봐야 한다"는
의견을 내고 있지만, 그의 이러한 주장은 그저 억지스럽게만 들린다.

　비둘기만 한 깃털공룡 안키오르니스는 새는 아니지만 새와 정말
비슷하게 생긴 공룡이다. 이들은 새의 날개깃과 같이 기다란 깃털이
앞다리에 나 있으며, 넓적한 꼬리깃과 깃털로 이루어진 화려한 머리
볏도 하나 가지고 있다. 언뜻 보기에는 작은 시조새 같기도 하다. 그

래서 안키오르니스의 화석을 처음 발견한 고생물학자들은 이 공룡을 시조새보다 오래된 새의 화석으로 보고했을 정도였다. 안키오르니스는 새와 얼마나 비슷한 동물이었던 것일까? 이들도 오늘날의 새처럼 알록달록한 깃털을 가지고 있었을까?

사실 수천만 년 전에 멸종된 동물이 어떤 색을 띠고 있었는지를 알아내기란 참 힘들다. 뼈, 발자국, 알, 배설물 등 다양한 것이 화석으로 보존되긴 하지만 피부 색깔은 보존되지 않기 때문이다. 미라가 된 동물의 피부화석이 발견되는 경우는 간혹 있지만, 오랜 세월에 걸쳐 화석으로 되는 과정에서 피부 색깔은 모두 사라져버린다. 이러한 이유 때문에 지난 100년간 꾸준히 연구되어온 공룡이라 할지라도 살아생전에 정확히 무슨 색깔이었는지는 알 수가 없다(색칠공부책의 공룡들을 마음대로 색칠하더라도 고생물학자들은 딱히 뭐라 할 말이 없다).

멸종한 동물의 피부 색깔이 영원히 사라지더라도, 이 사라진 색깔을 다시 추정해 복원할 수 있는 방법은 있다. 바로 수 나노미터(nm) 크기의 물체를 크게 확대시켜 볼 수 있는 주사전자현미경을 이용해 화석에 남아 있는 색소세포를 찾아내는 것이다. 물론 색소세포가 모든 피부화석에서 쉽게 발견되는 것은 아니다. 그런데 놀랍게도 유난히 깃털화석에서는 색소세포들이 잘 보존된다.

2010년, 중국지질과학대학교의 리취안궈李全國와 연구팀은 이 주사전자현미경을 이용해 안키오르니스의 깃털화석에서 화석화된 멜라노솜melanosome이라 불리는 색소세포를 확인했다. 리는 안키오르니스 깃털의 멜라노솜 색소세포의 모양을 오늘날 새 깃털의 멜라노솜과 비교연구했다. 안키오르니스 깃털에 남아 있는 색소세포의 모양은 회색, 검은색, 흰색 그리고 적갈색을 띠게 해주는 오늘날 새의 깃털

색소세포와 유사했는데, 리의 연구팀은 이것을 바탕으로 안키오르니스의 색깔을 복원했다. 안키오르니스의 몸은 회색 또는 검은색의 깃털로 덮여 있었고, 날개를 이루는 깃털에는 흰색과 검은색으로 이루어진 띠무늬가 있었으며, 머리 위로 솟아오른 깃털로 된 볏은 적갈색으로 나타났다. 마치 서울의 북한산에서 간혹 만날 수 있는 큰오색딱따구리*Dendrocopos major*와 비슷한 색이었다. 특히 안키오르니스의 붉은색 머리 스타일은 이성을 유혹하는 데에 안성맞춤이었을 것으로 추정된다. 결국 안키오르니스는 오늘날의 새처럼 깃털을 갖고 있었을 뿐만 아니라 색깔도 유사했음이 밝혀진 것이다.

안키오르니스의 색깔을 복원한 이후, 현재 고생물학자들은 주사전자현미경을 이용해 다른 깃털공룡들의 색깔을 복원 중이다. 시노사우롭테릭스는 마치 알락꼬리여우원숭이*Lemur catta*[8]처럼 꼬리에 줄무늬가 있었으며, 중국에서 발견된 작은 드로마이오사우루스류인 미크로랍토르는 까마귀나 까치처럼 푸르스름한 깃털을 가졌을 것으로 추정된다. 그럼 언젠가는 우리들이 좋아하는 티라노사우루스나 트리케라톱스의 색깔도 알 수 있는 날이 오지 않을까? 물론 티라노사우루스와 트리케라톱스의 색소세포를 먼저 찾아야 하긴 하겠지만.

그렇다면 새처럼 생긴 안키오르니스는 이 멋진 깃털로 덮인 앞다리를 이용해 하늘로 높이 날아오를 수 있었을까? 안키오르니스가 쥐라기 후기의 아침 일출을 등지며 멋지게 날아오르는 모습은 상상만 해도 정말 멋있을 것 같다. 하지만 새처럼 멋지게 날아오르기 위해서는 단순히 깃털만 있다고 해서 가능한 것이 아니다. 하늘을 나는 데에 적합한 깃털이 있어야 한다. 그럼 하늘을 나는 데에 적합한 깃털은 어떤 것일까?

위대한 비행

날기 적합한 깃털이 어떤 것인지를 알기 이전에 우리는 깃털이 정확히 뭔지를 알 필요가 있다. 깃털은 우리 포유류들이 가지고 있는 털처럼 단순하게 생긴 것이 아니다. 단순한 실 모양의 털과는 달리, 깃털은 중앙에는 각질로 이루어진 길고 뻣뻣한 속 빈 깃대calamus가 있으며, 깃대를 중심으로 양옆으로 깃가지barb들이 뻗어 있다. 뻗어 있는 깃가지를 실체현미경을 통해 자세히 들여다보면 이 깃가지를 중심으로 더 작은 깃가지들이 뻗어 있으며, 이 작은 깃가지들은 또다시 더 작은 깃가지들을 가진다. 작은 깃가지들은 서로서로를 갈고리처럼 걸고 있는데, 이 덕분에 깃털은 강한 바람이 불어도 모양을 유지할 수 있다.

놀랍게도 깃털에는 여러 가지 종류가 있는데, 그 종류에 따라 구조와 기능이 조금씩 다르다. 깃털은 크게 다섯 가지 형태, 곧 솜털downy, 강모bristle, 안깃털filoplume, 반깃털semiplume, 그리고 겉깃털contour로 구분될 수 있다. 이 중 병아리의 보송보송한 솜털과 원시 새 종류인 에뮤의 너덜너덜한 반깃털은 새의 몸을 따뜻하게 하는 데에 쓰인다. 털처럼 생긴 뻣뻣한 강모는 주로 새의 머리와 목에 집중되어 있는데, 주변 사물을 감지하는 감각기관을 담당한다. 깃털의 중앙을 지지해주는 깃대가 길쭉한 안깃털은 온몸에 골고루 있으며, 몸의 신경과 연결되어 있어서 주변의 환경변화를 느끼는 데에 도움을 준다. 겉깃털은 말 그대로 새의 가장 겉 부분을 덮는 깃털로서 우리들이 깃털 하면 떠올리는 게 바로 이 깃털이다.

겉깃털에는 깃대를 중심으로 양옆의 깃가지들이 좌우대칭인 것과

흰꼬리수리_Haliaeetus albicilla_
의 오른쪽 날개
비행하기에 적합한 비대칭형의
날개깃들이 잘 발달되어 있다
(화살표).
© Conty

비대칭인 것이 있다. 깃가지가 좌우대칭인 대칭형 깃털은 주로 동물의 몸을 덮는다. 이러한 깃털은 몸의 형태를 유지시켜주거나 보온의 역할을 한다. 반면에 비대칭형 깃털의 경우, 몸의 앞쪽으로 쏠린 깃대 때문에 깃털의 단면이 유선형을 보인다. 이렇게 단면이 유선형인 깃털은 앞에서 바람이 불거나 할 때 대칭형 깃털보다 저항을 덜 받기 때문에 하늘을 날거나 활공할 때 유용하다(비행기의 날개 단면을 생각해 보면 될 것이다). 그래서 비대칭형 깃털은 새의 앞다리, 즉 날개에 주로 붙어 있다.

그렇다면 새를 닮은 안키오르니스도 비대칭형 깃털을 가지고 있었을까? 놀랍게도 학계에 보고된 안키오르니스의 앞다리 화석에서는 비대칭형 깃털이 각각 열한 개씩 발견되었다. 작은 육식공룡 안키오르니스는 비행에 적합한 깃털을 가지고 있었던 것이다. 하지만 과연 안키오르니스가 비대칭형 깃털을 이용해 하늘을 정말 날아다녔을지에 대해서는 아직 고생물학자들 사이에서 말이 많다.

비행에 적합한 비대칭형 깃털로 인해 충분히 하늘을 날 수 있었다고 보는 고생물학자가 있는가 하면, 어떤 고생물학자들은 안키오르니스의 날개깃 배열이 비행에 적합하지 않기 때문에 제대로 날지 못했을 것이라고 주장한다. 또한 하늘을 날기 위해 필요한 강한 가슴 근육이 없었기 때문에 힘찬 날갯짓으로 날아오르지 못했을 것이라고 보는 학자들이 있는가 하면, 힘찬 날갯짓 없이도 잘 날아다니는 새들이 있다는 이유로 잘 날았을 것이라고 보는 학자도 있다.

진실이 어떤 것이든 두 진영의 학자들이 모두 동의하는 한 가지가 있다. 바로 작은 육식공룡 중 일부가 하늘을 날 수 있는 능력을 갖추게 되면서 새가 되었다는 것이다. 그렇다면 작은 육식공룡은 어떻게 하늘을 날 수 있는 능력을 갖추게 되었을까? 어느 날 잠에서 깨어나 갑자기 하늘을 날 수 있었을 리는 없다.

사실 새가 과연 어쩌다 하늘을 날 수 있게 되었는지에 대해서는 새의 공룡 기원설보다 훨씬 이전부터 학자들 사이에서 오르내리는 대단히 궁금한 문제였다. 그동안 다양한 의견들이 학계에서 거론되었지만, 최종적으로 이 의견들은 크게 두 가지 가설로 정리될 수 있었다. 달리다가 날아오를 수 있게 되었다는 '그라운드 업ground up설'과 나무에서 뛰어내리다가 날게 되었다는 '트리 다운tree down설'이다.

먼저 등장한 것은 그라운드 업설이었다. 1879년에 이 가설을 제안한 새뮤얼 윌리스턴은 당시 유명한 과학자가 아닌 그저 평범한 대학원생이었다. 그는 악덕하기로 유명한 마시 밑에서 화석을 발굴했지만, 다행히 마시가 아닌 캔자스주립대학교의 벤저민 머지의 지도를 받고 있었다. 그래서 윌리스턴은 운 나쁜 존 해처와 달리 화석을 발굴하며 개인적인 연구도 할 수 있었다.

윌리스턴은 운 좋게도 학위를 받는 기간 동안 시조새의 골격화석을 자세히 관찰할 기회가 있었다. 그는 시조새가 긴 꼬리와 긴 뒷다리를 가지고 있었기 때문에 잘 뛰어다녔을 거라 생각했다. 그래서 그는 시조새와 같은 원시조류가 빠른 속도로 뜀박질을 하며 날갯짓을 하다 보니 얼떨결에 날아오르지 않았을까 하고 추정했다. 그는 자신의 생각을 간단한 논문으로 정리해 발표했지만 자신의 가설을 뒷받침할 만한 직접적인 증거를 제시하지는 못했다.

트리 다운설이 등장한 것은 윌리스턴의 논문 발표가 있은 지 일 년 후인 1880년이었다. 이 가설을 처음 학계에 발표한 사람은 윌리스턴의 상사였던 마시였다. 그는 시조새가 나뭇가지 위를 껑충껑충 뛰어다니면서 균형을 잡을 때 기다란 날개를 사용했을 것이라고 생각했다. 양팔을 벌려 외줄을 타는 민속마을의 줄광대처럼 말이다. 세월이 지나면서 시조새가 더욱 먼 나뭇가지를 향해 뛰다 보니 결국은 활공하는 법을 배우게 되었고, 나중에는 비행할 수 있게 되었다는 것이 마시의 설명이었다. 물론 마시의 이러한 가설도 뒷받침할 만한 직접적인 화석증거는 없었다.

두 가설이 학계에 보고된 후로 다른 학자들은 하나 둘씩 마음에 드는 가설 뒤로 줄을 서기 시작했다. 윌리스턴의 그라운드 업설에 대해 가장 관심 있어 한 사람은 헝가리 출신의 귀족 바론 프란츠 놉샤였다. 놉샤는 윌리스턴의 그라운드 업설을 자신의 생물학 지식과 상상력을 총동원해 살을 붙였는데, 먼저 새의 조상이 재빠르게 달리기 시작한 이유에 대해 생각했다. 그는 시조새의 빨리 뛸 수 있는 뒷다리와 긴 날개에 주목했고, 시조새가 뒷다리로 재빠르게 달리면서 긴 날개를 양옆으로 편 상태로 균형을 잡으며 곤충을 사냥했을 것이라고 추정했다. 놉샤가 그다음에 주목한 것은 바로 시조새의 긴 날개깃이었다. 그는 시조새가 긴 날개깃을 이용해 앞에 있는 작은 먹잇감을 마치

가상의 원시 새, 프로아비스의 상상도

1916년, 덴마크의 고생물학자 게르하르트 헤일만이 그린 프로아비스의 상상도다. 마치 깃털로 덮인 도마뱀처럼 생겼다. 이때까지만 해도 고생물학자들은 새와 육식공룡이 비슷하다는 사실만 알고 있었지, 새가 육식공룡으로부터 기원했을 거라는 생각은 하지 못했다.

빗자루처럼 입으로 쓸어 넣었을 것이라고 추정했다. 결국 좀 더 효과적으로 먹이를 잡아먹기 위해 새가 비행을 시작했다는 것이 놉샤의 결론이었다.

놉샤와 반대로 영국의 동물학자 윌리엄 파이크래프트는 마시의 트리 다운설을 적극 지지했다. 그는 나무 위 생활에 적합한 신체 구조를 가진 깃털 달린 파충류가 언젠가는 발견될 것이라고 믿었는데, 그는 이 가상의 새 조상을 직접 그림으로 그려 1906년에 논문으로 발표하기까지 했다. 이 가상의 동물에게 그는 '원시 새'라는 뜻의 프로아비스Proavis라는 이름까지 붙여주었다. 물론 이 가상의 프로아비스는 화석으로 발견되지 않았다.

마시의 트리 다운설을 뒷받침해줄 만한 화석증거는 한 세기가 지나고 나서야 발견되었다. 2000년에 작은 깃털 달린 드로마이오사우루스류 공룡이 학계에 보고되었는데, '작은 약탈자'라는 뜻의 미크로랍토르Microraptor라는 학명을 가진 이 공룡은 다른 대부분의 깃털공룡들과 마찬가지로 중국에서 발견되었다. 그런데 단순히 보온용 깃털만 두른 다른 깃털공룡들과는 달리 이 깃털공룡은 비대칭형 깃털로 이루어진 기다란 날개깃을 가지고 있었다. 더욱더 놀라운 것은 이 기다란 날개깃이 앞다리와 뒷다리에 모두 달려 있었다는 점이다. 한마디로 미크로랍토르는 날개가 네 개나 달린 공룡이었다.

이 괴상하게 생긴 미크로랍토르가 등장하면서 트리 다운설이 힘을 얻게 되었다. 미크로랍토르의 뒷다리에 붙어 있는 날개깃은 앞다리의 날개깃만큼이나 길었는데, 지나치게 길어서 미크로랍토르가 땅위에 서 있으면 마치 1970년대 나팔바지처럼 바닥에 끌렸다. 이러한 다리 구조로는 땅 위에서 제대로 걸을 수가 없다. 그래서 이 공룡을 연구한 고생물학자들은 미크로랍토르가 나무 위에서 살았을 것으로 추정했으며, 마치 날다람쥐처럼 뒷다리와 앞다리를 모두 펼쳐서 활공했을 것이라고 추정했다. 이처럼 새의 조상은 미크로랍토르와 같이 앞다리와 뒷다리 날개로 활공을 하다가 비행하게 되면서 뒷다리의 날개깃이 퇴화했다는 것이 이들의 주장이었다.

미크로랍토르가 활공을 했을 것이라는 가설은 이 공룡의 꼬리 구조로도 뒷받침되었다. 2012년, 캐나다 앨버타대학교의 스콧 퍼슨스는 미크로랍토르의 꼬리가 활공을 하는 데에 매우 적합했다고 보고했다. 미크로랍토르의 꼬리뼈는 길쭉하며, 윗부분과 아랫부분이 길게 뻗어 있어서 꼬리뼈들이 서로 겹쳐져 있다. 각각의 꼬리뼈들이 서로 겹쳐지다 보니 미크로랍토르의 꼬리는 마치 길쭉한 철사처럼 뻣뻣하다. 이런 뻣뻣한 꼬리는 활공하는 동물에게 유용하다. 활공을 하면서 꼬리를 마치 배의 방향타처럼 사용할 수 있기 때문이다. 꼬리를 이용해 활공하면서 몸의 방향을 조금씩 바꿀 수 있어야 활공 중에 나뭇가지와 같은 장애물에 부딪히지 않고 목적지에 무사히 착륙할 수 있다. 만약 미크로랍토르의 꼬리가 뻣뻣하지 않고 유연했다면, 활공을 할 때 꼬리가 처지거나 이리저리 흔들려서 몸의 균형을 잡지 못해 추락했을 것이라는 게 퍼슨스의 설명이다.

이처럼 미크로랍토르는 새의 트리 다운설을 완벽하게 뒷받침해주

마시의 트리 다운설을 처음으로 뒷받침해준 화석

중국에서 발견된 드로마이오사우루스류 미크로랍토르 화석이다. 앞다리와 뒷다리에 모두 기다란 날개깃이 달려 있다(하얀 화살표와 검은 화살표). 발견 당시에는 전 세계 공룡 마니아들에게 큰 충격을 안겨주었지만, 지금은 중국에서 발견되는 가장 흔한 공룡 중 하나다.

© David W. E. Hone, Helmut Tischlinger, Xing Xu, Fucheng Zhang

는 것처럼 보인다. 하지만 미크로랍토르가 새의 직접적인 조상이 아니기 때문에 트리 다운설을 뒷받침해주는 증거로 볼 수 없다고 생각하는 고생물학자들도 있다. 게다가 시조새처럼 꼬리가 긴 화석 새들한테서는 미크로랍토르와 같이 활공에 유리한 꼬리뼈 구조가 관찰되지 않는다. 최근에는 미크로랍토르가 속한 드로마이오사우루스류가 새의 이전 단계가 아닌 새의 친척뻘 되는 그룹임이 밝혀지면서, "혹시 새와 드로마이오사우루스류가 각각 따로 비행하는 법을 터득한 것은 아닐까" 하고 추정하는 고생물학자들도 있다.

화석을 통해 새의 비행 기원을 추정하는 고생물학자들이 있는가 하면, 오늘날의 새들을 통해 비행의 기원을 알아내려는 사람도 있다. 미국 몬태나대학교의 동물학자 켄 다이얼은 공작, 칠면조, 그리고 메추라기닭*Alectoris chukar*과 같은 대부분의 현생 육지 새들이 나무 위에다 둥지를 짓는다는 사실을 눈여겨보았다. 이 육지 새들은 비록 땅 위에서 생활하는 데에 적합한 몸을 가졌지만, 안전하게 새끼들을 키우기 위해 나무 위로 올라간다. 하지만 이들이 과연 어떻게 그 높은 둥지까지 올라가는지에 대해서는 그동안 자세히 연구된 적이 없었다. 어른 새야 힘찬 날갯짓으로 나무 위까지 튀어오른다 할지라도, 날개가 아직 덜 발달한 어린 새는 어떻게 둥지에 올라갈 수 있었을까? 주먹만 한 아기 새가 나무 위로 오르는 것은 마치 맨손으로 빌딩을 오르는 것과 마찬가지일 텐데 말이다.

하지만 다이얼은 아기 새들도 거뜬히 나무 위로 올라갈 수 있다는 것을 발견했다. 이 아기 새들은 나무의 가파른 기둥을 밟으며 재빠르게 뛰어 올라갔는데, 놀라운 사실은 이 새들이 단순히 다리 힘으로만 나무 기둥을 뛰어 올라간 게 아니었다. 아기 새는 나무를 오르며 작은 날개를 끊임없이 앞뒤로 파닥였는데, 이 날갯짓 덕분에 아기 새의 몸은 뒤로 넘어가지 않고 나무에 밀착되어 기둥을 오를 수 있었다. 다이얼은 이런 식으로 날갯짓을 통해 가파른 경사를 뛰어 올라가는 행위를 '날개를 이용한 경사면 달리기 wing-assisted incline running', 줄여서 '웨어WAIR'라고 불렀다. 새의 조상인 원시 깃털공룡들 또한 이러한 방식으로 나무를 오르다 보니 날갯짓에 능숙해졌을 수도 있다. 이처럼 날갯짓이 애초에 비행을 위해 개발된 능력이 아니었을 수도 있다는 것이 다이얼의 주장이다. 물론 모든 고생물학자들이 다이얼의 이러한 주장을 받아

사다리가 없던 시절, 높은 곳에 있는 집에 들어가기 위해 깃털공룡들은 날갯짓을 개발했을지도 모른다.

여보, 어서 올라와요! 드라마 곧 시작해요!

들이는 것은 아니다. 연구소에 있는 아기 새만으로는 과거의 깃털공룡들이 '웨어'를 했을지 안 했을지 증명할 수가 없기 때문이다. 공룡의 첫 날갯짓이 어떻게 탄생했는지에 대한 논란은 지금도 계속되고 있다.

이렇게 서로 다양한 가설들을 주거니 받거니 하며 고생물학자들끼리 대립하는 경우가 많지만, 간혹 서로 동의하는 것도 있다. 바로 앞다리에 붙어 있는 날개깃이 하늘을 날기 위해 등장한 구조물이 아니라는 것. 이것에 대해서는 대부분의 고생물학자들이 동의한다. 왜냐하면 날개깃을 가지고 있는데도 하늘을 날 수 없는 공룡들이 그동안 많이 발견되었기 때문이다. 그중 대표적인 것이 바로 타조공룡이다.

타조공룡은 이름 그대로 타조처럼 생긴 공룡들을 말한다. 새처럼 작은 머리와 부리 같은 주둥이, 길쭉하고 유연한 목과 기다란 뒷다리는 정말 아프리카 초원을 달리는 타조의 모습을 연상시킨다. 하지만 이러한 타조 같은 외모와 달리 이들 타조공룡들은 사실 타조와는 거리가 먼 동물들이다. 그저 타조와 비슷한 생활을 하다 보니 타조처럼 모습이 변한 녀석들이다. 이들이 타조보다는 거대한 티라노사우루스와 더 가까운 동물이었다는 사실을 생각해보면 놀랍기만 하다.

타조공룡이 처음 발견된 것은 19세기 말이지만, 이들에게 날개깃이 있었다는 사실은 2012년이 되어서야 밝혀졌다. 캐나다 앨버타 주에서 발견된 어른 타조공룡의 앞다리뼈에서 이상한 무늬들이 관찰되었는데, 이 무늬들은 오늘날 새의 날개깃 밑에서 확인할 수 있는 흔적으로 타조공룡에게도 날개깃이 붙어 있음을 뜻했다. 근데 왜 날지도 못하는 타조공룡이 날개깃을 가지고 있었을까? 비록 날지는 못하지만 오늘날의 타조는 풍성한 날개깃을 매우 유용하게 사용하

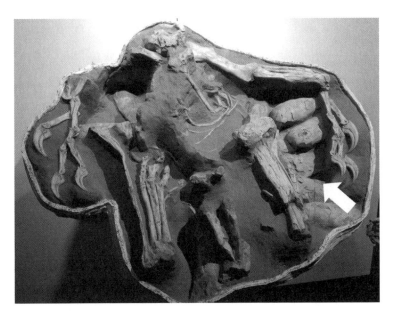

고 있다. 수컷 타조는 멋진 날개깃을 이리저리 흔들면서 암컷을 향해 로맨틱한 춤을 추는데, 타조공룡도 아마 이와 비슷한 행동을 하지 않았을까? 타조공룡은 다른 공룡들과 달리 몸에 비해 앞다리가 유난히 길다. 긴 앞다리에 달린 날개깃을 이리저리 흔들며 춤을 추는 타조공룡의 모습은 아마 눈이 부시도록 찬란했을 것이다. 이처럼 공룡의 날개깃은 과시용이었다가 어쩌다 보니 비행하는 데에 쓰였을지도 모른다.

먹이를 잡고 도구를 쓰기 위해 진화한 사람의 손이 코를 파는 용도로도 사용되듯이, 어쩌면 날개깃 또한 처음에는 다양한 용도로 사용되었을 가능성이 있다. 1995년, 몽골 고비사막에서 매우 놀라운 화석이 발견되었는데, 그것은 모래폭풍으로 인해 둥지 위에 앉은 모습 그대로 생매장당한 깃털공룡 키티파티*였다. 사람만 한 몸집에 닭처럼 생긴 이 공룡 밑에는 22개나 되는 알들이 있었으며, 키티파티는 둥지

키티파티|*Citipati*
'화장용 장작더미의 주인'이란 뜻
으로, 라마교의 수호신인 키티파티
Citipati는 불 한가운데서 춤을 추는
한 쌍의 해골로 그려지는 경우가
많은데, 처음으로 발견된 키티파티
공룡골격 한 쌍의 모습이 이와 비
슷해서 붙은 학명이다.

의 중앙에 앉아 양팔을 벌리고 있었다. 비록 팔에 있던 날
개깃은 보존되지 않았지만, 살아생전에는 긴 날개깃을 이
용해 둥지의 알들을 덮었을 것이다. 결국 공룡은 이성을
유혹하기 위해 날개깃을 과시용으로 사용하기도 하고, 둥
지를 틀었을 때는 알을 보호하는 용도로 사용했을지도 모
른다.

치킨 런

요즘 들어 텔레비전에 연예인 가족이 자주 등장한다. 비록 필자는 연
예계에 대해 잘 알지는 못하지만, 그래도 누가 누구의 가족인지는 대
충 눈치 챌 수 있다. 부모와 자식이 비슷하게 생겼기 때문인데, 부모
와 자식이 비슷하게 생긴 이유는 유전, 그러니까 부모의 유전자가 다
음 세대인 자식에게 전달되었기 때문이다. 이런 식으로 계속 다음 세
대로 전달되는 유전자의 특성 때문에 우리가 가지고 있는 유전자의
기원은 상당히 오랜 옛날까지 거슬러 올라갈 수 있다. 자식에게 물려
준 부모의 유전자는 조부모(부모의 부모)로부터 물려받은 것이고, 조부
모의 유전자는 증조부모(조부모의 부모)로부터 물려받은 것이다. 그리
고 쭉 시간을 거꾸로 거슬러 올라가보면 아주 오래전에 살았던 우리
의 조상에게까지 도달할 수 있다. 결국 우리의 몸속에는 조상들의 오
래된 유전정보가 담겨 있는 셈이다. 그래서 우리는 유전자 분석을 통
해 조상 대대로 물려받은 형질들을 알아낼 수 있다.

그렇다면 새는 어떨까? 새가 작은 육식공룡에서 진화했다는 사실
은 이제 정설이 되었다. 물론 이들 중간에 무슨 일들이 있었는지에 대

예수 그리스도 시조새

'그라운드 업설'과 '트리 다운설'의 대결은 100년이 넘도록 계속되었다. 그동안 수많은 가설들이 오고갔는데, 이 중에는 눈에 띄는 재미있는 아이디어도 있었다. 2000년, 네덜란드 흐로닝언대학교의 얀 비델레르는 새의 조상 이 물 위를 달리다가 하늘을 나는 능력을 획득했다는 가설을 발표했다. 그렇다. 필자는 방금 잘못 말한 게 아니 다. 비델레르는 시조새가 마치 초능력을 쓰는 슈퍼 히어로처럼 물 위를 뛰어다녔다고 믿었다.

비델레르는 지금까지 발견된 모든 시조새 표본들이 모두 졸른호펜 석회암층Solnhofen limestone에서만 발견된다 는 사실에 주목했다. 졸른호펜 석회암층은 얕은 석호9)환경에서 쌓인 지층이라 물속에서 서식했던 각종 게, 가재, 그리고 물고기 화석들이 자주 발견된다. 석호 바닥으로 가라앉아 매몰된 수중생물들 사이에서 깃털 달린 시조새 가 발견된다는 것이 비델레르에게는 신기할 따름이었다. 시조새들이 석호에서 수영을 즐기다 익사하지는 않았 을 테니 말이다. 육상생물임이 분명한 시조새가 항상 석호 속에 빠져서 화석으로 보존된다는 사실을 이상하게 여긴 그는, 이 시조새들이 석호 위를 자주 돌아다녔다고 생각했다. 반면에 당시의 비델레르를 제외한 다른 학자 들은 시조새가 석호 위를 날아다니다 실수로 빠졌거나, 혹은 폭풍우에 휩쓸려 빠졌을 것이라고 생각했다. 하지 만 비델레르는 하늘을 날 수 있는 동물이 물에 빠져 죽었다는 다른 학자들의 의견을 그리 진지하게 받아들이지 않았다. 대신 그는 시조새들이 잘 발달된 뒷다리로 재빠른 속도를 내면서 석호 위를 달리다 죽었을 것이라고 추 정했고, 결국 물 위를 달리다 비행 능력을 갖추게 되었다는 가설이 탄생했다.

물 위를 뛰어다니는 시조새의 모습을 상상하기란 쉽지 않을 것이다. 하지만 비델레르가 이러한 주장을 한 데 에는 이유가 있다. 오늘날에도 물 위를 뛰어다니는 동물이 있기 때문이다. 바로 남아메리카의 열대우림 지역에 서 서식하는 바실리스크도마뱀Basiliscus basiliscus이다. 강가에 많이 사는 바실리스크도마뱀은 천적을 만나면 강 으로 뛰어든다. 그리고 마치 공룡처럼 두 뒷다리로 일어서서 재빠르게 물 위를 밟으며 강의 건너편으로 도망쳐 버린다. 그래서 어떤 사람들은 바실리스크도마뱀을 '예수 그리스도 도마뱀'이라고도 부른다. 이렇게 물 위를 뛸 수 있는 이유는 바로 바실리스크도마뱀의 재빠른 발동작 덕분이다. 바실리스크도마뱀이 재빠르게 한쪽 뒷발로 수면을 내리밟으면 발바닥과 수면 사이에 공기방울이 만들어진다. 이윽고 이 공기방울이 없어지기 전에 재빨리 다른쪽 뒷발로 수면을 내리밟는다. 바실리스크도마뱀과 마찬가지로 시조새 또한 그러했다는 것이 비델레르의 주장이다.

물론 많은 고생물학자들은 비델레르의 주장을 좋아하지 않았다. 2002년, 네덜란드왕립과학아카데미의 일야 뉼랜드와 연구팀은 비델레르의 주장이 터무니없다고 반박했다. 바실리스크도마뱀과 시조새는 다리 구조가 전 혀 다르기 때문에 이 두 동물을 비교한 자체가 잘못되었다는 것이 뉼랜드의 주장이었다. 바실리스크도마뱀의 다 리는 다른 도마뱀들과 마찬가지로 몸의 옆으로 뻗어 있다. 그래서 물 위를 달릴 때 이들의 발은 옆으로 넓게 수 면을 누른다. 덕분에 이들의 무게가 분산되어 물 위를 수월하게 달릴 수 있다는 것이다. 반면에 시조새는 사람과

날아오르기 위해 물 위를 달리는 큰머리흰뺨오리*Bucephala albeola*

비델레르가 상상한 물 위를 달리는 시조새의 모습은 이와 비슷했을 것이다. 하지만 큰머리흰뺨오리가 물 위를 달릴 수 있는 것은 물갈퀴가 있는 넓은 발바닥 때문이다. 발바닥이 넓다 보니 몸무게가 분산되어 물 위를 달릴 수 있는 것이다. 하지만 시조새한테는 물갈퀴가 없다.
ⓒ Kevin Cole

공룡처럼 다리가 아래로 뻗어 있다. 이러한 다리 구조는 몸을 효과적으로 지탱하기 위한 구조이다 보니 몸의 무게가 아래로 몰린다. 이러한 다리 구조로는 다리를 위아래로만 움직일 수 있으며, 다리를 아래로 움직이면서 수면을 내리누른다면, 시조새는 물 위를 달리기는커녕 석호의 바닥을 걸어다녔을 것이다.

해서는 아직도 이런저런 말들이 많지만, 새가 공룡에서 진화했다는 사실만큼은 명백하다. 우리의 몸 안에 동굴벽화를 그리던 조상의 유전정보가 남아 있다면, 새들 또한 이들의 조상인 공룡의 유전정보를 가지고 있지 않을까?

2006년, 미국 위스콘신대학교의 생물학자 매슈 해리스는 우리에게 가장 친근한 새인 닭을 이용해 한 가지 실험을 했다. 닭의 유전자를 자세히 연구한 그는 닭에게 이빨을 만들어내는 유전자가 있음을 알아냈다. 이것은 닭에게 이빨이 나게끔 해주는 유전자였지만, 이 유전자는 새가 진화하는 과정에서 작동하지 않도록 변했다. 해리스는 이 유전자를 다시 작동시켜서 어떤 일이 일어나는지 지켜보았다. 그랬더니 놀라운 일이 일어났다. 알 속의 병아리한테 원뿔형의 이빨들이 생긴 것이다. 마치 조그마한 육식공룡처럼.

2009년에는 미국 몬태나대학교의 존 호너가 해리스의 이러한 연구 결과를 토대로 새로운 연구 프로젝트를 공개했다. 바로 닭을 이용해 공룡을 만들어보겠다는 계획이었다. 새가 공룡에서 진화했으니, 닭을 거꾸로 진화시켜 공룡으로 만들겠다는 것이었다. 동료 고생물학자들은 웃었다. 닭으로 공룡을 만들다니. 하지만 다시 곰곰이 생각해보니 웃긴 이야기가 아니었다. 충분히 가능한 이야기였기 때문이다. 오늘날 살아 있는 모든 새의 몸에는 이들의 조상인 공룡으로부터 물려받은 유전정보들이 들어 있다.

닭을 공룡처럼 만들기 위해서는 우선 닭의 네 가지 특징을 바꿔야 한다. 부리를 없애고 이빨이 자라나게 해야 하며, 가느다란 세 개의 손가락과 기다란 꼬리를 만들어야 한다. 이미 이빨은 자라나게끔 만들었기 때문에 현재는 나머지 세 가지가 가능하게끔 유전자를 조작하면 되는 상황이다.

근데 과연 우리는 이 '치키노사우루스'를 꼭 만들어야 할까? 호너는 이 실험이 생물의 진화와 유전자에 대한 우리들의 이해를 도와줄 것이라고 확신한다. 지금은 닭을 공룡으로 만드는 이상한 실험처럼 보이겠지만, 이러한 실험을 통해 얻어진 생물학적 지식들이 먼 훗날 암을 치료하거나 수명을 늘리는 데에 이용될 수 있다는 것이 그의 설명이다.

하지만 긴 손가락과 긴 꼬리를 가진 이빨 달린 닭이 만약 알에서 깨어난다면, "그 닭을 어떻게 할 것인가?"라며 우려의 목소리를 내는 학자들도 적지 않다. 호너는 걱정하는 동료들에게 "꼬리가 긴 닭을 만들어낸다면, 아마 KFC에서 닭 한 마리를 주문할 때 평소보다 한 조각이 더 나올지도 모른다"며 우스갯소리를 했지만, 사실 자기 자신도 치키노사우루스가 부화한다면 어떻게 해야 할지 잘 모르는 듯하다. 이 불쌍한 치키노사우루스를 어떻게 해야 할까? 다행히도 아직까지는 유전자 조작과 관련된 윤리 규정 때문에 치키노사우루스를 부화시키는 것은 금지되어 있다. 하지만 머잖아 가까운 미래에 이런 변종 괴물 닭이 부화해 우리들 앞에 "짠!" 하고 등장하는 건 아닐까?

개인적으로 필자는 호너의 '치키노사우루스 프로젝트'를 반대한다. 필자가 새 중에서 특히나 닭을 좋아해서이기도 하지만, 우리 주변에는 여전히 많은 공룡들이 살아 있기 때문에 굳이 닭을 개조시킬 필요가 없다. 잠깐, 공룡이 아직 살아 있다고? 이게 무슨 소리일까? 학자들은 오늘날 살아 있는 공룡이 약 1만 종 정도 될 것으로 추정하고 있다. 놀랍게도 그중 가장 대표적인 공룡은 바로 닭이다.

오늘날 학자들은 새를 공룡의 한 그룹으로 포함시킨다. 왜냐하면

생물의 분류법이 바뀌었기 때문이다. 옛날에는 생물들을 분류하기 위해 18세기 스웨덴의 저명한 식물학자 칼 폰 린네가 고안한 린네식 분류법을 사용했다. 이 린네식 분류법에 의해 생물은 종, 속, 과, 목, 강, 문, 계순으로 분류되었으며, 이것은 기본적인 생물의 특징만을 이용한 것이었다. 이를테면 척추동물(문)은 물속에서 살고 지느러미를 가진 어강, 매끈한 피부를 가진 양서강, 비늘을 가진 파충강, 깃털을 가진 조강, 그리고 털을 가진 포유강으로 분류되었다.

치키노사우루스가 세상에 태어난다면 어떤 삶을 살아갈까? 이 괴생물체가 세상에 나올 날도 머지않은 것 같다.

　하지만 세월이 흐르고 다양한 화석들이 발견되자 린네식 분류법의 문제점이 수면 위로 떠오르기 시작했다. 린네식 분류법으로는 각 생물 그룹 사이의 진화적 관계를 잘 표시할 수 없었기 때문이다. 게다가 19세기에 애매모호하게 생긴 화석동물들이 학계에 보고되면서 린네식 분류법으로는 이들을 분류하기가 어려워졌다. 다리를 가진 물고기는 어강으로 분류할 것인가, 양서강으로 분류할 것인가? 그리고 깃털과 긴 꼬리를 가진 시조새는 파충강인가, 조강인가?

　1950년, 독일의 생물학자 빌리 헤니히는 린네식 분류법의 이러한 문제점을 보완하기 위해 분기분류법Cladistic taxonomy을 만들었다. 분기분류법은 공통된 조상에게서 갈라져 나온 생물 그룹끼리 묶어서, 마치 나무의 가지를 그려나가는 것처럼 일종의 가계도를 그리면서 각 생물들의 진화적 관계를 보여주는 매우 획기적인 분류 기법이었다.

오늘날 과학자들은 모든 새를 공룡으로 분류한다. 싫어도 어쩔 수가 없다. 분류는 과학자들이 하는 일이니까 말이다. 다음에 야식으로 치킨을 시켜 먹을 때, 내가 지금 무엇을 먹고 있는지 한번 곰곰이 생각해보기 바란다.

하지만 오래된 린네식 분류법에 익숙했던 학자들이 분기분류법을 사용하기까지는 30여 년이 걸렸다. 생물 간의 진화적 관계에 더 관심이 많은 요즘은 린네식 분류법보다는 헤니히의 분기분류법을 더 많이 사용하는 추세다.

이 새로운 분류법에 따르면 새는 공룡이란 그룹 안에 포함된다. 그러니까 티라노사우루스, 브라키오사우루스, 트리케라톱스와 함께 펠리컨, 타조, 펭귄, 칠면조가 모두 공룡이라는 것이다. 사람, 고래, 코끼리, 그리고 박쥐가 모두 다르게 생겼지만 포유류인 것처럼 말이다. 그러니 공룡은 아직 멸종한 게 아니다. 우리가 그저 이들을 공룡이 아닌 새라고 부르고 있을 뿐. 그러니 앞으로 산에 오르거나 동물원에 가면 느낌이 새로울 것이다. 왜냐하면 여러분은 공룡의 노랫소리를 마음껏 들을 수 있게 되었으니 말이다.

지금까지 우리는 공룡의 체온체계, 깃털의 진화, 비행의 발달, 그리고 유전자가 조작된 닭까지 아주 다양한 것들에 대해 알아보았다. 근데 이 모든 것이 공룡 한 마리 때문에 시작된 일이란 것을 생각해보면 놀랍기만 하다. 비록 영화 속에서는 이름표도 제대로 못 달고 출연했지만, 어쩌면 학계에서 가장 중요한 발견은 무시무시한 티라노사우루스도, 거대한 브라키오사우루스도 아닌 이 조그마한 데이노니쿠스일지도 모르겠다. 그러니 힘내라, 데이노니쿠스!

CHAPTER 6

지붕 도마뱀, 스테고사우루스

한동안 나는 이 어색하게 생긴 동물을 어디서 봤는지 생각해보았다. 굽은 등과 그 위를 따라 나 있는 삼각형 모양의 장식들, 그리고 지면 가까이까지 내려온, 새처럼 생긴 머리. 순간 떠올랐다. 메이플 화이트 씨가 스케치북에 그려놓았던 바로 그것. 챌린저 교수가 관심을 가졌던 바로 그 동물. 스테고사우루스였다! 화이트 씨가 기록에 남긴 바로 그 녀석이었다. 엄청난 무게 때문에 발밑의 땅은 흔들렸고, 이 동물의 물 마시는 소리는 밤의 고요를 깼다. 5분 동안 이 동물은 내가 숨어 있는 바위 근처에 머물렀는데, 너무 가까워서 마음만 먹었더라면 등에 솟아 있는 우스꽝스러운 장식들을 만질 수도 있을 정도였다. 하지만 느릿느릿 움직이는 스테고사우루스는 곧 시야 밖으로 조용히 사라졌다.

— 아서 도일의 소설 『잃어버린 세계The Lost World』 중에서

스테고사우루스는 참으로 재미있게 생긴 공룡이다. 길쭉한 작은 머리와 큰 고구마 같은 몸통, 그리고 양면이 납작한 긴 꼬리를 가졌다. 주둥이에는 뾰족한 부리가 달려 있어 마치 거대한 거북을 연상시키지만, 부리 안쪽으로는 발달된 톱날 구조의 나뭇잎 모양 이빨이 줄지어 나 있다. 등에는 납작한 다이아몬드 모양의 판들이 솟아 있는데, 이것들은 뼈로 만들어졌다. 골판이라고 불리는 이 구조물들은 목부터 등을 따라 꼬리까지 두 줄로 늘어져 있으며, 꼬리 끝에는 뾰족한 두 쌍의 가시가 달려 있다. 뒷다리는 길지만 앞다리가 워낙 짧아서, 마치 땅에 떨어진 동전을 줍는 어르신처럼 몸이 굽어 있다. 독특한 외모 때문에 수많은 공룡들 사이에서 스테고사우루스를 찾으라 하면 누구든지 쉽게 찾을 수 있다.

모습이 이렇게 특이하다 보니 스테고사우루스를 닮은 동물은 오늘날 찾아볼 수가 없다. 지금이야 책 속의 스테고사우루스의 모습에 익숙해졌지만, 오래전 스테고사우루스의 골격을 처음 본 학자들은 이 공룡의 모습에 크게 당황할 수밖에 없었다. 목긴공룡인 브라키오사우루스는 기린처럼 목이 길었기 때문에 학자들은 브라키오사우루스를 마치 거대한 기린처럼 복원할 수가 있었고, 트리케라톱스는 머리

오스니엘 마시
산타클로스 복장과 어울릴 법
한 턱수염의 소유자였지만, 산
타클로스처럼 마음씨 좋은 사
람은 아니었다.

에 뿔이 붙어 있었기 때문에 마치 코뿔소처럼 복원
할 수 있었다. 하지만 지금 세상 어디에도 스테고사
우루스처럼 뼈로 된 장신구들을 등에 매달고 다니
는 생명체는 존재하지 않는다. 도대체 스테고사우
루스는 어떤 동물처럼 복원해야 한단 말인가?

스테고사우루스가 처음 발견된 것은 1877년이었
다. 당시 고생물학계는 가장 시끌벅적한 시기였는
데, 미국 필라델피아 시의 고생물학자 에드워드 코
프와 예일대학교의 오스니엘 마시가 서로 더 많은
화석을 학계에 보고하기 위해 치열하게 경쟁하던
때였기 때문이다. 전쟁을 방불케 하는 혈전을 벌이는 와중에 미국 콜
로라도 주의 두 화석 사냥꾼이 스테고사우루스를 발견했다. 이 화석
사냥꾼들은 마시의 돈을 받고 일하는 사람들이었기 때문에 발견된
스테고사우루스는 곧바로 예일대학교로 보내졌다.

스테고사우루스의 뼈들을 처음 본 마시는 당황했다. 그가 지금까
지 본 공룡들과는 차원이 다른 녀석이었기 때문이다. 마시는 화석을
받자마자 복원을 시도했다. 하지만 그가 복원한 스테고사우루스는
뭔가 영 어색했다. 마시는 스테고사우루스의 다리를 자세히 관찰했
는데, 앞다리가 뒷다리에 비해 너무 짧았다. 그래서 그는 스테고사우
루스를 마치 긴 뒷다리로 서 있는 캥거루처럼 복원하려 했다. 하지만
뭉툭한 발 모양과 뚱뚱한 몸매 때문에 스테고사우루스는 캥거루처럼
일어서지 못했다. 결국 마시는 스테고사우루스를 코끼리와 하마의
모습을 참고해 네 발로 걷는 자세로 바꾸었다. 네 발로 서게 된 스테
고사우루스의 모습은 육지거북의 모습과 매우 비슷했는데, 사실 마

시는 이때까지만 해도 스테고사우루스를 이상하게 생긴 바다거북인 줄로만 알았다.

마시의 골치를 앓게 한 것은 스테고사우루스의 자세뿐만이 아니었다. 가장 큰 문제는 바로 스테고사우루스의 골판이었다. 총 17개나 되는 이 골판들은 다른 뼈들과 연결되거나 붙어 있지 않았기 때문에, 발견 당시에는 마치 방바닥에 쏟아진 퍼즐 조각들처럼 뿔뿔이 흩어져 있었다. 대부분 크고 납작한 모양을 한 골판들을 보면서 마시는 이것들이 스테고사우루스의 몸을 감싸는 갑옷과 같은 구조물이었을 것이라고 생각했다. 골판들이 스테고사우루스의 목부터 엉덩이까지 차곡차곡 겹쳐지면서 몸을 덮었을 것이라고 여긴 것이다. 서로 포개진 골판들로 덮인 스테고사우루스의 모습이 마치 지붕널roof shingle로 뒤덮인 지붕과도 같았을 것이라고 생각한 마시는 이 괴상한 골판공룡에게 '지붕 도마뱀'이란 뜻의 스테고사우루스Stegosaurus라는 학명을 붙여주었다.

스테고사우루스의 이러한 모습은 오래가지 않았다. 처음 발견된 지 9년 후인 1886년, 마시가 고용한 화석 사냥꾼들이 미국 콜로라도주의 캐니언시티에서 새로운 스테고사우루스 한 마리를 발견했는데, 9년 전의 녀석보다 훨씬 양호한 상태로 발견되었기 때문이다. 이 새로운 골격화석 덕분에 마시는 스테고사우루스의 살아생전 모습을 한눈에 알아볼 수 있었다.

하지만 새로운 스테고사우루스의 모습은 마시가 추정했던 모습과

마시가 복원한 스테고사우루스의 초기 모습

1899년에 프랭크 본드가 그린 복원도다. 골판이 온몸을 덮고 있고, 실제로는 꼬리에 난 뾰족한 가시가 몸 전체에 박혀 있는 모습으로 그려졌다. 거북과 천산갑, 그리고 고슴도치를 섞어놓은 듯하며, 마치 영화 〈고질라〉에 나올 법한 괴수 같기도 하다.

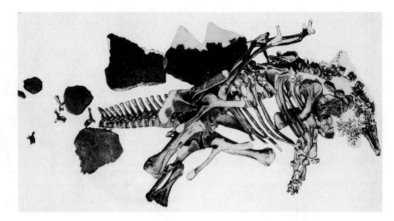

로드 킬 스테고사우루스의 발견 초기 모습
현재 이 모습 그대로 스미스소니언자연사박물관에 전시되어 있다. 목 부위에는 작은 좁쌀 같은 구조물들이 흩어져 있는데, 이것은 스테고사우루스의 목을 보호해준 골편들이다.

는 많이 달랐다. 스테고사우루스의 골판들이 몸을 감싸고 있지 않고 모두 등을 따라 솟아 있었기 때문이다. 그래서 마시는 자신의 스테고사우루스 복원도를 수정해야만 했다. 마시는 자신의 생각이 틀렸다는 것을 인정하는 데에 강한 거부감이 있는 사람이었다. 하지만 남들에게 지적당하는 것보다는 자기 스스로 실수를 알아차렸다는 것만으로도 그는 천만다행이라고 생각했다. 게다가 머리부터 꼬리 끝까지 거의 완벽하게 발견된 공룡 화석은 매우 희귀한 것이다 보니, 그는 이 스테고사우루스의 골격을 밉지만 소중하게 여길 수밖에 없었다. 재미있게도 이 스테고사우루스는 화석이 되는 과정에서 위에 있는 지층에 눌리는 바람에 납작해졌다. 마치 차에 깔려 죽은 것처럼 보인다 해서 학자들은 이 공룡을 '로드 킬road kill' 스테고사우루스라고 부른다.

마시와 코프가 만났을 때

학자들끼리 싸우는 경우는 허다하다. 이들도 사람이기 때문에 서로 의견이 맞지 않다 보면 싸움으로 이어지곤 한다. 이는 어느 과학 분야든 간에 마찬가지다. 하지만 고생물학계에서 가장 큰 싸움을 꼽으라면 19세기말에 있었던 마시와 코프의 싸움이다. 이 두 학자의 싸움은 마치 전쟁을 방불케 해서 오늘날 사람들은 이 두 사람 사이에 벌어진 싸움을 '뼈 전쟁Bone Wars'이라 부른다.

흔히들 그러하듯이 두 사람도 처음에는 친구 사이였다. 하지만 이 둘 사이의 좋은 관계는 그리 오래가지 못했다. 때는 미국 남북전쟁이 끝나고 3년 후인 1868년, 뉴저지 지역의 화석을 연구하고 있던 코프는 친구인 마시가 온다는 편지를 받고는 기뻐했다. 그해 가을에 코프를 방문한 마시는 친구의 후한 대접을 받으며 즐거운 시간을 보냈다. 코프가 연구하는 화석들이 어디에서 왔는지 궁금했던 마시는 그에게 화석지를 보여달라고 부탁했다. 코프는 자신이 연구하는 화석은 모두 그 지역의 화석 사냥꾼들이 발굴한 것이라 알려주면서 그들을 마시에게 소개해주었다. 궁금증이 풀린 마시는 웃으며 다시 집으로 돌아갔다. 그런데 마시가 다녀간 후 이상한 일이 일어났다. 화석 사냥꾼들이 이제 더는 코프에게 화석을 가져다주지 않게 된 것이다.

이상하게 여긴 코프가 뒷조사를 했더니, 맙소사! 자신을 위해 일하던 화석 사냥꾼들을 마시가 돈으로 매수한 것이었다. 코프가 수년간 연구하던 지역의 화석들은 이제 마시가 있는 예일대학교로 향했다. 친구한테 뒤통수를 맞은 코프는 가만히 있지 않았다. 그는 마시가 연구하고 있는 지역인 캔자스 주에서 화석을 가져왔는데, 이 소식을 들은 마시는 자신이 코프에게 했던 짓은 생각도 않고 화를 냈다.

마시와 코프의 싸움에 더 불을 지른 사건은 와이오밍 주에서 일어났다. 우연히 같은 지역을 탐사한 두 사람은 거대한 포유류 화석들을 무더기로 발견했는데, 발견된 화석에 서로 먼저 학명을 붙여주려고 급하게 논문을 써내려갔다. 먼저 보고된 학명이 유효하다는 '선취권의 법칙' 때문에 둘은 급한 대로 전보를 치면서까지 졸속으로 논문을 제출했다. 이때 두 사람이 논문으로 보고한 화석포유류 신종은 총 29종이었다. 그런데 이때 이들이 보고한 포유류는 사실 이미 보고된 우인타테리움Uintatherium이라는 코뿔소처럼 생긴 포유류의 한 종류였다. 한 종류의 동물에게 수많은 학명들이 쏟아진 것이다. 서로 더 많은 종류를 보고하려고 급하게 연구를 한 나머지 두 사람은 다른 학자들의 논문을 제대로 읽어보지 않았던 것이다.

둘의 싸움은 미국의 콜로라도 주와 네브래스카 주에서도 이어졌다. 둘은 서로에게 스파이를 보내기도 하고, 탐사가 끝난 화석지를 떠날 때에는 상대방이 와서 화석을 채집하지 못하도록 다이너마이트로 그곳을 폭파시키는 경우도 있었다. "자네한테 주느니 차라리 없애는 게 낫다" 식이었던 것 같다. 마시가 얼마나 싫었는지 코프는 어느 못생긴 포유류 화석에게 '코프를 싫어하는 뾰죽뾰죽한 이빨을 가진 녀석'이란 뜻의 '아니송쿠스 코파테르Anisonchus cophater'라는 학명을 붙여주기도 했다.

25년간 이어져온 이 두 사람의 전쟁은 1897년 코프가 죽으면서 끝이 났다. 코프는 숨을 거두는 순간까지도 마시를 경계했는데, 그는 죽기 전에 자신이 수년간 써온 노트들과 각종 자료들을 침대 밑에 숨겨놓았다고 한다. 마시는 코프가 죽고 나서 얼마 지나지 않아 세상을 떠났다.

두 사람 모두 수많은 논문과 화석들을 학계에 남기고 떠났다. 하지만 마시에 의해 처음 시작된 이 두 사람의 전쟁은 마시의 승리로 끝났다. 마시가 보고한 신종이 더 많았기 때문이다. 마시의 승리는 이미 예상된 결과였다. 오로지 자기 재산만으로 탐사를 한 코프와 달리, 마시는 돈 많은 은행가인 삼촌 조지 피보디한테서 꾸준히 자금을 지원받았기 때문이다.

그렇다 해도 사실 코프와 마시 둘 다 이빨 전쟁의 패자다. 둘 다 화석을 발굴하는 데에 재산을 다 써버리는 바람에 말년에 돈이 없어 힘든 생활을 보내야 했기 때문이다. 게다가 두 사람이 보고한 공룡 142종 중 오늘날 학자들에게 인정받고 있는 종류는 겨우 32종이다. 두 사람이 들인 시간과 어마어마한 돈을 생각하면 그리 좋은 결과물은 아닌 셈이다.

1897년, 카메라에 담긴 코프의 마지막 모습
화석 때문에 전 재산을 탕진한 코프는 말년에 가족들과 헤어져 홀로 쓸쓸한 생활을 해야 했다.

리썰 웨폰

로드 킬 스테고사우루스는 단순히 골판의 위치에 대한 실마리만 제
공한 것은 아니었다. 이 스테고사우루스의 꼬리 끝에 해당하는 위치
에서 뼈로 된 50센티미터 길이의 가시가 발견되었는데, 이를 통해 마
시는 스테고사우루스가 꼬리에 달린 가시를 무기로 사용했을 것이라
고 추측할 수 있었다.

　사실 로드 킬 스테고사우루스가 발견되기 이전에도 스테고사우루
스의 가시는 확인된 적이 있었다. 하지만 로드 킬 표본 이전에 발견된
모든 스테고사우루스들은 전부 뼈가 흩어진 채로 발견됐기 때문에
마시는 이 가시들이 과연 어디에 붙어 있었는지 알 수 없었다. 그래서
그는 이 발견된 가시들을 스테고사우루스의 등에 붙여보기도 하고,
두툼한 옆구리에 붙여보기도 했다. 도저히 이 가시들이 어느 부위에
붙어 있었는지 감이 오지 않았던 마시는 결국 자신보다 먼저 공룡 연
구를 시작한 학자에게 조언을 구해야 했다. 그는 바로 영국 런던자연
사박물관의 리처드 오언이었다.

　놀랍게도 오언은 로드 킬 스테고사우루스가 발견되기 12년 전부
터 이미 비슷하게 생긴 공룡을 연구하고 있었다. 그는 영국 월트셔
지방에서 발견된 다켄트루루스*1)라고 불리는 초식공룡을 연구하고
있었는데, 이 다켄트루루스에게도 스테고사우루스의 것
과 똑같은 가시들이 있었다. 오언은 이 가시가 다켄트루
루스의 어깨나 앞다리 어딘가에 붙어 있었을 것이라고
추정했는데, 그 이유는 벨기에에서 발견된 이구아노돈한
테서 가시로 된 엄지가 확인되었기 때문이다. 그는 이구

다켄트루루스*Dacentrurus*
'가시로 가득한 꼬리'라는 뜻으로,
가시가 꼬리 끝에만 붙어 있는 다
른 골판공룡들과 달리 다켄트루루
스는 골반부터 꼬리 끝까지 가시가
돋아나 있었다.

1912년에 찰스 나이트가 그린 스테고사우루스의 복원도
찰스 나이트는 마시의 의견과 달리 골판들을 두 줄로 배열했다. 하지만 꼬리의 가시는 마시의 골격 복원도를 따라 네 쌍으로 그렸다.

아노돈의 손에 있는 가시엄지와 마찬가지로 이 다켄트루루스 또한 앞다리 쪽에 가시가 붙어 있었을 것이라고 생각했다(컬러도판 36). 선배 고생물학자가 공룡의 어깨에 가시를 붙인 것을 확인한 마시는 결국 자신의 스테고사우루스의 어깨에도 가시를 붙여버렸다.

하지만 로드 킬 스테고사우루스가 발견되면서 마시의 이러한 복원은 또다시 틀린 게 되어버리고 말았다. 새롭게 발견된 스테고사우루스의 골격에는 가시가 꼬리 쪽에 놓여 있었기 때문이다. 마시는 스테고사우루스의 가시를 어깨 위가 아닌 꼬리 끝으로 옮겼지만 문제는 꼬리가시의 개수였다. 안타깝게도 로드 킬 표본의 꼬리는 완벽하게 보존되어 있지 않았다. 게다가 꼬리가시가 겨우 한 개 발견되었기 때문에 스테고사우루스의 꼬리 끝에 가시가 과연 몇 개나 있었는지 마시는 알 길이 없었다.

당시 코프와 치열한 경쟁을 벌이는 바람에 정신없었던 마시는 공룡 한 마리를 연구하는 데에 많은 시간을 투자할 수 없었다. 그래서 그는 그때 발견된 다른 스테고사우루스의 꼬리가시들을 참고해 스테고사우루스의 최종 골격도를 빠른 속도로 그려 학계에 공개했다. 이때 그가 복원한 스테고사우루스의 골격에는 총 네 쌍의 꼬리가시가 달려 있었다. 하지만 이 또한 틀린 것이었다.

로드 킬 스테고사우루스의 발견 이후, 놀랍게도 이번에는 완벽하게 보존된 스테고사우루스의 꼬리뼈가 발견되었다. 이 스테고사우루스가 어쩌다가 꼬리만 남게 되었는지는 확실치 않지만, 아마도 육식

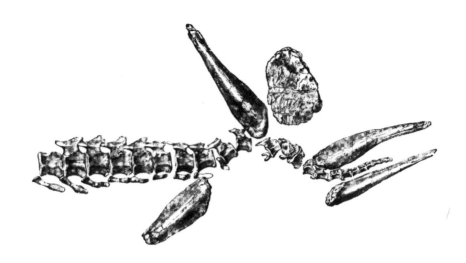

공룡이 꼬리만 남기고 뜯어먹었거나, 급류에 휩쓸려 나머지 부위들
이 떠내려갔을지도 모른다. 이 완벽한 스테고사우루스의 꼬리에는
완벽하게 보존된 꼬리가시들이 붙어 있었는데, 꼬리에 붙은 가시의
개수는 마시가 추정한 개수의 절반인 총 두 쌍뿐이었다. 또다시 틀렸
다는 사실을 안 마시의 기분이 썩 유쾌하진 않았을 것이다.

그 후로도 마시의 연구실로 스테고사우루스 화석이 많이 들어왔지
만, 한 공룡을 자세히 연구하는 것보다는 오히려 새로운 종류에게 이
름을 지어주는 것을 더 중요하게 여긴 그는 스테고사우루스에 대해
더는 연구하지 않았다. 게다가 연구할 때마다 매번 복원도가 바뀌는
스테고사우루스가 지긋지긋하게 느껴졌을지도 모른다.

어쨌든 스테고사우루스의 꼬리에 두 쌍의 가시가 달려 있었음이
밝혀졌다. 그렇다면 이 두 쌍의 가시는 어떤 용도로 사용되었을까?
비록 꼬리가시의 위치와 개수는 틀렸어도, 스테고사우루스가 가시를
이용해 다가오는 포식자를 물리쳤을 것이라는 마시의 주장은 오늘날
까지도 받아들여지고 있다.

**미국 와이오밍 주에서 발견된
스테고사우루스의 꼬리**
이 꼬리화석 때문에 우리는 스
테고사우루스의 꼬리 끝에 가
시가 네 개 달려 있었다는 사실
을 알게 되었다. 하지만 마시는
이 꼬리화석과 함께 발견된 턱
뼈 파편을 가진 공룡에게 "디라
코돈*Diracodon*"이란 학명을 붙
여주었다.

꼬리가시는 스테고사우루스와 함께 살았던 육식공룡이 가장 두려워하는 무기였을 것이다.

스테고사우루스가 꼬리가시를 이용해 육식공룡들을 무찌르는 장면은 20세기 초부터 수많은 영화와 애니메이션을 통해 대중에게 소개되었다. 하지만 스테고사우루스가 꼬리가시를 방어 목적으로 사용했다는 화석증거는 2005년에서야 학계에 보고되었다. 미국 유타 주의 클리블랜드로이드 공룡 발굴지에서 구멍이 뚫려 있는 육식공룡 알로사우루스의 꼬리뼈가 발견되었는데, 이 구멍이 스테고사우루스의 꼬리가시와 딱 들어맞는 크기였다. 스테고사우루스가 휘두른 꼬리가시에 찔려 알로사우루스의 척추뼈가 관통된 것이었다. 결국 스테고사우루스의 가시는 단순히 포식자의 살을 찌르고 겁을 주는 정도를 넘어선, 포식자의 목숨까지 앗아갈 수 있는 위협적인 무기였던 것이다.

하지만 가시에 찔려 척추가 뚫린 알로사우루스만큼 스테고사우루스도 아파했을 것이라는 추측도 있다. 다친 알로사우루스를 보고 스테고사우루스가 가슴 아파했다는 뜻이 아니다. 미국 동부유타주립대학교 선사박물관의 케네스 카펜터는 박물관이 소유하고 있는 스테고사우루스 꼬리가시 51개를 자세히 관찰했는데, 이 중 10퍼센트가 끝

스테고사우루스의 꼬리가시,
'테고마이저'
독일 젠켄베르크자연사박물관
에 전시된 스테고사우루스의
테고마이저. 테고마이저를
이루는 뼈로 된 가시들은 꼬리
의 양옆으로 뻗어 있었다.

이 부서져 있었다. 스테고사우루스는 육식공룡의 공격을 피하기 위
해 있는 힘껏, 자신의 꼬리가시가 부서질 정도로 강하게 꼬리를 휘둘
렀던 것이다. 스테고사우루스는 '너에게 먹히느니, 차라리 조금 아프
고 말 것이야!'라고 생각했는지도 모른다.

오늘날 고생물학자들 사이에서는 스테고사우루스의 꼬리가시를
가리켜 테고마이저thagomizer라고 부른다. 혀가 감기는 그럴싸한 느낌
과는 달리 이 낱말은 원래 공식 명칭이 아니었다. 만화가 개리 라슨의
연재만화 〈건너편Far Side〉에서 나온 '만들어진 용어'로, 평소 라슨의
만화를 즐겨보던 카펜터가 1993년 학회에서 처음 사용하면서 알려졌
다. 그 후 다른 고생물학자들까지 테고마이저라는 낱말을 쓰기 시작
하게 되면서 결국 지금은 테고마이저가 학계에서 인정받는 공식 명
칭이 되어버렸다. 항상 고리타분할 것만 같은 고생물학자들도 간혹
재미있는 낱말들을 사용하는 경우가 있다.

세상에서 가장 아름다운 골판

스테고사우루스 하면 꼬리의 테고마이저도 떠오르겠지만, 보통은 등에 솟아 있는 열일곱 개의 납작한 골판들을 떠올릴 것이다. 이 골판들은 척추뼈나 갈비뼈로 만들어진 것이 아니며, 그렇다고 이들과 연결되는 뼈도 아니다. 스테고사우루스의 골판은 골편osteoderm이라고 불리는 피부 속 뼛조각들로부터 만들어진 구조물인데, 오늘날의 악어나 독도마뱀은 이러한 피부 속 뼛조각들을 이용해 천적이나 외부의 충격에서 몸을 보호한다.

스테고사우루스의 골판은 등의 어느 부위에 솟아 있느냐에 따라 그 모양이 조금씩 다르며, 크기도 많이 차이가 난다. 목 위에 솟아 있는 골판은 보통 사람의 손바닥만 한 크기이며, 대체로 길쭉한 모양이다. 이들의 골판은 등을 따라 허리로 갈수록 그 크기가 커지며, 크기가 커질수록 더욱 뾰족한 오각형 모양이 된다. 그리고 허리를 지나 꼬리로 갈수록 골판은 다시 작아진다. 그러므로 가장 큰 골판은 스테고사우루스의 허리 부위에 솟아 있는데, 현재까지 발견된 스테고사우루스 허리 골판 중 가장 큰 것은 높이가 약 76센티미터 정도 된다. 이렇게 등을 따라 솟아 있는 스테고사우루스의 골판은 신기하면서도 멋있게 보인다. 하지만 스테고사우루스를 연구한 과거의 학자들은 그렇게 생각하지 않을지도 모른다. 왜냐하면 거의 100년 동안 스테고사우루스의 골판이 등 위에 어떤 식으로 배열되어 있었는지를 아무도 몰랐기 때문이다.

앞에서도 언급했듯이 스테고사우루스의 골판 배열에 대해 처음 고민한 사람은 마시였다. 그는 처음에 스테고사우루스가 골판이 온몸

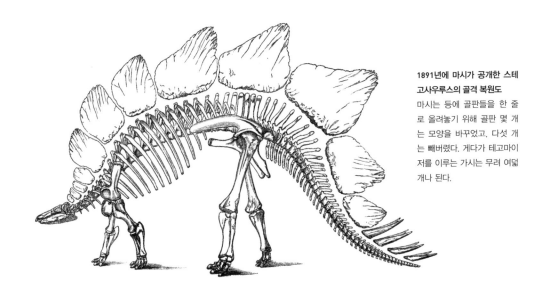

1891년에 마시가 공개한 스테고사우루스의 골격 복원도
마시는 등에 골판들을 한 줄로 올려놓기 위해 골판 몇 개는 모양을 바꾸었고, 다섯 개는 빼버렸다. 게다가 테고마이저를 이루는 가시는 무려 여덟 개나 된다.

을 감싼 모습으로, 나중에는 골판이 위로 솟아오른 모습으로 스테고사우루스를 복원했다. 그는 나중에 스테고사우루스를 복원할 때 로드 킬 스테고사우루스를 가장 많이 참고했다. 하지만 로드 킬 표본은 납작하게 눌린 채로 발견되었기 때문에 골판들이 모두 한 줄로 늘어선 상태였다. 그래서 스테고사우루스를 당시에 새롭게 복원한 마시는 이 공룡의 골판들이 마치 이구아나의 등에 솟아 있는 비늘 장식처럼 한 줄로 있었을 것이라고 생각했다. 1891년에 공개된 마시의 스테고사우루스 골격도를 보면 골판들이 마치 물고기 등에 솟아 있는 지느러미처럼 한 줄로 서 있다.

스테고사우루스의 골판 배열에 대한 새로운 가설은 마시가 세상을 떠난 이후에 등장했다. 1910년에 예일대학교의 리처드 럴은 스테고사우루스의 골판 구조를 자세히 연구한 끝에 이 공룡의 골판을 한 줄로 나열하면 판들이 서로 포개진다는 사실을 알아냈다. 등에 솟아 있는 판들이 서로 포개지면 스테고사우루스는 척추와 꼬리를 모두 자

1905년에 동물 전문화가 조지프 스밋이 그린 스테고사우루스의 복원도
럴의 가설대로 골판을 두 줄로 나란히 세워서 그렸다. 하지만 테고마이저는 마시의 1891년 골격도를 따랐다.

유자재로 움직일 수가 없다. 게다가 스테고사우루스의 척추는 납작한 디스크 형태의 뼈들로 이루어져 있기 때문에 상당히 유연한데, 이렇게 유연한 척추를 가진 동물이 등에 달려 있는 골판 때문에 등을 움직일 수 없다는 것은 럴이 봤을 때는 이해가 되지 않았다. 더 나아가 그는 마시가 스테고사우루스의 골판을 한 줄로 세우기 위해 복원도를 조작했다는 사실까지 알아냈다. 스테고사우루스의 목부터 꼬리까지 열일곱 개나 되는 골판을 한 줄로 세우려면 자리가 부족한데, 마시는 자신의 복원도에 열일곱 개가 아닌 열두 개의 골판만 올려놓고 복원을 한 것이었다.

'어떻게 하면 열일곱 개의 골판을 모두 등에 올릴 수 있을까?' 하고 고민하던 럴은 고심 끝에 스테고사우루스의 골판이 한 줄이 아닌 두 줄로 솟아 있었다고 결론을 내렸다. 좌우대칭으로 늘어선 스테고사우루스의 골판은 서로 포개지지 않았으며, 골판들이 서로 겹치지 않다 보니 스테고사우루스는 척추와 꼬리를 자유자재로 움직일 수 있었다. 비록 럴의 이러한 가설을 뒷받침할 만한 화석근거는 없었지만, 깔끔하게 좌우대칭으로 늘어선 골판의 모습에 다른 학자들은 뿌듯해했다.

하지만 모든 고생물학자가 럴의 가설에 동의하지는 않았다. 얼마 지나지 않아 럴의 가설을 반박하는 사람이 등장했는데, 그는 미국자연사박물관의 찰스 길모어[2]였다. 길모어는 정부가 압수한 마시의 스테고사우루스 화석들을 연구 중이었는데, 마시의 컬렉션에는 당시에 알려진 거의 모든 스테고사우루스의 화석이 있었기 때문에 그는 어느 누구보다도 스테고사우루스를 자세히 연구할 수 있었다. 그는 럴과 마찬가지로 스테고사우루스의 골판에 관심이 많았다. 그래서 그는 당시에 보고된 모든 스테고사우루스의 골판들 크기를 일일이 재고 기록했다.

럴의 의견대로 스테고사우루스의 골판들이 좌우대칭을 이루었다면 서로 나란히 짝지어진 골판들은 크기와 모양이 같았을 것이다. 하지만 길모어가 기록한 스테고사우루스의 골판 중에는 서로 짝지을 수 있는 똑같은 것들이 전혀 없었다. 골판들이 서로 짝지어질 수 없다면 좌우대칭을 이루었다고 볼 수 없다는 게 길모어의 생각이었다.

자신의 생각을 뒷받침하기 위해 길모어는 당시에 가장 잘 보존된 스테고사우루스 골격이었던 로드 킬 표본을 자세히 관찰했다. 그 결과, 로드킬 표본의 골판들이 서로 교차하며 두 줄을 이루고 있다는 사실을 알아냈다. 1914년에 길모어는 스테고사우루스의 골판이 좌우대칭이 아니라 서로 교차하며 두 줄을 이루었을 것이라고 학계에 발표했다.

길모어의 '지그재그 모델'은 럴의 '좌우대칭 모델'과 달리 화석증거에 의해 뒷받침되었기 때문에 더욱더 신빙성 있게 들렸다. 하지만 이상하게도 당시의 많은 고생물학자들은 길모어보다는 럴의 주장을 더 받아들였다. 로드 킬 스테고사우루스의 골격이 화석이 되는 과정에서 눌리는 바람에 골판들이 교차 배열로 변했다는 의견, 그리고 오늘

골판들이 지그재그로 복원된 스테고사우루스

1930년대 런던자연사박물관에서는 길모어의 가설대로 스테고사우루스의 골판들을 지그재그로 복원했다. 테고마이저는 가시가 네 개로 복원되었는데, 이런 복원은 1920년대부터 시작되었다.

날 살아 있는 동물들 중에서 등에 교차되는 장식물을 달고 있는 종류가 없기 때문에 받아들일 수 없다는 의견이 있었기 때문이다. 그런데 단순히 럴의 복원도가 길모어의 것보다 보기 좋기 때문에 좌우대칭 모델을 지지한 학자들도 적지 않았을 것이다.

럴의 좌우대칭 모델을 뒷받침할 만한 화석증거는 1966년이 되어서야 처음 보고되었다. 미국 예일대학교의 존 오스트롬과 웨슬리안대학교의 물리학자 존 매킨토시는 새롭게 발견된 한 스테고사우루스의 골격을 연구하고 있었는데, 여기에서 그들은 서로 모양과 크기가 똑같은 골판 한 쌍을 발견했다. 서로 짝을 이룬 한 쌍의 골판이 발견되자 오스트롬과 매킨토시는 스테고사우루스의 골판 배열이 좌우대칭인 두 줄이었다고 확신했다. 하지만 이들이 발견한 골판 짝은 겨우 한 쌍에 불과했기 때문에 지그재그 모델을 지지하는 학자들을 설득시키기에는 역부족이었다. 그들은 앞으로 더 많은 증거들을 찾을 수 있을 것이라고 확신했지만, 짝을 이룬 골판은 그 뒤로 발견되지 않았다.

스테고사우루스의 골판 배열에 대한 확실한 증거들은 1980년대부터 발견되기 시작했다. 로드킬 화석보다 더 완벽하게 보존된 스테고사우루스의 골격들이 곳곳에서 발견되었는데, 이들의 골판은 모두 교차된 두 줄 배열을 보이고 있었다. 결국은 길모어의 주장이 옳았던 것이다. 그러면 과거에 오스트롬과 매킨토시가 발견한 같은 크기의 골판 한 쌍은 어떻게 된 것이었을까? 열일곱 개나 되는 스테고사우루스의 골판 중 간혹 두 개쯤은 모양과 크기가 같았을 것이라는 게 오늘날 학자들의 의견이다.

이제야 스테고사우루스의 골판들을 거의 100년 만에 제대로 세울 수 있게 되었다. 그런데 골판의 배열만큼이나 학자들을 골치 아프게

한 것은 바로 골판의 쓰임새였다. 스테고사우루스는 왜 열일곱 개나 되는 이런 거추장스러운 판들을 등에 달고 다녔던 것일까?

언뜻 보기에 스테고사우루스의 뼈로 만들어진 골판들은 방어용 무기처럼 생겼다. 옆에서 보면 골판이 마치 거대하고 뾰족한 가시처럼 생겼기 때문이다. 그래서 스테고사우루스를 처음 연구한 마시는 이 공룡이 골판을 이용해 알로사우루스나 케라토사우루스와 같은 무시무시한 육식공룡의 공격을 막아냈을 것이라고 생각했다(컬러도판 37). 뾰족한 골판으로 무장한 초식공룡이 무자비한 포식자들과 맞서 싸우는 모습은 마시의 머릿속에서도 멋지게 그려졌을 것이다.

하지만 마시의 이러한 생각에는 큰 문제점이 있었다. 스테고사우루스의 골판들이 모두 등 위로 향해 있었기 때문이다. 골판들이 모두 위로 솟아 있으면 살이 부드러운 옆구리와 허벅지를 보호할 수 없다. 골판들이 아무리 뾰족하고 무시무시하게 생겼어도 육식공룡이 달려와 옆구리를 물어버린다면 골판은 방어용이라 볼 수 없다. 그런 이유로 스테고사우루스를 자세히 연구한 길모어는 이 공룡의 골판이 그저 과시용이었을 것으로 추정했다. 숲속에서 풀을 뜯던 스테고사우루스가 육식공룡과 맞닥뜨리면 골판을 높게 들어올려 몸집을 좀 더 크게 보이게 했다는 것이다. 마치 겁을 먹으면 온몸의 털을 세우는 고양이처럼 말이다. 하지만 안타깝게도 스테고사우루스가 과연 골판을 과시용으로 사용했는지를 증명할 방법은 없었다.

1960년대에 스테고사우루스가 골판을 방어용으로 사용했다는 가설이 또다시 제기되었다. 이 가설을 다시 학계에 끄집어낸 사람은 미국 캔자스대학교의 니컬러스 호튼이었는데, 그는 수직으로 세운 스테고사우루스의 골판이 방어용 무기로는 적합하지 않았기 때문에 이

스테고사우루스의 기분에 따라 골판들이 위아래로 움직였다면 재미있었을 것이다. 하지만 그럴 가능성은 거의 없다.

공룡이 골판을 수평으로 눕혀서 부드러운 옆구리와 허벅지를 보호했다고 주장했다.

호튼의 이러한 주장은 훗날 공룡 르네상스의 중심에 선 로버트 바커의 지지를 받았다. 바커는 스테고사우루스의 골판 표면이 트리케라톱스나 다른 뿔 달린 공룡의 뿔 표면과 유사하다는 사실을 알아냈다. 그래서 그는 뿔공룡의 뿔이 날카로운 각질로 덮여 있듯이 스테고사우루스의 골판 또한 날카로운 각질로 덮여 있었을 것이라고 추측했다. 겁없는 육식공룡이 가까이 다가오면 각질로 덮인 골판을 마치 거대한 면도날처럼 사용해 포식자의 살을 베어버렸다는 것이 바커의 주장이었다. 당시에는 그럴싸한 주장이었지만, 크고 납작한 골판을 들었다 놓았다 하기에는 스테고사우루스의 등과 골판을 이어주는 근육과 인대가 충분하지 않다. 현재 호튼과 바커의 이러한 주장은 학계에서 잊힌 지 오래다.

스테고사우루스의 골판이 재미있게 생겼다 보니 황당한 생각들이

등장하기도 했다. 소설가이자 아마추어 고생물학자인 윌리엄 벌루는 스테고사우루스가 골판을 이용해 마치 패러글라이딩을 하듯 활공을 했을 것이라고 생각했다. 그는 자신의 생각을 미국 유타 주의한 일간지인 『스탠더드-이그재미너』를 통해 소개했는데, 그때 실린그의 글에는 활공을 하며 벌거벗은 원시인을 흐뭇하게 쳐다보는 스테고사우루스의 그림이 함께 실려 있다. 지금 생각해도 정말 재미있는 생각이다. 하지만 벌루는 사람이 공룡에서 진화했다고 믿은 돌팔이 고생물학자였기 때문에 그의 주장은 다른 고생물학자들에게 바로 무시되었다.

스테고사우루스의 골판의 쓰임새와 관련된 가설 중 가장 많은 사람들의 지지를 받은 것은, 1970년에 인디애나대학교의 제임스 팔로와 연구팀에 의해 처음 언급된 '체온조절설'이었다. 팔로와 연구팀은 스테고사우루스의 골판 표면에서 작은 혈관들이 복잡하게 지나갔던 자국들을 발견했는데, 그들은 이 스테고사우루스가 피를 골판으로 흘려보내 체온을 조절했다고 추정했다. 추운 밤을 보내며 체온이 떨

미국 로키박물관에 전시된 스테고사우루스의 골판

스테고사우루스의 골판은 매우 얇으며 혈관이 지나간 자국(하얀 화살표)들이 선명하게 보존되어 있다. 미국 동부유타주립대학교 선사박물관의 케네스 카펜터는 스테고사우루스가 자신을 과시할 때 피를 골판으로 펌프질해 골판을 붉게 물들였을 것이라고 생각한다. 물론 그저 생각일 뿐이다.
© Tim Evanson

어진 스테고사우루스는 골판이 아침 햇빛을 쬐도록 몸을 돌려서 골판의 피를 데운 후, 그 피를 온몸으로 흘려보내 체온을 높였다는 것이다. 반대로 무더운 오후에 체온이 너무 올라간 경우에는 시원한 그늘로 들어가 골판의 피를 식힌 다음, 몸으로 흘려보내 체온을 내렸을 것이라고 생각했다. 마치 오늘날의 아프리카코끼리가 귀를 이용해 체온을 조절하는 것처럼 말이다. 더 나아가 팔로와 연구팀은 CT를 찍어 스테고사우루스의 골판 속까지 관찰했는데, 그 결과 스테고사우루스의 골판 속에도 핏줄이 존재한 흔적을 발견했다. 이로 미루어볼 때 팔로는 골판 속까지 뻗어 있는 핏줄 구조를 통해 스테고사우루스가 더욱 효과적으로 체온을 조절했을 것이라고 추정했다.

비슷한 시기에 또 다른 고생물학자가 스테고사우루스의 골판 속을 들여다보고 있었다. 하지만 CT를 찍어 골판 속을 관찰한 팔로와 달리 이 사람은 골판을 직접 썰어서 뼈의 단면을 관찰했다. 연구를 위해서라면 공룡의 뼈도 썰어버리는 이 용감한 고생물학자는 바로 일본 오사카자연사박물관의 하야시 쇼지林昭次였다. 당시 박사과정의 대학원생이었던 그는 스테고사우루스 골판의 미세구조를 관찰하여 이 공룡의 골판이 어떻게 자랐는지에 대해 연구했다. 그 결과, 하야시는 스테고사우루스의 몸이 다 자란 이후에도 골판들이 꾸준히 더 오랫동안 자랐다는 사실을 알아냈다. 그러니까 스테고사우루스의 몸이 먼저 다 자란 다음에도 골판은 나중에까지 계속 자란다는 것이다. 혹시 스테고사우루스는 골판을 이용해 서로의 나이를 알아봤던 것은 아닐까? 골판이 더 큰 어른 스테고사우루스가 골판이 작은 어린 스테고사우루스를 보호했을지도 모른다.

스테고사우루스의 골판에 대한 최신 연구결과는 2015년에 보고되었다. 영국 브리스틀대학교의 에번 사이타는 스테고사우루스 골판 40개를 비교분석했는데, 그 결과 스테고사우루스의 골판 모양이 크게 두 가지로 구분된다는 사실을 알아냈다. 한 부류는 골판이 넓적했으며, 다른 부류는 골판이 가늘고 길쭉했다. 사이타는 스테고사우루스가 넓은 골판을 가진 개체와 좁은 골판을 가진 개체로 분류될 수 있는 것은 암컷과 수컷이 서로 다른 모양의 골판을 가졌기 때문이라고 추정했다. 그는 넓은 골판을 가진 스테고사우루스를 수컷이라고 추정했는데, 넓은 골판이 이성을 유혹하는 용도로 더 적합했을 것이라고 생각했기 때문이다.

물론 모든 고생물학자들이 사이타의 연구결과에 동의하는 것은 아니다. 넓은 골판을 가진 스테고사우루스와 좁은 골판을 가진 스테고사우루스가 서로 다른 종류의 공룡일 수도 있기 때문이다. 혹은 스테고사우루스의 골판이 다용도로 사용되었을지도 모른다. 체온조절용으로 쓰이면서 동시에 과시용으로 쓰였을 수도 있고….

하지만 스테고사우루스의 골판이 방어용은 아니었을 가능성이 크다. 실제로 스테고사우루스와 같은 시대에 살았던 육식공룡 알로사우루스는 스테고사우루스의 이 거추장스러운 구조물을 두려워하지 않았을 것이다. 미국 유타 주에서 알로사우루스가 베어먹은 스테고사우루스의 골판화석이 발견되었기 때문이다. 베어먹은 자국의 표면은 굉장히 깔끔했으며, 골판이 잘려나간 스테고사우루스는 알로사우루스의 공격에서 살아남아 몇 년을 더 살았다.

보통 서서히 힘을 가해 뼈를 부러뜨리면 뼈가 꺾이면서 균열이 생기고, 그 균열을 따라 뼈가 깨져버린다. 하지만 재빠른 속도로 힘이 가해질 경우 뼈의 골절 부위에는 균열이 생길 틈도 없이 표면이 깔끔하게 잘린다. 알로사우루스가 스테고사우루스의 골판을 깔끔하게 베어먹었다는 것은 이 알로사우루스가 주저하지 않고 바로 골판을 물어뜯었음을 의미한다. 만약 스테고사우루스의 골판이 알로사우루스의 목숨을 위협할 만한 치명적인 무기였거나 훌륭한 방어도구였다면 알로사우루스는 함부로 스테고사우루스의 골판을 물어뜯을 수 없었을 것이다. 천적이 무서워하지 않고 바로 공격했다는 것은 스테고사우루스의 골판이 당시의 육식공룡들에게 그리 무서운 것이 아니었음을 보여주는 증거이며, 더 나아가 이 골판이 효과적인 방어도구로 사용되지는 않았다는 사실을 말해준다.

만화에 흔히 나오는 모습과 달리, 알로사우루스는 스테고사우루스의 골판을 좋아했을지도 모른다. 크기가 크고, 두께는 얇으며, 속은 피로 꽉 차 있는 골판을 말이다. 배고픈 알로사우루스에게 스테고사우루스의 골판은 바삭바삭한 쿠키처럼 보였을지도 모른다.

뷰티풀 마인드

선글라스를 쓴 백발의 상인이 테라스에 몸을 기댔다. 밖에는 비가 내리고 있다.

"필요한 게 뭔가?"

"신선한 괴수의 뇌가 필요해요."

키가 작은 과학자는 흥분한 듯 빠르게 대답했다. 과학자의 말을 듣자마자 상인은 어처구니가 없다는 표정을 지었다.

"안 돼, 안 돼. 두개골 뼈가 워낙 두꺼워서 뼈를 다 뚫었을 쯤에는…."

"뇌가 상해버려서 쓸모가 없어지죠."

과학자는 조급해하며 상인의 말을 끊었다.

"근데 제가 필요한 것은 두 번째 뇌예요. 괴수는 덩치가 워낙 커서 몸을 제대로 움직이게 하기 위해 공룡처럼 골반에도 뇌가 있다는 사실을 알 거예요. 저는 그 두 번째 뇌가 필요하다고요."

말을 들은 상인은 과학자의 꿍꿍이를 도저히 알 수가 없었다.

"대체 왜 두 번째 뇌가 필요한 거지? 괴수의 다른 장기들도 많잖아. 연골, 내장, 간… 심지어 똥도 있다고! 괴수의 똥 한 덩어리면 큰 밭을 비옥하게 할 수 있어! 근데 뇌? 암모니아가 너무 많다고! 근데 왜? 왜 필요한 거지?"

"기밀사항이에요! 그래서 말할 수가 없어요. 말하고 싶어도요."

상인은 기가 찬 표정으로 과학자를 뚫어지게 바라보았다. 과학자는 잠시 머뭇거리더니 씨익 웃으며 입을 열었다.

"근데 멋진 아이디어니까 말해줄게요."

— 영화 〈퍼시픽 림Pacific Rim〉(2013) 중에서

승부차기를 하면 경기를 주도하던 팀이 꼭 진다, 생선을 뒤집어서 먹으면 배가 뒤집힌다, 개를 치면 재수가 없다. 이런 근거 없는 믿음

들이 일상생활 속에서 사람들 사이를 맴돈다. 놀랍게도 공룡에 대한 근거 없는 정보들도 사람들 사이에서 오르내린다. 대표적인 것이 바로 공룡에게 뇌가 두 개나 있다는 헛소문이다. 이 이야기는 워낙 유명해서 여름 블록버스터 영화 속에서도 마치 사실인 양 소개된다. 하지만 많은 공상과학소설 마니아들의 기대와는 달리 공룡은 지구상에 살고 있는 다른 모든 척추동물들, 그러니까 개, 고양이, 거북이, 상어, 두꺼비 그리고 사람처럼 단 한 개의 뇌를 가진다.

공룡에게 뇌가 두 개 있었을 것이란 소문은 19세기 말로 거슬러 올라간다. 당시 가장 권위 있는 고생물학자였던 마시는 미국 콜로라도 주에서 발견된 목긴공룡인 카마라사우루스를 연구하고 있었다. 이 거대한 공룡의 몸길이는 버스 두 대를 이은 정도였지만 머리는 말의 머리와 크기가 비슷했다. 카마라사우루스가 몸집에 비해 머리가 매우 작아서 마시는 '머리가 작으면 뇌도 작았을 텐데, 작은 뇌로 거대한 몸을 제대로 조종할 수 있었을까?'라고 생각했다. 때마침 그는 카마라사우루스의 골반을 지지하던 척추뼈에 커다란 빈 공간이 있음을 확인했다. 마시는 '혹시 이 빈 공간 속에 신경세포가 뭉쳐져 있어서 공룡의 하반신을 조종하지 않았을까?' 하고 생각했다.

카마라사우루스를 연구한 지 얼마 지나지 않아 마시는 스테고사우루스를 연구하게 되었다. 스테고사우루스는 카마라사우루스보다 작은 머리를 가지고 있었다. 그리고 스테고사우루스의 골반 부위에는 카마라사우루스의 것과 마찬가지로 커다란 빈 공간이 있었다. 이에 마시는 자신의 생각이 맞다고 확신했다. 스테고사우루스처럼 뇌가 작은 공룡들은 정상적인 생활을 할 수 없기 때문에 골반에 있는 빈 공간에 제2의 뇌가 있어야만 했다고 말이다. 그래서 그는 자신의 논문

에 스테고사우루스의 골반 부위에 뇌가 들어 있
다고 기록했고, 이것을 후뇌실posterior braincase이
라고 기재했다.

얼마 지나지 않아 마시는
세상을 떠났지만, 그가 남긴
논문들은 이 세상에 남았다. 그
리고 마시가 남긴 논문들 때문에 수많
은 공룡 책에서 스테고사우루스는 엉덩
이로 생각을 하는 괴상한 동물로 그려졌다. 지금
생각해보면 엉덩이에 뇌가 있다는 건 말도 안 되는 소리지만, 스테고
사우루스의 머리뼈 속에 있는 진짜 뇌의 크기가 고작 호두만 했기 때
문에 당시 일반인뿐만 아니라 일부 고생물학자들도 스테고사우루스
가 정상적인 생활을 하기 위해서는 뇌가 두 개 필요했다고 믿었다(놀
랍게도 요즘도 이런 걸 믿는 고생물학자가 있다).

공룡을 연구할 때 약간의 상상
력이 도움이 될 때도 있지만,
간혹 엉뚱하게 발목을 잡기도
한다.

오늘날 대부분의 고생물학자들은 이 빈 공간에 뇌가 아닌 글리코
겐체glycogen body라고 불리는 기관이 있었을 것으로 보고 있다. 이 글
리코겐체는 오늘날 살아 있는 공룡인 새한테서도 볼 수 있는 구조물
이다. 자세한 용도는 아직 잘 알려지지 않았지만 아마도 몸의 균형
을 잡게 해주는 동시에 에너지원인 포도당을 저장하는 곳으로 추정
된다. 즉 스테고사우루스는 엉덩이 속에 있는 큰 공간을 마치 비상
식량을 숨겨놓을 수 있는 큰 주머니처럼 사용했을 가능성이 크다는
것이다.

골반에 제2의 뇌가 없었던 게 확실하니 스테고사우루스는 작은 두
뇌만을 이용해 거대한 몸집을 조종해야 했다. 근데 이 작은 뇌를 가

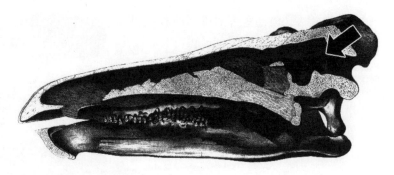

스테고사우루스의 머리 단면도
미국 스미스소니언자연사박물관에 보관 중인 머리뼈를 이용해 복원한 스테고사우루스의 머리 단면이다. 뇌에 해당하는 부분은 매우 작다(화살표). 이 공간에는 호두 한 알이 들어갈 수 있다.

지고 정상적으로 생활할 수 있었을까? 우리들이 직접 스테고사우루스를 만나 이야기해볼 수는 없지만 이들이 약 500만 년이란 기간 동안 생존했다는 사실을 생각해보면 살아가는 데에 큰 어려움은 없었던 것 같다.

그렇다면 뇌가 작은 스테고사우루스는 과연 얼마나 똑똑했을까? 과거에 학자들은 뇌가 클수록 똑똑하다고 생각했다.[3] 몸무게가 6톤이나 나가는 스테고사우루스의 두뇌는 고작 60그램, 겨우 초밥 세 개와 같은 무게다. 비슷한 몸무게를 가진 아프리카코끼리의 뇌는 이보다 30배는 더 크다. 그럼 코끼리는 스테고사우루스보다 30배 더 똑똑할까?

오늘날 뇌를 연구하는 신경과학자에게 이 이야기를 하면 머리를 좌우로 절레절레 흔들 것이다. 왜냐하면 현재 살아 있는 동물들의 뇌 크기를 비교해보면 지능과 뇌 크기는 관련이 없다는 것을 알 수 있기 때문이다. 오늘날 살아 있는 동물 중 가장 똑똑한 동물은 사람이다. 다 자란 어른의 뇌는 보통 1.5킬로그램 정도 된다. 오늘날 살아 있는 동물 중 가장 큰 뇌를 가진 동물은 향유고래*Physeter macrocephalus*로, 뇌 무게는 약 8킬로그램 정도다. 무게로 따져보면 고래는 사람보다 약 다섯 배 더 영리해야 한다. 하지만 우리는 대학교 강단에서 책을 읽는 향유고래나 바다 한가운데서 상대성이론을 증명하는 혹등고래 *Megaptera novaeangliae*를 볼 수가 없다. 뇌의 무게와 지능은 별개의 문제이기 때문이다.

한때 뇌와 몸집의 비율을 통해 동물의 지능을 상대적으로 나타내려는 이들도 있었다. 뇌와 몸집의 비율을 놓고 보면 몸집에 비해 뇌가 작은 코끼리나 고래보다 우리들이 더욱 영리한 것처럼 결과가 나온다. 하지만 이런 방법을 사용해 동물의 지능을 순서대로 나열하면 쥐나 참새가 인간보다 더 영리하다는 결과가 나온다. 몸집이 작은 동물일수록 뇌와 몸 크기 비율이 비슷해지기 때문이다.

오늘날 필자를 포함한 몇몇 과학자들은 동물들의 이러한 지능수준 비교가 굉장히 무의미하다고 생각한다. 왜냐하면 어떤 동물이 영리하다, 혹은 영리하지 않다고 나누는 기준은 지극히 주관적인 것이기 때문이다. 동물은 각자의 생활에 맞는 기능의 뇌를 가진다. 뱀에게는 어디에 따뜻한 쥐가 숨어 있는지, 혹은 앞에서 다가오는 무언가가 위협적인 존재인지 아닌지를 즉각 판단할 줄 아는 뇌가 필요하다. '다음 주 월요일 직원회의 때 보여줄 자료를 내일 오전까지 준비해야지'라고 생각할 줄 아는 뇌는 뱀에게 아무 쓸모가 없다. 그러니 뱀의 입장에서 이런저런 생각으로 가득 찬 인간의 뇌는 그리 똑똑한 뇌가 아닐 것이다. 이렇듯 뱀은 비록 사무실에 앉아 있는 회사원처럼 생각하지는 못하겠지만 자기 나름의 생활에 맞는 똑똑한 뇌를 가지고 있는 셈이다. 그러니 뇌가 작은 스테고사우루스도 자기 나름대로 똑똑했다고 볼 수 있다. 지난 20만 년 동안 생존하고 있는 우리들보다 약 25배나 긴 시간을 살았다는 사실이 이를 증명하는 게 아닐까?

어디 한번 씹어 먹어 보시지!

작은 골편들로 무장한 스쿠텔로사우루스. 그래도 자신보다 큰 육식공룡이 나타나면 줄행랑을 쳤을 것이다.

최종병기 갑

트리케라톱스, 이구아노돈, 그리고 브라키오사우루스까지 모든 거대한 공룡은 한때 작았던 시기가 있다. 스테고사우루스도 예외는 아니었다. 스테고사우루스의 조상들은 보통 몸길이 2미터를 넘지 못한 작은 공룡들이었다. 이들의 알려진 조상 중에서 가장 오래된 종류는 스쿠텔로사우루스*다. 쥐라기 전기의 북아메리카 대륙에서 생활한 스쿠텔로사우루스는 후손들과 달리 긴 뒷다리를 이용해 두 발로 뛰어다닐 수 있었다.

하지만 스쿠텔로사우루스는 당시에 함께 살았던 다른 두발 초식공룡들보다 다리가 조금 짧았다. 그래서 다른 초식공룡들만큼 빨리 뛰어다니지는 못했다. 하필이면 이들이 처음 등장한 시기는 날렵한 육식공룡들이 서서히 늘어난 시기였다. 다른 친척들보다 달리기가 느리다 보니 이들은 색다른 방어전략을 개발해야 했다. 그것은 바로 피부 속 골편이었다. 마치 미스릴 갑옷Mithril armor을 두른 작은 호빗처럼 스쿠텔로사우루스는 온몸을 뼛조각으로 감싸 육식공룡의 날카로운 발톱과 뾰족한 이빨로부터 몸을 보호했다. 특히 당시는 뼈를 으스러뜨리는 티라노사우루스류가 등장하기 이전이었기 때문에 골편으로 몸을 두른 스쿠텔로사우루스는 안전할 수 있었다(물론 덩치 큰 육식공룡들에게 스쿠텔로사우루스는 맛있는 과자 같았을 것이다).

스쿠텔로사우루스의 몸을 감싼 골편은 단순히 피부에 박힌 뼛조각이 아니었다. 공룡의 골편 위로는 각질이 덮

스쿠텔로사우루스Scutellosaurus
'작은 방패 도마뱀'이란 뜻으로, 온몸이 작은 골편들로 덮여 있어서 붙은 학명이다.

여 있었는데, 이러한 각질은 우리의 손톱과 발톱처럼 계속 자라났을 것이다. 육식공룡의 공격을 받아 깨진 각질은 다시 자라서 원상 복귀되었을 것이다. 이러한 갑옷이 마음에 들었는지 스쿠텔로사우루스와 이들의 후손들은 계속해서 골편을 더 정교하고 단단하게 발달시켰다.

하지만 계속해서 단단한 방어구를 발달시키다 보니 한 가지 애로 사항이 생겨버렸다. 뼈와 각질로 된 방어구가 너무 무거워진 것이다. 갑옷 무게 때문에 힘들어진 스쿠텔로사우루스의 후손들은 네 발로 걸어야 했다. 그리고 무거운 갑옷을 짊어지고 네 발로 걷다 보니 이들에게 뛰는 건 무리한 일이 되어버렸다. 아예 재빠르게 천적에게서 도망칠 수 없게 되자 스쿠텔로사우루스의 후손들은 아예 더욱더 크고 단단한 골편들을 발달시켰다. 가장 대표적인 후손은 스켈리도사우루스*였다.

스켈리도사우루스는 몸길이가 약 4미터 정도로, 선조인 스쿠텔로사우루스보다 약 두 배 더 길었고 약 30배 더 무거웠다(몸무게 약 300킬로그램). 바뀐 것은 이들의 몸집과 골편의 크기만이 아니었다. 그저 납작한 골편만 두르고 있던 스쿠텔로사우루스와는 달리, 스켈리도사우루스는 골편을 큰 가시로 발달시켰다. 단순히 방어용으로 사용되던 골편들이 이제는 천적에게 상처를 입힐 수 있는 무시무시한 무기가 된 것이다. 시간이 흐르고 스켈리도사우루스의 후손들은 등에 있는 골편들을 좀 더 높고 납작하게 만들었으며, 이것은 훗날 멋진 골판이 되었다. 반면에 꼬리에 있던 뾰족한 골편 중 일부는 길어져 공격용 테고마이저가 되었다.

스켈리도사우루스Scelidosaurus
'소갈비 도마뱀'이란 뜻이다. 리처드 오언이 처음 연구한 이 공룡의 화석은 뒷다리 부위였다. 그래서 그는 이 공룡에게 '뒷다리'를 뜻하는 그리스어 '스켈로스skelos'와 '도마뱀'을 뜻하는 '사우로스sauros'를 합쳐 '뒷다리 도마뱀'이란 학명을 붙이려고 했다. 그런데 오언이 실수로 '스켈로스' 대신 '소갈비'를 뜻하는 '스켈리스skelis'를 쓰는 바람에 이 공룡은 그만 '소갈비 도마뱀'이 되어버렸다.

**거의 완벽하게 보존된 스켈리
도사우루스 화석**

이 화석은 2000년 영국의 도
싯 해안을 따라 걷던 화석 수집
가 데이비드 솔이 발견했다. 영
국에서 발견된 공룡 화석 중에
서 가장 완벽하게 보존된 것이
기도 하다.

ⓒ 5of7

스테고사우루스와 비슷하게 생긴 골판공룡이 처음 등장한 곳은 쥐
라기 중기의 중국 쓰촨四川 지역이었다. 쓰촨성의 다른 이름인 후아양
華陽에서 이름을 따온 후아양고사우루스*Huayangosaurus*는 스테고사우루
스와 매우 유사하지만 좀 더 작고 뾰족한 골판과 큰 머리를 가지고 있
기 때문에 스테고사우루스와 구분할 수 있다. 쥐라기 중기가 끝나고
쥐라기 후기가 되어서야 골판공룡들이 가장 번성했는데, 이들이 얼
마나 번성했는가 하면 지금까지 알려진 쥐라기 후기 공룡들 중 두 번
째로 많이 발견되었다(가장 많이 발견된 것은 목긴공룡이다). 게다가 이들
의 화석은 남극을 제외한 모든 대륙에서 발견되었기 때문에 아마도
당시에 가장 성공적인 초식공룡이 아니었을까 추정된다(이들이 남극
대륙에서 발견될 확률도 상당히 많다).

하지만 이들의 전성기는 그리 오래가지 못했다. 백악기 전기가 되자 이들의 숫자와 종류가 급격히 줄어들었는데, 아직까지 그 이유는 확실하게 밝혀지지 않았다. 대륙들이 떨어져 나가고 기후가 변하면서 6000만 년 동안 이들이 즐겨 먹던 식물들이 없어지는 바람에 줄어든 것일 수도 있다. 골판공룡들의 수가 줄어들 때, 놀랍게도 함께 초원을 다스리던 목긴공룡들은 멀쩡했다. 오히려 목긴공룡들은 쥐라기 때보다 더 거대해지고 다양하게 진화했다. 어쩌면 골판공룡들만 죽이는 전염병이 돌았을 수도 있다.

스테고사우루스를 포함한 수많은 골판공룡들이 사라지자, 이들의 뒤를 이어 초원의 제초기로 지원한 공룡들이 있었다. 바로 골판공룡의 사촌인 갑옷공룡이었다. 갑옷공룡은 골판공룡과 마찬가지로 스켈리도사우루스와 비슷한 공룡에서 진화한 후손이다. 하지만 등에 있는 골편을 납작하고 높게 만든 골판공룡들과는 달리, 갑옷공룡들은 이 골편들을 더 많이 만들어서 등과 목, 그리고 꼬리까지 덮어버렸다. 심지어 눈꺼풀까지 뼈로 된 녀석들도 있었는데, 이 때문에 이들을 공룡시대의 장갑차라고 부르는 고생물학자들도 있다.

이들은 스켈리도사우루스 시절보다 더 무겁고 단단해진 갑옷 때문에 몸이 이전보다 훨씬 무거웠고, 무거운 몸을 지탱하기 위해 갑옷공룡의 다리는 갈수록 짧아지고 두꺼워졌다. 갑옷공룡들은 이제 달리는 건 꿈도 못 꾸게 되었다. 그렇지만 짧은 다리와 낮은 키로 인해 이들은 초원에서 풀을 뜯어먹고 살기에 적합해졌다.[4]

갑옷공룡은 당시에 함께 살던 뿔공룡과 오리주둥이공룡처럼 풀을 효과적으로 소화시키기 위해 어금니를 발달시켰고, 나름대로 씹는 방법도 터득했다. 갑옷공룡은 교차하는 어금니로 음식을 썰어 먹는 뿔공룡과 아래턱으로 위턱을 들어올려서 먹이를 갈아 먹은 오

독일 젠켄베르크자연사박물관에 전시된 갑옷공룡 에우오플로케팔루스
에우오플로케팔루스는 안킬로사우루스의 가까운 친척이다. 갑옷공룡들은 모두 다리가 짧고 몸통이 넓적한데, 이 때문에 갑옷공룡을 연구하는 고생물학자들은 이들을 '걸어다니는 탁자'라고도 부른다.

리주둥이공룡, 이구아노돈과는 다른 방식으로 음식을 씹었다. 캐나다자연사박물관의 나탈리아 립신스키는 2001년에 갑옷공룡의 턱 구조에 대한 논문을 발표했는데, 그녀의 의견에 따르면 갑옷공룡은 특별한 턱관절이 있어 턱을 앞뒤 좌우 모든 방향으로 조금씩 움직일 수 있었다. 다시 말하자면 일반적인 초식공룡들과 달리 갑옷공룡은 오히려 사람처럼 턱을 이리저리 움직이며 음식을 꼭꼭 씹어 먹을 수 있었던 것이다.

음식을 꼭꼭 씹어 먹을 수 있는 특별한 능력 덕분에 갑옷공룡은 땅 위에 있는 그 어떤 식물도 쉽게 먹어치울 수 있었다. 이렇듯 편식을 하지 않는 대식가들이다 보니 갑옷공룡은 기후가 변하고 식물이 변해도 꿈쩍하지 않았으며, 이러한 강인함 덕분에 사촌들이 한때 그랬던 것처럼 지구 구석구석으로 퍼져나갈 수 있었다. 이들은 꽤나 오랫동안 지구 곳곳을 누볐다.

안타깝게도 원시 갑옷공룡들의 화석이 많이 발견되지 않은 상황이다 보니 고생물학자들은 이들이 초창기에는 어떻게 살았는지, 그리고 가계도(분기도)는 어떤지에 대해 확실하게 알지 못한다. 그렇지만 한 가지 확실한 것은 이들이 백악기부터 그 종류가 훨씬 다양해졌다는 것이다. 현재까지 발견된 백악기 갑옷공룡의 종류는 약 50종이며, 앞으로도 더 많이 발견될 것으로 예상된다.

갑옷공룡은 몸의 형태에 따라 크게 두 가지로 분류된다. 하나는 어깨에 가시를 달고 다니는 노도사우루스류Nodosauridae, 다른 하나는 꼬리에 뼈뭉치를 달고 다니는 안킬로사우루스류Ankylosauridae다.

노도사우루스류는 온몸이 뼈와 각질로 된 가시로 덮여 있는 갑옷공룡 가문이다. 이들은 대부분 어깨에 크고 무거운 가시들을 달고 있는데, 마치 어깨 뽕이 들어간 옛날 가죽 잠바를 연상시킨다. 그렇지만 가시로 덮인 우락부락한 몸과는 달리 머리는 순한 양처럼 생겼다. 물론 얼굴이 순해 보인다 해서 성질 또한 온순하지는 않았을 것이다.

안킬로사우루스류는 노도사우루스류와 달리 가시가 아닌 울퉁불퉁한 혹으로 온몸을 감쌌다. 게다가 안킬로사우루스류는 꼬리에 두 쌍의 골편이 변형되어 만들어진, 꼬리곤봉이라 불리는 크고 강한 뼈뭉치가 있었다. 이 뼈 뭉치는 서로 겹쳐져서 뻣뻣하게 변해버린 강력한 꼬리뼈에 붙어 있으며, 꼬리를 움직이는 큰 근육들이 어마어마하게 거대한 엉덩이 부위에 붙어 있었기 때문에 안킬로사우루스류는 마치 야구방망이를 휘두르듯이 꼬리를 좌우로 세게 흔들 수 있었다. 이들은 꼬리 끝의 강력한 뼈뭉치를 마치 토르의 망치처럼 휘두르며 천적들을 무찔렀을 것이다. 안킬로사우루스의 단단한 꼬리에 맞은 육식공룡은 이빨 몇 개를 잃거나, 다리가 부러지거나, 심한 경우에

안킬로사우루스의 꼬리곤봉
일본 국립과학박물관에 전시되어 있다. 스테고사우루스의 테고마이저와 마찬가지로, 갑옷공룡의 꼬리곤봉 또한 네 개의 골편이 변형되어 만들어진 구조다.

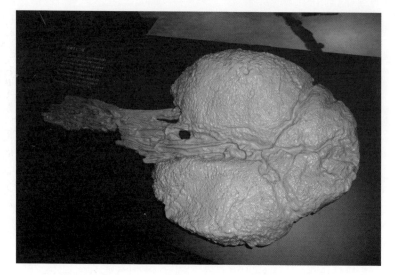

는 머리를 맞아 뇌진탕으로 사망했을지도 모른다. 안킬로사우루스류의 공격용 뼈뭉치는 간혹 부서진 채로 발견되기도 하는데, 육식공룡이 얼마나 싫었으면 자신의 뼈가 부서질 정도로 온힘을 다해 천적을 강타했을까?

아메리칸 뷰티

골판공룡의 보스가 스테고사우루스였다면, 갑옷공룡의 왕은 안킬로사우루스다. 안킬로사우루스는 갑옷공룡 중에서 가장 마지막(6800만 년 전)에 등장했는데, 갑옷공룡의 마지막 클라이맥스답게 덩치가 제일 컸다. 몸길이가 최대 11미터까지 자랐을 것으로 추정되는데, 사실 잘 알려진 갑옷공룡인데도 현재까지 발견된 부위가 머리와 등뼈, 그리고 골편뿐이다 보니 정확한 몸집이나 외형에 대해서는 아직까지 고생물학자들 사이에서 의견이 분분하다. 하지만 안킬로사우루스의 몸집이 어마어마하게 컸다는 것에 대해서는 모두 동의한다. 머리뼈 하나만 해도 어른이 두 팔로 안기 버거울 정도니 말이다.

비록 다른 골격 부위는 발견되지 않았지만, 단단했던 이들의 머리는 완벽한 모습으로 보존될 수 있었다. 안킬로사우루스의 학명은 '융합된

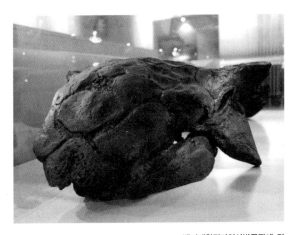

도마뱀'이란 뜻인데, 이는 안킬로사우루스의 머리뼈 때문에 붙은 이름이다. 안킬로사우루스는 머리뼈가 크고 두껍기도 하지만, 콧등과 이마에 골편들이 덮여 있다. 이 골편들은 워낙 촘촘하게 발달해서 아예 안킬로사우루스의 머리뼈에 붙어버렸다. 안킬로사우루스가 왜 이러한 투구를 발달시켰는지는 이들과 함께 살았던 육식공룡을 보면 알 수 있다. 안킬로사우루스는 백악기 후기의 북아메리카 대륙에서 살았는데, 이때 이들과 함께 살았던 육식공룡은 바로 티라노사우루스였다. 뼈를 으스러뜨리는 티라노사우루스의 강력한 턱을 막아내야 했기 때문에 이들은 최상의 방어구를 갖춰야만 했을 것이다. 재미있는 사실은 어린 안킬로사우루스류 공룡의 머리뼈에는 골편들이 전혀 발달해 있지 않다. 이렇게 취약한 아기들은 어미의 보살핌을 받거나, 혹은 무리를 지어 생활했던 것으로 보인다.

안킬로사우루스의 머리는 단순히 단단하기만 했던 것은 아니다. 캐나다 앨버타대학교의 미야시타 테쓰토宮下哲人 연구원은 완벽하게 보존된 안킬로사우루스류 에우오플로케팔루스*의 머리 내부를 연구했는데, 그는 이

에우오플로케팔루스
Euoplocephalus
'잘 무장된 머리'라는 뜻으로, 수많은 골편들이 붙어 있는 머리뼈 때문에 붙은 학명이다.

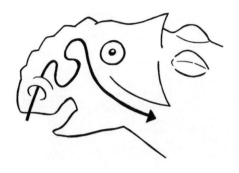

갑옷공룡의 머리를 자르거나 망치로 깰 필요 없이 CT를 찍어 머리뼈 내부를 들여다볼 수 있었다. 그 결과 이들의 콧속이 마치 미로처럼 빙글빙글 꼬여 있다는 사실을 알아냈다(이러한 꼬여 있는 콧속 구조는 노도사우루스류한테서는 나타나지 않는다).

안킬로사우루스가 아침 공기를 힘껏 들이마시면, 공기는 미로 같은 콧속을 빙글빙글 돌다가 기도로 들어간다. 복잡한 미로를 연상시킨다.

복잡하게 꼬여 있는 이 콧속 구조는 그럼 어떻게 사용되었을까? 한때 고생물학자들은 안킬로사우루스류의 콧속 구조가 이들이 뛰어난 후각을 가졌음을 보여준다고 생각했다. 공기 중의 냄새를 깊숙이 코로 빨아들여 콧속에 넓게 퍼져 있는 후세포olfactory cell들을 통해 냄새를 굉장히 잘 맡았을 것이라고 말이다. 하지만 CT로 복원된 갑옷공룡의 두뇌를 연구한 결과에 따르면, 후각을 담당하는 후신경구 부위가 그다지 발달하지 않았기 때문에 이들이 좋은 후각을 가지지 못했다는 것이 밝혀졌다.

미야시타는 안킬로사우루스와 에우오플로케팔루스를 포함한 안킬로사우루스류 공룡들이 오리주둥이공룡처럼 콧속 미로를 발성기관으로 사용했거나[5], 혹은 콧구멍에서 수분이 증발하는 것을 최대한 줄이기 위해 이런 이상한 구조를 진화시켰을지도 모른다고 추측했다. 반면에 미국 오하이오대학교의 래리 위트머는 안킬로사우루스류의 복잡한 콧속이 혈관으로 가득 찼을 것이라고 추정했다. 밖에서 들어오는 공기로 몸의 끓어오르는 피를 식혔다는 것이다. 이유가 어찌 되었든 이러한 콧속 미로는 안킬로사우루스류에게 중요한 역할을 했던 것으로 보인다. 북아메리카의 에우오플로케팔루스와 안킬로사우루스, 그리고 건너편 동아시아의 사이카니아*와 탈라루루스*까지 모든 안킬로사우루스류에게서 발견되는 특징이기 때문이다.

안킬로사우루스류의 머리를 CT로 찍어 알아낸 또 다른 사실은 바로 이들의 운동신경이 그리 좋지 않았다는 것이다. 뇌의 부위 중 몸의 운동기능과 평형감각을 조절하는 곳을 소뇌cerebellum라고 하는데, 안킬로사우루스류의 소뇌는 상대적으로 작았다. 이 때문에 안킬로사우루스는 뛰거나 빨리 걸을 수 없었다. 게다가 3D로 복원된 안킬로사우루스류의 시신경optical nerve이 그다지 돌출되어 있지 않았기 때문에 학자들은 이들의 시각이 형편없었을 것으로 보고 있다.

운동신경도 좋지 않고, 눈도 잘 보이지 않고, 냄새도 잘 못 맡는다. 하지만 이들은 땅에 떨어진 그 어떤 식물도 잘 씹어 먹을 수 있었으니 감각이 둔해도 별 문제가 없었을 것이다. 그런데 고생물학자들이 가장 궁금해하는 것은 안킬로사우루스가 어떻게 밥을 먹었고, 어떻게 잠을 잤는지가 아니다. 눈도 안 보이고, 냄새도 잘 못 맡는 안킬로사우루스가 과연 어떻게 사랑하는 짝을 찾았는지를 가장 큰 미스터리로 여긴다. 안킬로사우루스가 워낙 지독한 냄새를 풍겨서 후각이 약해도 서로가 서로를 알아보는 데에 큰 문제가 없었다고 생각하는 고생물학자도 있다. 하지만 안타깝게도 수천만 년 전에 멸종한 동물의 냄새를 재현할 수는 없다.

짝을 찾는 것도 문제지만, 정작 짝을 만났을 때 어떻게 사랑을 나누는가도 큰 문제다. 몸집이 비둘기만 한 보송보송한 깃털 육식공룡 안키오르니스 두 마리가 사랑을 나누기는 쉬운 일이겠지만, 온몸을 골편과 혹으로 무장한 4톤짜리 공룡들이 사랑을 나누기란 여간 힘든 일

사이카니아Saichania
'아름다운 것'이란 뜻의 몽골어로, 처음 발견되었을 때 보존 상태가 좋아서 붙은 학명이다.

탈라루루스Talarurus
'버들가지 바구니 꼬리'라는 뜻으로, 꼬리 끝에 있는 뼈뭉치가 마치 버들가지 바구니와 비슷하게 생겨서 붙은 학명이다.

이 아니었을 것이다. 게다가 이들은 다리가 짧고 뒷다리로 일어설 수가 없었기 때문에 짝짓기가 거의 불가능하게만 보인다. 하지만 이들이 6800만 년 전에서 6600만 년 전까지 2000만 년간 생존한 걸 보면 분명히 번식을 했을 것이다. 미국의 과학 저술가인 브라이언 스위텍은 수컷 안킬로사우루스가 안정된 자세로 암컷과 사랑을 나누기 위해서는 생식기의 길이가 무려 2미터는 되어야 한다고 말한다. 이 정도 길이면 낚시꾼들이 사용하는 루어낚싯대만 한 것이다!

님아, 그 바다를 건너지 마오

골판공룡과 갑옷공룡은 한 조상동물에서 갈라져 나온 공룡 그룹들이다. 모두 골편을 갖고 있기 때문에 학자들은 골판공룡과 갑옷공룡을 합쳐 장순류裝盾類 또는 '방패를 가진 자들'이란 뜻의 라틴어 티레오포라류Thyreophora라고 부른다. 현재까지 거의 100종이나 되는 장순류 공룡들이 발견되었지만, 모두들 거의 비슷한 몸 구조를 가진다. 식물을 소화시키기에 적합한 볼록한 배와 기둥 같은 네 다리. 몸매를 보면 이들이 완벽한 육상동물처럼 보인다. 하지만 놀랍게도 일부 장순류들은 얕고 따뜻한 바다에서 형성되는 석회암에서 발견되기도 한다. 최초로 석회암에서 발견된 장순류 공룡으로는 스켈리도사우루스가 있다.

가장 원시적인 장순류 공룡 중 하나인 스켈리도사우루스는 1858년 영국의 도싯 지방에서 발견되었는데, 이곳은 중생대 때 죽은 바다생물들의 파편들로 만들어진 대량의 백악chalk과 석회암이 드넓게 분포된 지역이다. 단단한 석회암층에서 스켈리도사우루스를 처음 발견한

크리크톤사우루스와 투오지앙 고사우루스 화석

일본 후쿠이현립공룡박물관에 전시되어 있는 티레오포라류인 갑옷공룡 크리크톤사우루스*Crichtonsaurus*(왼쪽)와 골판공룡 투오지앙고사우루스 *Tuojiangosaurus*(오른쪽). 갑옷공룡와 골판공룡들은 모두 상체를 수그린 자세를 취하는데, 이것은 키가 작은 식물을 먹기에 최적화된 자세다. 두 공룡 모두 중국에서 왔다.

그곳의 땅주인은 이 공룡 화석을 런던자연사박물관의 리처드 오언에게 보냈는데, 단단한 석회암에서 공룡뼈를 꺼낼 줄 몰랐던 오언은 스켈리도사우루스가 박혀 있는 석회암 덩어리를 박물관에 그대로 보관해야 했다.

스켈리도사우루스가 잠에서 깨어나기 시작한 것은 20세기 중반부

**석회암층에 묻혀 있던 스켈리
도사우루스**
톱니 구조가 발달한 이빨을 가
졌다는 사실, 그리고 석회암에
서 발견되었다는 사실 때문에
오언은 스켈리도사우루스가 물
고기를 먹으며 물속에서 생활
한 공룡인 줄로만 알았다.
ⓒ Ballista

터였다. 당시 런던자연사박물관의 앨런 차릭은 스켈리도사우루스의 뼈화석을 석회암에서 꺼내기 위해 새로운 화석처리 기법을 사용했다. 그것은 바로 화학약품을 이용한 화석처리 방법이었다. 도싯 지방의 석회암은 매우 단단하지만 탄산칼슘$CaCO_3$으로 이루어져 있기 때문에 산에 담가놓으면 중화반응에 의해 서서히 녹아 없어진다. 하지만 이러한 화석처리 방법은 산에 의해 뼈화석마저 녹아버릴 위험이 있었다. 그래서 차릭은 산을 물과 섞어서 연하게 만든 다음, 스켈리도사우루스의 화석이 담긴 석회암 덩어리를 담갔다. 수백 번 담갔다 빼다를 반복한 끝에 스켈리도사우루스는 석회암 밖으로 모습을 드러낼 수 있었다.[6]

그렇다면 스켈리도사우루스는 어쩌다가 석회암 속에 보존된 것일까? 학자들은 스켈리도사우루스가 이곳저곳 잘 돌아다니는 공룡이었을 것이라고 생각한다. 그러니까 모험심이 대단한 공룡이었다는 것이다. 스켈리도사우루스의 흔적은 도싯 해안의 석회암층뿐만 아니라 개흙으로 뒤덮인 펄과 무더운 사막 지형에 의해 만들어진 카옌타층Kayenta Formation 등 다양한 환경에서 쌓인 지층에서 발견된다. 이는 스켈리도사우루스가 광범위한 환경에서 살았음을 보여준다. 이 모험심 많은 공룡은 해안가 근처를 돌아다니다가 빠져 죽었거나, 이미 죽은 후에 바다로 쓸려갔을 가능성이 크다는 것이다. 심지어는 도싯 지역의 석회암에서 발견되는 수생파충류들의 뱃속에서 스켈리도사우루스의 뼈화석이 발견되는 경우도 있다. 파도에 쓸려간 스켈리도사우루스를 두고 바다생물들이 파티를 열었던 모양이다.

석회암에서 발견된 또 다른 장순류 공룡으로는 갑옷공룡인 알레토펠타*가 있다. 1987년, 미국 맥클레런-팔로마공항 건설 당시에 발견된 이 공룡의 화석은 현재 샌디에이고자연사박물관에 전시되어 있다. 전시된 화석에는 조개와 상어이빨이 함께 보존되어 있다. 이 화석을 연구한 고생물학자들은 죽은 알레토펠타가 배를 위로 향한 채로 바다 위를 둥둥 떠다니다가 바다생물들의 먹이가 되었다고 추정했다. 상어에게 살점이 뜯긴 알레토펠타는 나중에 가라앉기 시작했고, 결국 가라앉은 공룡에게 저서성 생물들이 달려들어 뼈에 남아 있는 찌꺼기들을 청소했을 것이다. 마치 오늘날 심해에 가라앉은 고래처럼 말이다.

하지만 알레토펠타가 단순히 바닷가나 내륙에서 떠내려온 사체가 아니라고 생각하는 고생물학자들도 몇몇 있다. 이들은 일부 갑옷공룡들이 물가 근처가 아닌 물속과 땅을 오가며 살았을 것이라고 생각한다. 왜냐하면 사체가 바다로 떠내려가 화석으로 보존되는 경우는 상당히 희귀한데, 생각보다 많은 갑옷공룡들이 바다에서 형성된 퇴적층에서 발견되기 때문이다. 지금까지 석회암에서 발견된 갑옷공룡으로는 알레토펠타 외에도 파파사우루스*[7], 니오브라라사우루스*, 그리고 아직 학명이 붙여지지 않은 선코 안킬로사우루스류Suncor Ankylosaur 등 다양하다. 그래서 일부 고생물학자들은 다리가 짧은 갑옷공룡들이 마치 매너티(바다소)나 하마처럼 얕은 물가를 돌아다니며

알레토펠타 *Aletopelta*
'떠다니는 방패'라는 뜻으로, 죽어서 바다 위를 떠다니는 공룡의 모습을 상상하여 붙여준 학명이다.

파파사우루스 *Pawpawsaurus*
'파파 도마뱀'이란 뜻으로, 이 공룡의 화석이 발견된 백악기 전기 지층인 포포층Paw Paw Formation에서 따온 학명이다.

니오브라라사우루스
Niobrarasaurus
'니오브라라의 도마뱀'이란 뜻으로, 이 공룡의 화석이 발견된 백악기 후기 지층인 나이오브라라층Niobrara Formation에서 따온 학명이다.

연못 속에서 휴식을 취하고 있는 갈라파고스코끼리거북
Chelonoidis nigra

최대 400킬로그램까지 나가는 이들을 보면 무거운 등딱지와 기둥 같은 발 때문에 수영을 잘 하리라는 생각을 하기 힘들다. 하지만 간혹 이런 육지거북들이 해류를 타고 헤엄을 쳐 다른 지역으로 이동하기도 한다. 바다에서 발견되는 갑옷공룡들도 혹시 이런 경우가 아니었을까?
© Michael

살았을 것이라는 의견을 내놓기도 했다.

그렇다면 갑옷공룡이 물속에서 살 수 있었다면 어떻게 돌아다녔단 말인가? 갑옷공룡은 다른 초식공룡들에 비해 유난히 배가 볼록 튀어나와 있었다. 이 거대한 배에는 소화된 식물과 소화과정에서 생성된 대량의 메탄가스가 가득 차 있었다. 갑옷공룡들은 이 뱃속의 가스를 이용해 물속을 떠다녔던 건 아닐까? 게다가 이들의 몸매는 물속 생활에 적합한 유선형에 가깝기 때문에 물속에서 우아하게 움직였을지도 모른다. 하지만 과연 갑옷공룡이 물속에서 살 수 있었는지에 대해서는 여전히 의견이 분분하다. 갑옷공룡에게는 오리처럼 물갈퀴가 있는 발이나 수장룡 같은 지느러미가 없었기 때문에 이것을 확실하게 증명할 수 없을뿐더러, 아직도 대부분의 갑옷공룡들은 육상에서 형성된 퇴적층에서 발견되고 있기 때문이다.

하지만 최근에는 화석의 산소 동위원소 값을 이용해 이 동물이 물속 혹은 물가 근처에서 살았는지를 알아볼 수 있게 되었다. 물속이나 물가 근처에서 시간을 많이 보낸 동물의 뼈는 육상동물 뼈의 산소동위원소($\delta^{18}O$) 값보다 작은데, 이들이 물속을 오고가다 보니 몸에서 증발되는 수분량이 많기 때문에 그렇다. 프랑스 리옹대학교의 로맹 아미오와 연구팀은 악어처럼 생긴 육식공룡 스피노사우루스의 산소 동위원소 값을 측정했는데, 그 결과 반수생동물인 악어와 거북의 산소 동위원소 값과 비슷하게 나왔다. 그래서 오늘날 학자들은 스피노사우루스가 물속을 자주 오고간 공룡이라고 추정한다. 그럼 이와 같은 방법을 써서 갑옷공룡의 반수생 여부를 알아볼 수 있지 않을까? 아쉽게도 갑옷공룡의 화석을 통한 이런 연구는 아직 진행되지 않은 상황이다. 정말로 갑옷공룡은 물속을 오가며 생활했을까? 이 질문에 대한 해답은 어쩌면 이 책을 읽고 있는 여러분들이 풀어야 할 수수께끼일지도 모른다.

요즘은 공룡연구의 황금기라 할 만큼 다양한 연구결과들이 쏟아져 나오고 있다. 매주 새로운 공룡 종류가 세계 곳곳에서 발견되고 있으며, 다양한 분야의 유능한 사람들이 고생물학 연구에 뛰어들어 새로운 접근법들을 통해 완전히 새로운 연구결과들을 내놓는다. 환자들을 위해 개발된 CT를 이용해 공룡의 뇌를 복원하거나, 주사전자현미경을 활용해 공룡의 색을 추정할 수 있게 되리란 것을 누가 상상이나 했을까? 심지어 필자가 이 책을 집필하는 동안에도 놀랍고 다양한 연구결과들이 쏟아져 나왔다.

2015년 4월 7일, 목긴공룡 브론토사우루스가 112년 만에 자신의 이름을 되찾았다. 1879년 예일대학교의 마시에 의해 보고된 브론토사우루스는 한때 공룡의 아이콘이었다. 하지만 1903년 필드자연사박물관의 리그스에 의해 이 공룡은 이름을 잃고 말았다. 같은 시대에 살았던 다른 목긴공룡인 아파토사우루스와 너무 비슷하게 생긴 외모 때문이었는데, 리그스는 브론토사우루스와 아파토사우루스를 같은 종류로 보는 바람에 '선취권의 법칙'에 의해 나중에 명명된 브론토사우루스란 학명은 학계 내에서 '사용 금지어'가 되어버렸다. 그리고 112년이라는 세월이 흐른 후에야 브론토사우루스와 아파토사우루스의 차이가 밝혀지면서 브론토사우루스의 이름이 부활할 수 있게 되었다.

2015년 4월 27일에는 새로운 종류의 공룡이 학계에 보고되었다. 발견된 나라의 이름을 따 칠레사우루스*Chilesaurus*라고 명명된 이 작은 공룡은 식성 때문에 논란이 되었다. 분류상 육식공룡류(수각류)에 속하는 칠레사우루스는 주둥이에 식물을 자르는 데 적합한 나뭇잎 모양의 이빨과 뾰족한 부리를 가지고 있었는데, 이를 통해 학자들은 이 공룡이 초식 성향의 육식공룡이었을 것으로 추정했다. "초식성 육식공룡이라니, 어떻게 이런 일이?" 하고 고개를 갸우뚱한 사람들이 적지 않았다. 하지만 곰곰이 생각해보면 오늘날 우리 주변에는 수많은 초식성 육식동물들이 존재한다. 대표적인 것이 바로 대나무를 먹고 사는 육식동물류(식육류)인 판다다. 그러니까 칠레사우루스는 공룡시대의 판다 같은 존재였던 셈이다. 식성만큼이나 놀라운 것은 칠레사우루스의 가계도(분기도)상 위치였는데, 보다 진화된 육식공룡류에 포함되는 다른 초식성 육식공룡들(오비랍토로사우루스류, 오르니토미모사우루스류 등)과 달리 칠레사우루스는 원시적인 육식공룡류에 포함되어 있는 것으로 밝혀졌다. 초식 성향을 가진 육식공룡들이 생각보다 다양하게 등장했음을 보여준 사례였다.

브론토사우루스와 칠레사우루스 외에도 수많은 공룡 소식들이 학계에 발표되었지만, 필자가 가장 깜짝 놀란 연구결과는 가까운 나라인 중국에서 날아왔다. 2015년 4월 29일, 쥐라기 중기 또는 후기의 탸오지샨층*Tiaojishan Formation*에서 발견된 비둘기만 한 육식공룡 이*Yi*가 보고되었는데, 필자가 놀란 것은 이 공룡의 작은 몸집이나 짧은 학명 때문이 아니었다. 바로 이 공룡의 괴상한 외모 때문이었다. 놀랍게도 이 작은 깃털공룡의 날개는 깃털로 덮인 게 아니라 피막으로 된 박쥐

필자가 원고를 집필하는 동안에 보고된 중국 공룡 이.
피막으로 된 날개로 활공을 하거나 근거리 비행을 했을 것이며, 꼬리에 있는 네 개의 긴 깃털은 과시용으로 사용되었을 것이다. 앞으로 또 어떤 기이한 공룡들이 모습을 드러낼지 기대된다.

© Emily Willoughby

날개 모양을 하고 있었다. 이 피막으로 이루어진 날개는 박쥐의 날개처럼 긴 손가락에 의해 지지되었으며, 이들은 다른 동물들한테서 볼 수 없는 '피막 지지용 긴뼈'를 추가로 갖고 있었다. 마치 공룡계의 배트맨이었다고나 할까. 새벽에 이 공룡의 소식을 확인하자마자 필자는 달력을 먼저 들여다보았다. '혹시 만우절인가?' 하는 생각이 들 만큼 이 공룡의 외모가 너무 괴기스러웠기 때문이다.

이처럼 공룡과 관련된 새로운 소식들은 꾸준히 나오고 있다. 그리고 매번 새롭게 발견되는 사실들로 인해 책과 머릿속의 공룡세계는 계속해서 변하고 있다. 이 책에 소개된 최신 연구결과들도 마찬가지로 언젠가는 오래된 유물처럼 변해버릴 것이다. 이미 6600만 년 전에 끝나버린 이들의 세계가 지금까지도 진화할 수 있다는 사실이 그저 놀랍고 신기할 따름이다. 필자가 개인적으로 존경하는 메릴랜드대학교 교수인 홀츠의 말을 빌리자면, "공룡의 세계는 항상 변하고 있다". 과거에도 변해왔고, 지금도 변하고 있으며, 앞으로도 변할 것이다. 어찌 보면 공룡의 세계는 아직까지도 끝나지 않은 셈이다. 그럼 미래의 공룡세계는 어떤 모습을 하고 있을까? 모른다. 하지만 이것만큼은 확실하다. 공룡의 세계는 앞으로도 계속 더 신기하고, 놀랍고, 기이하게 변해갈 것이다. 앞으로도 쭉!

―2015년 5월, 대한민국의 영혼인 서울에서
박진영

감사의 말

공룡을 연구하는 전 세계 고생물학자들에게 먼저 감사를 드립니다. 19세기의 기드온 맨텔부터 20세기의 앨프리드 로머, 그리고 21세기의 존 호너까지, 이분들이 없었더라면 이 책뿐만 아니라 제가 사랑하는 영화 〈쥬라기 공원〉도 없었을 것입니다. 이 책을 위해 멋진 추천사를 써주신 서대문자연사박물관의 이정모 관장님, 경상대학교의 이강영 교수님, 그리고 『과학동아』의 윤신영 편집장님에게 감사드립니다. 특히 이정모 관장님은 초고를 읽고 개선할 만한 사항들을 제시해주셨습니다. 정말 고맙습니다. 또 온라인상에서 만난 트위터 이용자 연돌님(아이디: Tricycloplot)은 초판을 읽고 몇 가지 수정사항을 제시해주셨습니다. 귀한 도움을 주셔서 고맙습니다. 그리고 보내준 원고를 매번 꼼꼼히 읽고 교정을 봐준 뿌리와이파리의 박윤선 편집주간님과 장미연 편집자님에게 큰 감사드리며, 필자에게 좋은 기회를 주신 정종주 대표님에게도 감사드립니다. 은혜를 잊지 않겠습니다. 뒤에서 조용히 도움을 주신 강원대학교의 박수인 교수님, 기초과학탐사연구소의 문경수 탐험대장님, 그리고 곧 입대하는 연세대학교의 손민영 학생 또한 잊지 않을 것입니다. 그리고 멋진 표지디자인을 해주신 이석운 실장님과 본문 작업을 해주신 김미연 선생님에게도 감사드립니다. 무엇보다도 낯선 길을 가는 아들을 믿고 항상 응원해주신 부모님과 더 밝은 미래를 향해 전진하는 여동생에게 영혼을 담아 고맙다는 말을 전하고 싶습니다. 언제나 사랑합니다. 마지막으로 바쁘다는 핑계로 요즘 맛있는 간식거리를 제때 챙겨주지 못한 우리집 강아지 하늘이와 고양이 까망이, 그리고 두 거북이 지도와 아이비에게 미안하다는 말을 전하고 싶습니다. 미안하다!

CHAPTER 1   폭군 도마뱀, 티라노사우루스

1. 바넘 브라운이 태어났을 때, 그의 부모와 형제들은 아기의 이름을 짓지 못해 며칠 동안이나 고민했다. 그러던 끝에 브라운의 큰형이 미국 코네티컷 주의 유명한 서커스 쇼맨이자 사업가인 피니어스 바넘의 이름을 따는 게 어떻겠냐고 제안해서 결국 아기는 '바넘 브라운'이라는 이름을 갖게 되었다.

2. 티라노사우루스는 다른 코일루로사우루스류처럼 천추sacrum (골반을 지지하는 척추)가 상대적으로 길고, 꼬리가 뒤로 갈수록 뻣뻣해지며, 척골ulna (아래팔의 안쪽 뼈)이 휘어져 있다.

3. 코뼈가 두 개인 다른 공룡들과는 달리 티라노사우루스류는 두 개의 코뼈가 하나로 합쳐졌다. 게다가 발버둥치는 먹잇감을 입으로 잡았을 때 머리뼈가 틀어지지 않게끔 사람처럼 단단한 뼈로 된 입천장을 발달시켰다. 단단한 입천장은 다른 육식공룡한테서는 찾아보기 힘든 구조다.

4. 필 티펫은 1970년대부터 조지 루카스 감독과 함께 영화 〈스타워즈 에피소드 4: 새로운 희망Star Wars Episode IV: A New Hope〉을 제작하면서 다양한 특수효과 기술들을 개발했다. 이때 새롭게 개발된 고모션Go motion 특수효과 기술들을 바탕으로 그는 1984년 자신의 차고를 개조해 특수촬영 스튜디오인 티펫스튜디오를 열었다.

5. '쥬라기'의 올바른 표기는 '쥐라기'다. 하지만 마이클 크라이튼의 이 소설이 우리나라에서 번역될 당시에는 지질시대의 올바른 표기법이 정립되기 이전이었다. 공룡시대인 중생대Mesozoic era의 중간 시기를 가리키는 쥐라기Jurassic Period는 독일의 과학자 알렉산더 폰 훔볼트가 프랑스와 스위스 사이에 위치한 쥐라 산맥의 이름에서 따온 것이다.

6. 영화 〈쥬라기 공원〉의 흥행은 우리나라 또한 예외는 아니었다. 이 영화가 우리나라에서 벌어들인 수익은 그해 우리나라가 한 해 동안 자동차 수출로 벌어들인 총액을 능가했다고 한다. 반면에 〈쥬라기 공원〉과 같은 날 개봉한 심형래 감독의 〈티라노의 발톱〉은 제작비도 못 건졌다.

7. 이는 1975년 바커가 미국의 과학 잡지 『사이언티픽 아메리칸』에 기재했던 글의 제목에서 따온 것이다.

8. 영화 속 로버트 버크 박사 역을 맡았던 배우 토마스 더피는 사실 바커의 팬이다. 그는 〈쥬라기 공원 2: 잃어버린 세계〉 촬영에 들어가기 전에 바커를 찾아가 공룡발굴현장에 직접 참여하기까지 했다. 로버트 바커에 따르면 〈쥬라기 공원〉 시리즈를 통틀어 직접 공룡을 발굴해본 배우는 더피뿐이었다.

9. '수'라는 애칭은 이 공룡의 화석을 처음 발견한 아마추어 고생물학자 수잔 헨드릭슨의 이름에서 따온 것이다.

10. 2011년에는 캐나다 앨버타대학교의 스콧 퍼슨스 4세가 티라노사우루스에게 다리운동에 도움이 되는 미대퇴골근caudofemoralis muscle이란 특수한 꼬리근육이 있었을 가능성에 대해 제기했다. 꼬리와 대퇴골(허벅지뼈)을 이어주는 미대퇴골근은 악어와 같은 파충류들이 재빠르게 다리를 뒤로 당기는 데 이용되는데, 티라노사우루스또한 이 특수한 근육이 있어 빠르게 이동할 때 유용했을 것으로 보고 있다.

11. 이 화석의 발견 이전에도 티라노사우루스로 추정되는 동물에게 물린 상처가 여러 공룡 화석에서 발견되었다. 하지만 이빨이 박힌 채로 치유된 뼈의 화석은 이것이 처음이었다.

CHAPTER 2 세 개의 뿔이 달린 얼굴, 트리케라톱스

1. 동물의 뼈나 사람의 요결석 표면에서 산출되는 함수 인산수소염 광물인 브루사이트brushite의 이름은 광물학자 조지 브러시를 기리기 위해 붙은 것이다.

2. 1880년대부터 제1차 세계대전이 일어나기 이전까지 수많은 사람들이 새로운 공룡을 찾으러 캐나다로 향했는데, 고생물학자들 사이에서는 이 기간을 "캐나다공룡러시Canadian Dinosaur Rush"라고 부른다. 로렌스 램은 당시의 공룡러시에 뛰어든 고생물학자 중 한 사람이었다. 사실 그의 장래희망은 군인이었지만 장티푸스 때문에 꿈을 접어야만 했다. 그렇지만 군인이 되기 위해 기른 체력 덕분에 그는 누구보다도 야외에서의 고된 발굴생활을 잘 버텨낼 수 있었다.

3. 부리뼈의 존재를 처음 인식한 사람은 예일대학교의 오스니엘 마시였다. 부리뼈는 뿔공룡한테서만 발견되는 뼈이기 때문에 다른 공룡들과 쉽게 구분이 가능하다.

4. 이빨뭉치 구조를 발달시킨 공룡으로는 트리케라톱스를 비롯한 뿔공룡(각룡류), 오리주둥이공룡(하드로사우루스류), 그리고 목긴공룡인 레바키사우루스류rebbachisauridae가 있다. 하지만 이들 분류군들은 각각 따로 이러한 이빨 구조를 발달

시켰으며, 모양과 형태도 제각각이다.

5. 모든 공룡의 뼈화석에서 성장선을 관찰할 수 있는 것은 아니다. 공룡뼈 단면에 나타나는 성장선은 성장속도가 다른 때보다 상대적으로 느렸거나 거의 성장하지 않았던 시기에 만들어진다. 그러므로 성장속도의 변화 없이 꾸준히 자라난 공룡들에게는 이러한 성장선이 발견되지 않는다.

6. 현재까지 나이가 측정된 목긴공룡 가운데 가장 오래 산 개체가 38세다. 오늘날 가장 몸집이 큰 육상동물인 코끼리가 70세까지 사는 것과 비교하면 공룡은 정말 단명하는 것이다.

7. 모든 학자들이 이에 동의하지는 않는다. 예일대학교의 니컬러스 롱리치는 네도케라톱스가 병든 트리케라톱스였다고 믿는다.

8. 위석은 동물의 모래주머니 속에 있는 돌로, 소화를 돕기 위해 삼킨 것이다. 뱃속의 위석을 이용해 몸의 부력을 줄이는 수생동물도 있는데, 이러한 이유 때문에 일부 고생물학자들은 프시타코사우루스가 반수생동물이었을 가능성이 있다고 보고 있다.

9. 2004년에 같은 지역에서 어른 프시타코사우루스가 몸길이 15센티미터 정도 되는 아기 공룡 서른두 마리를 껴안은 모습으로 발견되기도 했다. 그래서 고생물학자들은 이 화석이 프시타코사우루스의 강한 모성애를 보여주는 증거라고 믿었다. 하지만 최근 연구에 의해 이 화석이 조작된 것임이 밝혀졌다. 서른두 마리의 아기 공룡들이 뭉쳐 있는 화석 위에 어른 공룡의 뼈를 붙인 것이었기 때문이다. 현재로서는 어미 프시타코사우루스가 과연 새끼들을 잘 돌보았는지는 알 수 없다. 한 가지 확실한 것은 이들 형제자매들끼리 항상 붙어다녔다는 사실이다.

10. 이 디플로도쿠스는 존 해처가 디플로도쿠스 카르네기이*Diplodocus carnegii*라고 이름 붙였는데, 이 공룡의 발굴을 후원해준 기업가인 앤드루 카네기의 이름을 딴 것이다. 해처가 제작에 참여했던 디플로도쿠스 카르네기이의 골격 복제품은 1905년 런던자연사박물관에 기증되었다.

CHAPTER 3 팔 도마뱀, 브라키오사우루스

1. 미국 오레곤대학교의 켄트 스티븐스는 실제 목긴공룡의 골격을 컴퓨터모델로 만들어서 실험을 했다. 그가 만든 컴퓨터 속 목긴공룡 모델들은 모두 고개를 제대로 들지 못했다. 그래서 스티븐스는 목긴공룡들이 목을 수평으로 유지했을 것이라고 추정했다. 반면 영국 브리스틀대학교의 마이클 테일러와 연구팀은 오늘날의 다양한 척추동물들의 목구조를 비교 관찰했는데, 목긴공룡 디플로도쿠스가 휴식을 취할 때 45도

각도로 목을 들어올렸을 것으로 추정했다. 스티븐스의 컴퓨터모델보다는 고개를 더 높게 들 수 있었다는 것이다. 하지만 고개를 높게 들고 있는 1980년대의 복원도에 비하면 고개를 많이 숙이고 있는 모습이다.

2. 1970년부터 1971년까지 아프리카 케냐에서 코끼리의 사체가 분해되는 과정이 관찰된 적이 있다. 관찰결과, 사체가 놀라울 만큼 빠른 속도로 분해되었으며, 1년 이내에 골격이 해체되고 상당수의 뼈가 으스러지거나 유실되었다고 한다. 5년쯤 지나자 사체가 있던 원래의 장소에서 50미터 떨어진 곳에서도 코끼리의 뼈가 발견되었다고 한다.

3. 존 매킨토시는 물리학자지만 목긴공룡 연구로 더 유명하다(매킨토시는 2015년 12월 13일에 세상을 떠났다). 그의 젊은 시절은 상당히 드라마틱했는데, 학창시절에 앨버트 아인슈타인의 강연을 청강했고, 제2차 세계대전 때는 B-29 폭격기 조종사이기도 했다. 2012년에는 그의 이름을 딴 목긴공룡 아비도사우루스 매킨토시*Abydosaurus mcintoshi*가 학계에 보고되었는데, 이는 그동안 그가 학계에 세운 공을 기리기 위한 학명이었다. 한 인터뷰에서 그는 이렇게 말했다. "목긴공룡도 좋지만 굳이 공룡이 되겠다면 나는 티라노사우루스가 되겠어. 어느 누구도 티라노사우루스는 함부로 건드리지 않거든!"

4. 재미있는 사실은 이 어마어마한 투자비용에서 발굴비는 그리 많은 비중을 차지하지 않았다는 것이다. 베르너 야넨슈는 탄자니아 주민들을 인부로 고용했는데, 이들은 값싼 임금에도 일을 해주었다고 한다. 주민들은 평소에 돈 쓸 일이 별로 없었기 때문이다. 반면에 화석을 독일로 운송하는 선박 비용은 프로젝트 전체 투자비의 절반 이상을 차지할 정도였다고 한다.

5. 섬왜소증에 대한 화석기록은 상당히 많이 발견되는데, 그중 가장 잘 알려진 예는 바로 난쟁이코끼리일 것이다. 이들은 돼지만 한 코끼리들인데 지중해, 캘리포니아 주의 채널 제도, 러시아의 브랑겔 섬 등 여러 섬 지역에서 화석으로 발견되었다. 놀라운 것은 최근에 스리랑카의 코끼리들이 이러한 왜소증 현상을 겪고 있음이 2013년에 관찰되었다.

6. 목긴공룡이 알 대신 새끼를 낳았다고 생각한 사람은 로버트 바커가 처음이 아니다. 미국자연사박물관의 윌리엄 딜러 매슈는 1915년 브라키오사우루스 같은 대형 목긴공룡들이 몸집이 워낙 커서 물속에 살았을 것으로 추정했다. 그리고 물속에서 살기 때문에 돌고래나 어룡처럼 수중분만을 했을 것으로 그는 추정했다. 물론 그의 생각은 당시 학자들에게 그리 진지하게 받아들여지지는 않았다.

7. 식물의 영양가는 질소의 양을 통해 알아볼 수 있다. 그 이유는 질소가 생명에 필수적인 단백질을 이루는 아미노산과 핵산의 구성 원소이기 때문이다. 고농도의 이산화탄

소 환경에서 자라난 식물의 질소함유율은 정상 환경에서 자라난 것보다 거의 절반밖에 되지 않는다.

8. 사람과 똑같이 일곱 개의 목뼈를 가진 기린과는 달리 목긴공룡은 많은 수의 목뼈를 가졌다. 보통의 공룡이 아홉 개 또는 열 개의 목뼈를 가진 반면, 목긴공룡은 최소 열두 개, 많게는 열일곱 개의 목뼈를 가진다.

9. 기린의 정상혈압은 270/180(mmhg)이다. 사람의 정상혈압인 120/80과 비교하면 정말 높은 수치다. 게다가 기린은 심장박동수도 사람보다 두 배나 빠르다.

10. 미국 웨스턴의과학대학교의 해부학자 매슈 웨델은 가장 큰 목긴공룡 중 하나인 수퍼사우루스*Supersaurus*의 반회신경 길이가 약 28미터 정도였을 것으로 추정했다.

11. 플루로실 빈 공간 때문에 한때 고생물학자들은 목긴공룡의 척추 뼈를 발견하고는 날짐승의 것이라고 착각한 경우도 있었다. 1870년, 영국에서 발견된 한 목긴공룡의 속 빈 척추 뼈를 보고 고생물학자 해리 실리는 이것이 거대한 익룡의 척추라고 생각했다. 하지만 뼈의 크기가 워낙 커서 아마 날지 못하는 거대한 익룡이 아닐까 하고 추정했다. 실리는 이 뼈에게 '새처럼 생긴'이란 뜻의 오르니톱시스*Ornithopsis*란 학명을 지어주었는데, 오늘날 복원된 목긴공룡 오르니톱시스의 모습은 전혀 새나 익룡처럼 생기지 않았다.

CHAPTER 4   이구아나 이빨, 이구아노돈

1. 조르주 퀴비에는 19세기 당시 최고의 박물학자이자 동물학자였으며, 프랑스의 자랑이었다. 1889년에 세워진 파리의 에펠탑에는 프랑스를 빛낸 72명의 과학자와 기술자, 그리고 수학자들의 이름이 새겨져 있는데, 여기에는 퀴비에의 이름도 있다.

2. 새뮤얼 스터치버리는 1836년 작은 초식공룡 테코돈토사우루스*Thecodontosaurus*를 보고했다. 하지만 이 공룡은 워낙 작아서 당시 학자들은 이 동물을 공룡으로 취급하지 않았다.

3. 메이드스톤에서 발견된 초식공룡은 훗날 이구아노돈이 아닌 다른 공룡이었음이 밝혀졌다. 2012년, 저술가이자 화가인 다재다능한 고생물학자 그레고리 폴에 의해 이 메이드스톤 초식공룡은 만텔로돈*Mantellodon*이란 새로운 학명을 얻었다. 이 공룡 연구에 평생을 바친 기드온 맨텔을 기리기 위한 이름이었다.

4. 끔찍하게도 기드온 맨텔이 세상을 떠난 후에도 리처드 오언의 괴롭힘은 계속되었다. 맨텔이 사망한 후 한 신문에 그에 대한 추모사가 실렸는데, 맨텔이 살아생전에 엉터리 과학자였다는 내용이었다. 누가 이 추모사를 썼는지에 대해서는 신문에서 밝히지

않았지만, 이러한 글을 쓸 만한 학회 사람은 오언밖에 없었다.

5. 이구아노돈의 전신 골격을 최초로 발견한 것은 두 광부였다. 이들은 이구아노돈의 뼈를 처음 발견했을 때 나무 화석인 줄 알았다. 이 화석을 광산 감독관에게 보고한 후에야 비로소 이것이 거대한 공룡의 뼈임을 알았다.

6. 조제프 반 베네당은 기생충인 촌충tapeworm의 생활환을 처음 기록한 학자이기도 하다.

7. 사실 이 아이디어는 오래전 맨텔이 처음 언급했던 것이다. 하지만 맨텔이 살아 있을 당시에는 완벽한 이구아노돈의 턱뼈가 없어서 그는 이것을 증명할 길이 없었다.

8. 1977년, 박물학자 마이클 트위디는 자신의 책을 통해 이구아노돈의 원뿔형 엄지손가락에서 독이 나왔을지도 모른다는 의견을 제시했다. 하지만 이구아노돈의 엄지에는 독이 나올 만한 구멍이나 독샘이 존재했던 흔적이 없기 때문에 현재 트위디의 의견은 학자들 사이에서 받아들여지지 않고 있다.

9. 러시아의 쿨린다 화석지에서는 지금까지 수백 마리의 쿨린다드로메우스 화석들이 발견되었다. 발견된 화석들이 많다 보니 파스칼 고데프로이트는 이 공룡에 대해 자세히 연구할 수가 있었다. 하지만 쿨린다드로메우스의 화석이 너무 흔하다 보니 일부 화석들은 화석 시장으로 팔려나가기도 했다. 도굴된 공룡들 중 두 마리는 러시아의 자원연구소로 팔려갔는데, 이 화석을 구입한 러시아 학자들은 이 두 마리의 공룡 화석에게 "쿨린답테릭스Kulindapteryx"와 "다우로사우루스Daurosaurus"라는 학명을 붙여주었다. 한 종류의 공룡에게 두 가지 이름을 붙여준 것이었다. 이 두 화석에 대한 연구결과가 발표되었지만, 도굴된 화석들이었기 때문에 결국 논문 게재가 취소되었고 두 러시아 학자들은 국제적 망신을 당했다.

10. 최초로 발견된 공룡 미라 화석은 1908년 아마추어 고생물학자 찰스 스턴버그에 의해 발견된 오리주둥이공룡 에드몬토사우루스였다. 이 미라화된 에드몬토사우루스는 미국자연사박물관으로 운송되었고, 이것을 처음 연구한 사람은 당시의 박물관장이었던 헨리 오즈번이었다. 하지만 보존된 피부면적은 1999년에 발굴된 다코타 주의 브라킬로포사우루스 미라가 더 넓었기 때문에 현재 기네스북에 오른 '가장 보존율이 좋은 공룡화석'은 스턴버그의 에드몬토사우루스가 아니라 다코타 주의 브라킬로포사우루스다. 그런데 안타깝게도 이 브라킬로포사우루스의 미라는 개인 화석 수집가가 소유하고 있기 때문에 제대로 된 연구가 이루어지지 않고 있는 상황이다. 현재 이 공룡 미라는 '레오나르도'라는 애칭으로 불린다.

11. 독일 뮌헨기술대학교의 오토 글레이히와 연구팀은 동물의 내이內耳, inner ear 중 어느 특정 부위가 상대적으로 클수록 저음파에 예민하다는 사실을 밝혀냈다. 이들의 연구결과를 바탕으로 미국 오하이오대학교의 래리 위트머는 CT촬영을 통해 얻어낸

티라노사우루스 머리뼈 속 내이 구조를 해석했는데, 티라노사우루스는 저음파를 잘 들을 수 있는 동물이었음이 밝혀졌다. 내이는 몸의 직선 운동 및 회전성 운동을 감지하는 평형기관과 소리를 지각하는 청각기관을 말한다.

CHAPTER 5 무서운 발톱, 데이노니쿠스

1. 존 오스트롬은 데이노니쿠스를 연구하는 중에 바넘 브라운이 과거에 다프토사우루스 말고 또 다른 육식공룡을 발견했었다는 사실을 알아냈다. 브라운은 이 육식공룡에게 "메가돈토사우루스*Megadontosaurus*"라는 학명을 임시로 지어주었다. 그 이유는 메가돈토사우루스의 이빨이 골격에 비해 컸기 때문이다. 하지만 오스트롬은 메가돈토사우루스의 이빨이 왜 몸에 비해 컸는지 알 수 있었다. 메가돈토사우루스의 이빨과 골격이 서로 다른 공룡의 것이었기 때문이다. 그래서 그는 메가돈토사우루스의 이빨을 빼고 이 공룡에게 미크로베나토르*Microvenator*라는 학명을 지어주었다. 그럼 메가돈토사우루스의 이빨은 어느 공룡의 것이었을까? 놀랍게도 이 이빨들은 오스트롬이 연구하고 있던 데이노니쿠스의 것이었다. 결국 엉뚱한 공룡이 데이노니쿠스의 틀니를 끼고 있었던 것이다. 하여간 학자들이란.

2. 지금까지 학계에 보고된 시조새 화석은 총 13개뿐이다. 하지만 화석 도굴꾼들에 의해 불법으로 도굴당한 시조새 화석이 훨씬 많다고 한다. 화석은 박물관에 있어야 하지 부잣집 안방에 걸려 있으면 아무 소용이 없다.

3. 대표적인 내온성 항온동물로는 인간이 있다. 인간은 따뜻한 밥을 먹고 소화시키면서 체내의 열에너지를 만들어낸다. 그 열에너지를 끊임없이 사용해 체온을 약 37.5도 정도로 일정하게 유지시킨다. 마치 창문을 닫고 따뜻하게 난방을 돌리는 것과 비슷하다. 내온성 변온동물로는 겨울잠을 자는 박쥐와 곰이 있다. 이들은 평소에 내온성 항온동물처럼 체온을 유지시키지만 겨울잠을 잘 때에는 체온이 많이 오르락내리락한다. 외온성 항온동물로는 갈라파고스코끼리거북 또는 바다악어처럼 거대한 파충류들이 있다. 외온성이기 때문에 이들은 열에너지를 식사보다는 태양으로부터 얻거나 태양빛에 데워진 지면에서 많이 얻는다. 그리고 이들의 큰 몸집은 외부에서 공급받은 열에너지들이 쉽게 밖으로 발산되지 않게끔 도와준다. 외온성 변온동물에는 작은 도마뱀이나 거북 등이 포함된다. 이들은 아침에 체온이 떨어지면 일광욕을 해서 체온을 올리고, 반대로 오후에 체온이 너무 올라가면 그늘로 들어가 체온을 떨어뜨린다. 주위의 환경변화에 예민하기 때문에 외온성 변온동물로 살아가려면 정말 게으름 피지 말고 살아야 한다.

4. 캐나다 로열티렐박물관의 도널드 헨더슨은 목긴공룡이 긴 목과 꼬리를 이용해 체온을 조절했을 것이라는 가설을 2013년에 발표했다. 코끼리가 면적이 넓은 귀를 이용해 끓어오르는 체온을 식히는 것처럼, 목긴공룡들 또한 긴 목의 넓은 피부를 통해 체온을 식혔다는 것이다. 물론 커진 몸의 체온을 식히기 위해 목긴공룡이 긴 목과 꼬리를 진화시키지는 않았을 것이다. 다만 넓은 구역의 식물들을 뜯어먹기 위해 발달시킨 구조가 어쩌다 보니 체온을 식히는 데 도움을 주었을 것으로 보인다.

5. 이름과는 달리 바늘두더지는 두더지가 아니다. 이들은 알을 낳는 포유류로 오리너구리*Ornithorhynchus anatinus*를 포함해 현재 살아 있는 포유류 중 가장 원시적인 특징을 가진 녀석들이다. 긴 주둥이와 길쭉한 혀를 이용해 작은 벌레를 잡아먹는다. 오스트레일리아에서만 서식하는 희귀한 동물이다.

6. 골디락스는 영국의 전래동화 『골디락스와 곰 세 마리Goldilocks and the Three Bears』에 등장하는 금발머리 소녀의 이름이다. 동화 속 골디락스는 너무 뜨겁지도 너무 차갑지도 않은 "딱 적당한" 스프를 먹고, 너무 딱딱하지도 너무 푹신하지도 않은 "딱 적당한" 의자에 앉으며, 너무 높지도 너무 낮지도 않은 "딱 적당한" 침대에 누워서 잠을 잔다. 항상 "딱 적당한" 중간을 택하는 소녀 골디락스의 이름을 따 스콧 샘슨이 붙인 것이다.

7. 2014년까지만 해도 중국의 메이는 몽골에서 발견된 작은 깃털공룡인 콜*Kol*과 함께 가장 짧은 공룡 학명을 가지고 있었다(콜이란 공룡의 이름 뜻은 몽골어로 '발'이란 뜻인데, 현재까지 이 공룡의 발만 발견되었기 때문에 붙은 학명이다). 하지만 2015년에 보고된 중국 공룡 이*Yi* 때문에 이 둘은 밀려나게 되었다.

8. 마다가스카르 섬에서만 서식하는 원시 영장류 종류다. 주둥이는 여우처럼 길쭉하지만 몸은 원숭이와 비슷하다. 이름과 같이 꼬리에는 흰색과 검은색이 얼룩을 이루고 있는데, 이 꼬리를 이용해 시각적인 신호를 보내기도 한다.

9. 바다에서 분리된 연안. 호수처럼 생겼지만 염분 농도가 높은 짠 물로 채워져 있다.

CHAPTER 6   지붕 도마뱀, 스테고사우루스

1. 리처드 오언이 다켄트루루스를 연구할 당시, 이 공룡의 이름은 오모사우루스*Omosaurus*였다. 하지만 오모사우루스라는 학명이 악어 화석에 먼저 사용되는 바람에 1902년 이름을 다켄트루루스로 바꿔야 했다.

2. 찰스 길모어가 공룡 화석에 관심을 갖게 된 것은 대학생 때였다. 미국 와이오밍대학교에 재학 중이던 그는 1900년 6월 카네기자연사박물관의 존 해처를 만났다. 이때 해

처는 화석 탐사를 도와줄 아르바이트생을 찾고 있었다. 화석발굴을 해보겠다고 자청한 길모어를 데리고 탐사를 나간 해처는 이 어린 학생의 가능성을 눈여겨보았고, 1901년에 길모어를 카네기자연사박물관의 정식 직원으로 뽑았다. 해처의 도움으로 박물관에서 2년간 경력을 쌓은 길모어는 1903년에 스미스소니언자연사박물관으로 이직했고, 그곳에서 그는 트리케라톱스 '해처'를 처음 조립했다.

3. 이렇게 생각한 학자 중에는 에드워드 코프도 있었다. 세상을 떠나기 전에 그는 동료 고생물학자들에게 엉뚱한 부탁을 했다. 자신이 죽은 후 뇌의 용량을 측정해서 기록해 달라고 말이다. 자신이 마시보다 더 뛰어난 뇌를 가졌다는 것을 증명하고 싶었기 때문이라고 한다. 현재 코프의 머리뼈는 미국 펜실베이니아대학교에 보관되어 있다. 하지만 마시는 이러한 코프의 도전장을 무시했다.

4. 안킬로사우루스류의 턱 아래 부위에는 혀를 지탱해주는 설골hyoid bone이 존재한다. 안킬로사우루스류의 설골이 크기 때문에 현재 학자들은 안킬로사우루스류의 혀가 상당히 유연했을 것이라고 추정한다. 20세기 중반에는 안킬로사우루스류가 이 유연한 혀를 이용해 개미를 먹었을 것이라는 의견도 제기되었다. 영양분이 풍부하고 쉽게 먹을 수 있기 때문에 가능성은 있지만, 아직까지 안킬로사우루스류가 개미를 먹었다는 직접적인 증거는 나오지 않았다.

5. 미야시타 테쓰토는 안킬로사우루스류인 사이카니아의 귓속 구조를 CT촬영을 통해 복원했다. 복원하고 보니 사이카니아는 긴 달팽이관을 가지고 있었다. 긴 달팽이관은 저음파를 잘 듣는 동물들이 갖는 특징이다. 안킬로사우루스류는 저음파를 이용해 멀리 있는 동료와 의사소통을 했을지도 모른다. 긴 달팽이관 구조는 오리주둥이공룡한테서도 확인되었다.

6. 하지만 안타깝게도 앨런 차릭은 스켈리도사우루스의 완벽한 모습을 보지 못하고 세상을 떠났다. 차릭이 끝내지 못한 연구는 케임브리지대학교의 데이비드 노먼이 마무리 지었다.

7. 우리나라 최초의 척추고생물학자 이융남이 보고한 갑옷공룡. 미국 남부감리대학교에서 박사학위 과정을 밟을 때 연구한 공룡이다. 이융남은 파파사우루스의 신경과 혈관 구조를 정확하게 복원하기 위해 여름방학 동안 의과대학에서 인간해부실습 및 동물해부학 공부를 했다고 한다.

박진영의 공룡 열전

여섯 마리 스타공룡과 노니는 유쾌한 공룡 입문

2015년 6월 15일 초판 1쇄 펴냄
2018년 10월 26일 초판 4쇄 펴냄

지은이 박진영

펴낸이 정종주
편집주간 박윤선
편집 장미연
마케팅 김창덕

펴낸곳 도서출판 뿌리와이파리
등록번호 제10-2201호(2001년 8월 21일)
주소 서울시 마포구 월드컵로 128-4(월드빌딩, 2층)
전화 02)324-2142~3
전송 02)324-2150
전자우편 puripari@hanmail.net

디자인 이석운 김미연
일러스트 박진영

종이 화인페이퍼
인쇄 및 제본 영신사
라미네이팅 금성산업

ⓒ 박진영, 2015

값 18,000원
ISBN 978-89-6462-056-4 03450

이 도서의 국립중앙도서관 출판예정도서목록(CIP)은 서지정보유통지원시스템
홈페이지(http://seoji.nl.go.kr)와 국가자료공동목록시스템(http://www.nl.go.kr/kolisnet)에서
이용하실 수 있습니다. (CIP제어번호: CIP2015014757)